决策咨询系列

国家科学思想库

中国核燃料循环技术发展战略报告

中国科学院

科学出版社
北京

图书在版编目(CIP)数据

中国核燃料循环技术发展战略报告 / 中国科学院编. —北京:科学出版社,2018.3

ISBN 978-7-03-054346-2

Ⅰ. ①中… Ⅱ. ①中… Ⅲ. ①核燃料-燃料循环-发展战略-研究报告-中国 Ⅳ. ①TL249

中国版本图书馆 CIP 数据核字(2017)第215809号

丛书策划:胡升华 侯俊琳

责任编辑:侯俊琳 牛 玲 张翠霞 / 责任校对:郭瑞芝

责任印制:吴兆东 / 封面设计:黄华斌 陈 敬

编辑部电话:010-64035853

E-mail: houjunlin@mail.sciencep.com

科 学 出 版 社 出版

北京东黄城根北街 16 号

邮政编码:100717

http://www.sciencep.com

北京厚诚则铭印刷科技有限公司 印刷

科学出版社发行 各地新华书店经销

*

2018 年 3 月第 一 版 开本:720×1000 B5

2024 年 1 月第三次印刷 印张:18 3/4

字数:377 000

定价:98.00元

(如有印装质量问题,我社负责调换)

咨询报告专家组

组　长

柴之芳	研究员	中国科学院院士	中国科学院高能物理研究所

成　员

顾忠茂	研究员		中国原子能科学研究院
刘元方	研究员	中国科学院院士	北京大学
王方定	研究员	中国科学院院士	中国原子能科学研究院
朱永䐀	教　授	中国工程院院士	清华大学
阮可强	研究员	中国工程院院士	中国核工业集团公司
周培德	研究员		中国原子能科学研究院
喻　宏	研究员		中国原子能科学研究院
韦悦周	教　授		广西大学
尹邦跃	研究员		中国原子能科学研究院
李　隽	教　授		清华大学
陆道纲	教　授		华北电力大学
王祥云	教　授		北京大学
叶国安	研究员		中国原子能科学研究院
赵宇亮	研究员		中国科学院高能物理研究所，国家纳米科学中心
孙　颖	研究员		中国工程物理研究院
汪小琳	研究员		中国工程物理研究院
张生栋	研究员		中国原子能科学研究院
吴王锁	教　授		兰州大学
张安运	教　授		浙江大学
王祥科	研究员		中国科学院等离子体物理研究所
夏晓彬	研究员		中国科学院上海应用物理研究所
石伟群	研究员		中国科学院高能物理研究所
刘学刚	副教授		清华大学
刘春立	教　授		北京大学

咨询报告评议专家名单

沈文庆	研究员	中国科学院院士	中国科学院上海应用物理研究所, 国家自然科学基金委员会
詹文龙	研究员	中国科学院院士	中国科学院
王乃彦	研究员	中国科学院院士	中国原子能科学研究院, 北京师范大学
李冠兴	研究员	中国工程院院士	中国核学会, 中核北方核燃料元件有限公司
陈佳洱	教授	中国科学院院士	北京大学
陈和生	研究员	中国科学院院士	中国科学院高能物理研究所
方守贤	研究员	中国科学院院士	中国科学院高能物理研究所
胡仁宇	研究员	中国科学院院士	中国工程物理研究院
张焕乔	研究员	中国科学院院士	中国原子能科学研究院
汲培文	研究员		国家自然科学基金委员会
蒲 钏	研究员		国家自然科学基金委员会
梁文平	研究员		国家自然科学基金委员会
陈 荣	研究员		国家自然科学基金委员会
孙 颖	研究员		中国工程物理研究院
严叔衡	研究员		中国核工业集团公司
宋崇立	研究员		清华大学
郑华铃	研究员		中国核工业集团公司
李金英	研究员		中国核工业集团公司
罗上庚	研究员		中国原子能科学研究院
徐景明	研究员		清华大学
郭景儒	研究员		中国原子能科学研究院
陈 靖	教授		清华大学
徐 铼	研究员		中国原子能科学研究院

前　　言

　　核燃料循环是核能系统的"大动脉"，要想确保我国核能的安全和可持续发展，必须建立一个适合我国国情的、独立完整的及先进的核燃料循环科研和工业化体系。

　　为适应我国国民经济平稳而较快发展的需要，并控制温室气体的排放，我国已制定了在确保安全的基础上高效发展核电的方针。根据国家《核电中长期发展规划（2005～2020年）》，我国核电发展的预定目标是到2020年核电运行装机容量达到4000万kW甚至更高。在2020年以后，我国核电必须以更大的规模发展，才能满足国家电力需求，优化能源结构，发展低碳经济，从而保证我国国民经济的可持续发展。

　　核燃料循环中的乏燃料后处理是目前已知的最复杂和最具挑战性的化学处理过程之一。国际核能界的共识是，在现阶段的核能发展中，最担忧的就是核电产业前、后端发展不平衡。乏燃料后处理和废物处置是很复杂的事情，需要先进的技术。要想核电产业向前发展，一定要高度重视乏燃料后处理问题。日本福岛核电站事故的发生，尤其是核燃料元件的破损和乏燃料池的放射性泄漏，更充分说明了建立一个安全的核燃料循环体系的重要性。

　　与发达国家相比，我国的核电发展起步较晚，核燃料循环技术在总体上比较落后。尤其是我国核燃料循环后段研究滞后，尚未形成工业能力，是我国核能体系中最薄弱的环节，在铀钚氧化物核燃料元件制造和乏燃料后处理等关键领域甚至比印度还落后。所以我国必须加快核燃料循环技术的研发，尤其是后段技术的研发。更要着重指出的是，与我国各级政府高度重视核电站建设相比，核燃料循环体系的研发严重滞后，势必影响我国核电的可持续发展，更会给核电安全带来潜在危害。为此，中央领导早就对我国核燃料循环等有关问题做出了"亡羊补牢，犹未为晚""要奋起直追地往前赶""必须重视此问题，认真研究，作出部署"的重要批示，为我国在 21 世纪建成安全和先进的核燃料循环体系指明了方向。

我国遵循从压水堆（PWR）到快堆（FBR）的核裂变能发展战略，并选择与之相适应的核燃料闭式循环技术路线。为此，必须建立一套独立完整和先进的核燃料闭式循环体系。核燃料循环后段包括：①压水堆乏燃料后处理；②快堆燃料（金属氧化物或金属合金）制造；③快堆乏燃料后处理；④高放废物处理与处置等。先进的核燃料循环体系可以实现核能资源利用的最大化和放射性废物的最少化，是实施我国从压水堆到快堆发展战略、实现核裂变能安全且可持续发展的关键。与核燃料循环前段相比，我国核燃料循环后段长期缺乏统一领导和科学规划，经费投入不足，研发力量分散，基础研究缺乏支持，工程技术相当落后，迄今尚未形成产业化，已成为我国核燃料循环中最薄弱的环节。

2009 年 6 月 8 日，时任中国科学院院长路甬祥同志批示："核燃料循环及乏燃料处理对我国核能发展至关重要，要充分重视，加强研究，明确路线图，并在国家支持下付诸实施。应组织专题研究，将核燃料循环利用和乏燃料后处理的发展路线图进一步搞清楚，向中央建议，并分步组织实施。"根据这一批示，中国科学院学部咨询委员会组织相关专家，启动了咨询研究项目，从核能可持续发展的战略高度研究我国核燃料循环技术的发展路线。

本咨询报告旨在科学评估当代国际核燃料循环技术的现况和发展动向，提出我国核燃料循环后段应采取的技术路线，为我国核能的可持续发展提供具有科学依据的建议。咨询报告的标准是：①立论有据；②事实清楚；③分析准确；④建议合理。

本咨询报告由下列九部分组成：①关于我国核燃料后处理 / 再循环的一些思考；②国外先进核燃料循环后段技术发展动向；③热堆和快堆乏燃料后处理技术分析；④核燃料增殖的快堆内循环研究；⑤金属氧化物和金属燃料制造技术；⑥快堆及其燃料循环技术经济性初步分析；⑦高放废物处理研究及展望；⑧钍铀循环的现状、问题和对策；⑨核燃料循环中的新方法、新材料和新技术。

咨询专家组经过调研，认为当前我国核燃料循环技术发展中的主要问题有以下几方面。

（1）核燃料循环管理体系分散。多部门、多机构之间条块分割，难以协调一致，造成资源巨大浪费，导致核燃料循环没有国家决策的尴尬局面。

（2）科研力量薄弱，后备人才短缺。我国从事核燃料循环的科研力量不足，而且有限的队伍分散在中国核工业集团公司、中国科学院、高等院校和国防科研部门等，缺乏有效合作，这造成科研和产业化之间脱节。

（3）核燃料循环后段的基础研究薄弱。与核燃料循环前段及核电站建设相比，投资太少，从事核燃料循环的科研人员的待遇远低于商业核电站的从业人员。这在很大程度上会影响我国核电事业的可持续发展。

（4）核燃料循环技术体系中的主要环节发展不协调。例如，后处理大厂的建设滞后于商用示范快堆机组的建设；如果引进俄罗斯 BN-800 型快堆电站将不得不同时购买其燃料，我国自主研发的示范快堆可能面临"无米之炊"的困境；设想中的加速器驱动次临界反应堆（accelerator driven sub-critical system，ADS）系统的次临界示范堆超前于我国第二座后处理厂等。

上述问题已严重影响到我国在确保安全的前提下高效发展核电的方针的实施。针对这些问题，咨询专家组对我国核燃料循环技术发展提出了以下政策性建议。

（1）统筹规划，合理布局，做好核燃料循环后段的国家级顶层设计。核燃料循环是核裂变能系统的"动脉"和核能可持续发展的支柱。乏燃料后处理技术的研发在世界各国毫无例外地属于政府行为，必须由政府部门代表国家进行策划，坚持政府决策、指导和监管的原则，必须做好国家级顶层设计和系统策划。由国家统筹规划，组织实施，分步推进，有序发展。顶层设计应包括三个不同的科研层次（基础研究、应用研究和工艺研究）和三个不同的技术层次（主线技术、培育性技术、探索性技术）的总体布局和统筹规划。要依据国家核能发展目标，充分考虑我国现有技术基础和发展潜力，参考和借鉴国外核燃料循环发展计划，制定出具有前瞻性、全局性、权威性和可操作性的我国核燃料循环发展路线图。一定要遵循基础研究（重点是科学问题）、应用研究（重点是技术问题）和产业化实施（解决工艺问题）的有机整合。建议尽快设立国家级以科学家为主的"核燃料循环技术发展咨询委员会"，从国家重大需求出发，在国家层面对我国核燃料循环发展路线图、核燃料循环重大项目的设立，以及核燃料循环人才的培养等进行决策和评价。消除"行业垄断，条块分割，政出多门"这种严重阻碍核燃料循环发展且浪费国家资金的现象。建议该咨询委员会由国务院委托中国科学院学部和中国工程院学部聘请国内不同单位具有较高学术造诣、处事公正的专家组成，同时还可吸收部分有战略决策能力的管理专家。汇聚中国科学院、高等院校、中国核工业集团公司、国防科研部门和产业界等相关科学技术队伍，分工合作，为建成具有我国自主知识产权的先进核燃料循环体系奠定体制基础。

（2）建议科技部尽快组织核燃料循环重点基础研究发展计划。采取积极政策，支持核燃料循环基础和应用研究，结合我国核电建设、乏燃料后处理、高放废物处置等现状，建议在"十三五"期间启动一批核燃料循环科研项目。

（3）建议教育部建立核燃料循环专业基础研究和人才培养基地。我国核燃料循环专业的人才培养相当薄弱，与国家重大需求有较大差距。建议在"十三五"期间，教育部在我国有基础的高校中加强对核燃料循环专业的支持和投入。美国现有60余所大学参与核燃料循环后段的基础研究，而我国只有寥寥几所。参照美国等国家的研究生计划，建议我国每年拨付不低于1000万元的专款培养核燃料循环专业研究生，提高研究生奖学金。

（4）以自力更生为主，开展国际合作。在核燃料循环后段研发和后处理大厂建设方面，应以自力更生为主，开展"以我为主"的国际合作。对我国正在洽谈的引进法国阿海珐（AREVA）集团的后处理设施一事，要在国家层面展开科学认证，不宜全盘高价引进。此外，一定要积极部署核燃料后处理化学的基础研究、工艺研究和设备研究，给我国的核燃料后处理打下坚实基础，使我国在国际谈判中处于主导地位。建议在乏燃料后处理基础研究领域，充分发挥中国科学院和高等院校的作用。

（5）共享核燃料循环科研平台，发挥我国大科学装置的作用。国内正在建设的重要科研平台包括乏燃料后处理实验设施、快堆燃料研发实验室、高放废物处理与处置实验室等。以上设施都应作为国家级的核燃料循环后段研发平台，向国内相关单位开放使用。建议成立国家"核燃料循环重点实验室"。建议北京光源或上海光源建立放射性束线站，专门用于铀、钚等锕系元素物理化学表征的研究。同时，还应充分发挥我国高性能超级计算机在核燃料循环研究中的作用。

（6）加快核电立法。建议国家加快核电立法，从核电电费中适当提高一定份额的乏燃料基金，用于开展乏燃料后处理的研发工作，并将核燃料循环研发人员的待遇提高到核电厂从业人员的水平。同时，需要思考如何建立具有中国特色的社会主义市场经济下的核燃料循环体制。既要明确国家的主导和监管作用，又要发挥企业和民营资本的积极性。

同时，咨询专家组还对我国核燃料循环发展提出技术性建议。

（1）我国快堆核燃料循环发展宜采取"先增殖、后嬗变"的技术路线。我国与发达国家不同，属于核能后发展国家，在相当长的一段时间内，乏燃料积累的压力不大，且分离-嬗变技术的研究也刚起步，快堆增殖的需求则比较迫切。所以，我国宜在2050年之前主要实施快堆增殖核燃料，放射性废物的嬗变（焚烧）可以在2050年之后开始工程应用实施。ADS在放射性废物嬗变方面与快堆焚烧相比具有更大优势，所以从我国核能可持续发展战略中的地位来看，快堆侧重于核燃料的增殖，ADS侧重于放射性废物的嬗变，这是比较合理的选择。当然，ADS面临一系列具有挑战性的工程难题需要解决，包括系统的可靠性、可用性、可维修性及可监测性等，需要进行深入的研发。同时，应积极部署 ADS 中核燃料循环化学等关键科学技术问题的研究，目前的情况是，与质子强流加速器相比，核燃料循环的投入太少，重视不够，这必将贻误 ADS 的建设。

（2）应使我国燃料资源利用最大化。对铀资源利用率影响最大的是燃料燃耗深度和后处理及燃料再制造过程中的燃料回收再利用率。为了将铀资源的利用率提高 60 倍，在相对燃耗深度为 20% 时，需要将核燃料在快堆中循环 10 次以上。这样，可使我国的铀资源供应达到千年以上。建议对核燃料增殖的科学和技术问题进行深入研究。

（3）分离钚。从目前运行的压水堆中分离出的钚（简称分离钚）可跳过热堆循环这一步，直接进行快堆核燃料循环，这样有利于核燃料的增殖。前提是快堆发展计划需如期实施，这将是一个适合我国国情的合理方案。

（4）热堆乏燃料水法后处理。近期的研究工作要为我国后处理中试厂稳定运行提供支撑技术；中长期目标是研究先进后处理中的新原理、新方法和新工艺流程，为商业后处理厂提供科技支持。宜在国际上成熟的普雷克斯流程（Purex 流程，用磷酸三丁酯作萃取剂分离回收铀和钚的乏燃料后处理流程）基础上，提出改进型的 Purex 主流程（如先进无盐二循环流程）和从高放废液中分离次锕系元素（MA）的辅流程，力争使我国多年来的后处理研究成果能应用于后处理大厂工艺流程的设计。除了工艺流程研究之外，还包括专用工艺设备及材料研究（特别是乏燃料剪切机和溶解器）、分析检测技术研究、远距离维修设备、自控系统、临界安全研究等。

（5）在确保铀-钚循环这条主线的前提下，应启动包括熔盐堆在内的钍-铀循环的探索性和前瞻性研究。关于我国核能体系中利用钍的可能方式，咨询组经过分析后指出，热堆使用钍优于快堆，而在快堆增殖层中增殖 ^{233}U 的能力优于热堆。鉴于我国热堆电站的主导堆型是压水堆，所以，我国应首先考虑在压水堆中使用钍，从而使钍资源作为铀资源的补充，适当延长热堆电站的使用时间。同时，也应发挥快堆的增殖优势，在快堆增殖层中生产 ^{233}U，分离后供热堆使用。此外，我国有必要开展熔盐堆的研究，首先应着重研究熔盐堆钍铀循环过程中的化学问题和材料问题。

（6）我国核燃料循环技术产业化发展的推荐路线图分为三个阶段。第一阶段（2011～2025 年）：建成热堆乏燃料第一座商用后处理厂和快堆铀钚混合氧化物（mixed oxide of uranium and plutonium，MOX）燃料制造厂；完成热堆乏燃料先进后处理主工艺和高放废液分离工艺中试；完成快堆 MOX 乏燃料水法后处理台架实验；完成金属合金燃料制造工艺中试；建设干法后处理和熔盐实验平台；完成高放废液固化（冷坩埚）工艺中试。第二阶段（2025～2040年）：建设热堆乏燃料第二座商用后处理厂（采用先进后处理技术，包括兼容处理快堆 MOX 乏燃料及高放废液分离）和快堆金属合金燃料制造厂；建设高放废液固化工厂；完成干法后处理和熔盐循环示范试验。第三阶段（2040～2050年）：完成金属合金乏燃料后处理干法中试，并建设后处理厂；完成熔盐高放废物固化工艺中试并建设固化工厂。

本咨询主体结构完成于 2012 年 12 月，2017 年进入出版流程后进行了整理和部分修订，但并未对相关数据进行更新，因此可能存在时效性问题，特此说明。

柴之芳

2017 年 5 月

目　录

第一章　关于我国核燃料后处理 /
再循环的一些思考 *

核能作为一种能量密度高、洁净、低碳的能源,在确保能源安全、缓解环境压力从而实现我国经济和社会可持续发展方面肩负着双重使命。我国《核电中长期发展规划(2005 ~ 2020 年)》指出,核电建设要强调安全和高效。这进一步明确了我国核电发展的方向。

核燃料循环是核能系统的"大动脉",为了确保我国核能的安全高效可持续发展,必须建立一个独立、完整和先进的核燃料循环工业体系。充分利用核能资源,实现核废物的最少化和安全处置,是核能可持续发展的基本要求。快堆及其闭式燃料循环可以满足上述要求,符合核裂变能可持续发展战略。

与发达国家相比,我国的核电发展起步较晚,核燃料循环技术在总体上比较落后。我国在核燃料循环前段已经具备了工业生产能力,基本上能满足我国核电当前和近期的需要,但生产规模有待于进一步扩大,技术水平有待于进一步提高。我国核燃料循环后段尚未形成工业能力,这是我国核工业体系中最薄弱的环节。核燃料循环后段实质上就是快堆核燃料循环,包括热堆乏燃料后处理、快堆燃料制造、快堆乏燃料后处理、高放废物处理与处置等。快堆核燃料循环对核裂变能的可持续发展至关重要,也是我国核能系统中的薄弱环节。本章侧重探讨快堆核燃料循环系统中的核心问题,即核燃料的后处理 / 再循环技术问题。

第一节　核燃料循环的两种方式

一、核燃料循环概念

核裂变能系统的核燃料循环 [本章讨论钚(Pu)- 铀(U)循环] 指从铀矿开采到核废物最终处置的一系列工业生产过程,以反应堆为界分为前段和后段。核燃料循环分为闭式循环(closed fuel cycle)和一次通过循环(once-through

---

* 本章由柴之芳、顾忠茂撰写。

cycle）。两种循环方式在核燃料循环前段没有差别，均包括铀矿勘探开采、矿石加工冶炼、铀转化、铀浓缩和燃料组件加工制造。

两种循环方式的差异在燃料循环后段：闭式循环包括从反应堆中卸出的乏燃料中间储存、乏燃料后处理、回收燃料（Pu 和 U）再循环、放射性废物处理与最终处置。回收燃料可以在热中子堆（热堆）中循环，也可以在快中子堆（快堆）中循环。如图 1-1 所示，图中左侧表示热堆（主要是轻水堆，light water reactor，LWR）闭式循环，右侧表示快堆（fast reactor，FR）或 ADS 闭式循环。对于一次通过循环，乏燃料从反应堆卸出后，经过中间储存和包装之后直接进行地质处置。

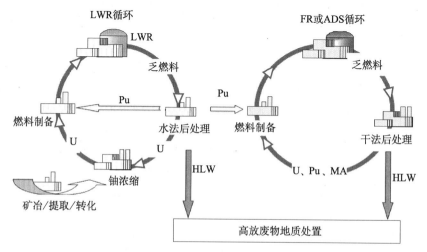

图 1-1　热堆闭式循环与快堆闭式循环示意图
U：铀；Pu：钚；MA：次锕系元素；FR：快堆

二、核燃料一次通过循环方式的问题

核燃料一次通过循环是最为简单的循环方案，在铀价较低的情况下较为经济，也有利于防止核扩散。但该方案存在以下问题。

（一）铀资源不能得到充分利用

一次通过循环方式的铀资源利用率约为 0.6%，而乏燃料中约占 96% 的铀和钚被当作废物进行直接处置，造成严重的核燃料资源浪费。地球上已查明的常规铀资源（低于 130 美元 /kg）约为 7.63×10^{6} t，待查明的常规铀资源约为 1.0×10^{7} t（Hanly and Vance，2014）。据 IAEA 预测，2050 年全世界核电装机容量将从 2011

年的 370GWe[①] 提高到 1500GWe（中值）（IAEA，2001）。这意味着，如果采用一次通过循环方式，地球上的常规铀资源仅能使用 60～70a，无法满足全球核能可持续发展的需要。

（二）需要地质处置的废物体积太大

将乏燃料中的废物（裂变产物和次锕系元素）与大量有用的资源（铀、钚等）一起直接处置，将大大增加需要地质处置废物的体积。即使按照全世界目前的核电站乏燃料卸出量（每年约 1×10^4 t 重金属）估算，一次通过循环方式需要全世界每 6～7a 就建造一座规模相当于美国尤卡山核废物处置库（设计库容 7×10^4 t 重金属）的地质处置库。只要全世界核电装机容量增加 1 倍，则就需每 3～4a 建设一座地质处置库，这显然是难以承受的负担。

（三）对环境安全构成长期威胁

由于乏燃料中包含了大量放射性核素，其长期放射性毒性很高，要在处置过程中衰变到天然铀矿的放射性水平，将需要 10^5 a 以上（如图 1-2 最上方曲线所示），如此漫长的时间尺度带来诸多不可预见的安全不确定因素。所以，一次通过方式对环境安全的长期威胁极大。

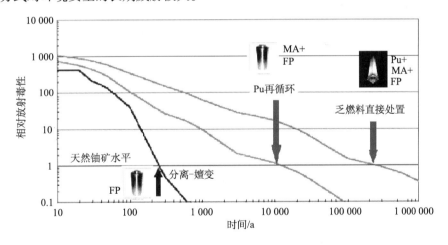

图 1-2　不同核燃料循环方式下高放废物放射性毒性随处置时间衰减情况

资料来源：Glatz 等（2003）

---

① e 指电功率。

三、热堆燃料循环方式的特点

（一）热堆核燃料闭式循环的贡献

热堆电站乏燃料中大约含有质量分数为 96%[①] 的 U、1% 的 Pu、3% 的裂变产物（FP）与次锕系元素。经后处理得到的分离钚与贫化铀（或后处理回收铀）混合，制成 MOX 燃料。MOX 燃料中的钚含量受热堆反应性的限制，而反应堆反应性的控制又依赖于核裂变时发射的缓发中子数目。对于核裂变时发射的缓发中子份额，^{239}Pu 仅为 0.3%，远低于 ^{235}U 的 0.65%，故 MOX 燃料中的钚含量不能太高，以免反应堆失控。MOX 燃料中钚含量一般为 7% ～ 9%（燃耗为 33GW·d/t 重金属时，钚中易裂变核 ^{239}Pu 与 ^{241}Pu 的含量分别为 58% 和 14% 左右），其使用效果相当于 ^{235}U 富集度为 4.5% 的 UO_2 燃料。粗略估算，7t 重金属乏燃料后处理得到的 Pu（约 70kg）可制成 1t 重金属 MOX 燃料，故 Pu 在热堆中循环一次可以使 U 资源的利用率提高约 14%，同时还可以节省 U 浓缩所需的部分分离功。如果分离出的 U 也回到热堆中循环，铀资源的利用率还能提高约 15%。

热堆乏燃料后处理 / 再循环的另一贡献是显著减少需要地质处置的高放废物的体积及其放射性毒性。

法国核材料总公司（Cogema）UP3 后处理厂的运行经验表明，后处理产生的需要地质处置的所有长寿命废物体积低于 $0.5m^3$/t 重金属（其中高放玻璃废物低于 $0.15m^3$/t 重金属，中放 α 废物低于 $0.35m^3$/t 重金属），而乏燃料直接处置的体积为 $2m^3$/t 重金属。这表明，后处理产生的需要地质处置的高放废物体积为乏燃料直接处置体积的 1/4。此外，后处理分离钚在热堆中循环一次后的放射性毒性为乏燃料的 1/5 ～ 1/3（Glatz et al.，2003；Kaplan et al.，2003；Bertel and Wilmer，2003）。

（二）热堆核燃料闭式循环的局限性

1. 铀资源的利用率问题

如前所述，钚在热堆中循环对铀资源利用率的提高相当有限（约 14%）。随着燃耗的加深和钚的再循环，将产生以下问题（Pellaud，2002）。

（1）乏燃料中主要的易裂变成分 ^{239}Pu 的含量将逐步降低。例如，当 UO_2 燃料的燃耗从 33GW·d/t 重金属提高到 60GW·d/t 重金属时，^{239}Pu 的含量将从

[①] 本书中所指的含量如无特殊说明，均指质量分数。

58% 降至 44%；MOX 乏燃料中 ^{239}Pu 的含量低于 40%（MOX 燃料使用从 UO$_2$ 乏燃料中分离出的 Pu，故 MOX 乏燃料中 ^{239}Pu 的含量更低）。

（2）乏燃料中 ^{238}Pu 和 ^{240}Pu 的含量随燃耗的加深而提高。当燃耗达到 60GW·d/t 重金属时，^{238}Pu 和 ^{240}Pu 的含量分别高达 3.5% 和 27%，前者是一种高释热核素（释热率为 0.5W/g），后者发射自发裂变中子的截面很大。

（3）MOX 乏燃料中 ^{241}Pu 的含量高达 18% 以上，尽管其裂变性能优于 ^{239}Pu，但其半衰期只有 14.3a，乏燃料储存 10～20a 后，^{241}Pu 将损失一半以上。后处理分离 Pu 如不能及时再循环，则 ^{241}Pu 的衰变子体 ^{241}Am（能量为 59.6keV 的 γ 发射体）γ 辐射剂量的增加会给燃料制造带来困难（需要屏蔽）。

此外，热堆中的中子俘获等反应导致可观量的高毒性 MA 的积累（1GWe 热堆电站每年产生 16kg Np、5kg Am、1.7kg Cm）（Baetsle et al.，1999）。

至于后处理回收 U（堆后 U）的再循环，由于其中的 ^{232}U 的衰变子体为强 γ 发射体（尤其是 Tl-208 的 γ 能量达 2.6MeV），堆后 U 的转化与浓缩需要屏蔽；^{236}U 是一种中子毒剂，使得 U 浓缩需要的丰度要提高 10%。所以，国外仅再循环了少部分堆后 U（不到 2.5×10^4t），大部分堆后 U 作为战略资源储存，供今后快堆增殖使用。

综上所述，热堆燃料循环仅能使铀资源的利用率提高 20%～30%，循环过程又受到许多限制，故其对核能可持续发展的贡献是相当有限的。

2. 高放废物减容问题

如前所述，后处理产生的需要地质处置的高放废物体积为乏燃料直接处置体积的 1/4，减容系数并不高，但仍然需要比较频繁地建造地质处置库。而且，后处理高放废液中含有所有的次锕系元素和长寿命裂变产物（long lived fission product，LLFP），若将其玻璃固化产物进行地质处置，则其长期放射性危害依然存在，其放射毒性降至天然铀矿水平，仍然需要 10^4a 以上（如图 1-2 中间曲线所示）（Glatz et al.，2003）。

四、快堆核燃料闭式循环的优点

（一）增殖快堆核燃料闭式循环可以充分利用铀资源

如前所述，核燃料在热堆中一次通过，铀资源的利用率约为 0.6%。热堆闭式循环仅能使铀资源的利用率提高 20%～30%。而采用增殖快堆闭式循环，可使铀资源的利用率提高约 60 倍甚至更高（Eyre，1998），从而使地球上已探明的经济可开采的铀资源使用几千年。

初步计算表明，经过 12～18 次循环周期（后处理→MOX 燃料制造→快堆运行），铀资源的利用率可以从 0.6% 提高到 60%（图 1-3）。

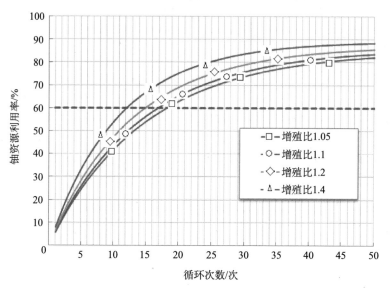

图 1-3 不同增殖比时铀资源利用率和循环次数的关系
注：堆芯燃耗 7.5%，分离回收率 99%

由此可见，只有发展快堆及其燃料循环系统，才能充分利用铀资源，实现核能的大规模可持续发展。燃料循环后段的费用并不很高，仅占核电成本的 5% 左右。

（二）焚烧快堆核燃料闭式循环可以实现核废物的最少化

在快中子谱条件下（包括快中子临界堆和次临界堆 ADS），所有锕系核素（An）都具有一定程度的裂变性能。所以，快堆不仅可以焚烧 Pu 的各种同位素，而且可以嬗变 MA。LLFP 的嬗变依赖于热中子俘获反应，在快堆包裹层中建立热中子区，即可实现 LLFP（如 ^{99}Tc 和 ^{129}I）的嬗变。由此可见，通过快堆核燃料闭式循环（包括分离－嬗变），不仅可以充分利用铀资源，实现铀资源利用的最优化，还能最大限度地减少高放核废物的体积及其放射性毒性，实现核废物的最少化。

表 1-1 给出了与乏燃料直接处置相比不同分离水平情况下的放射性毒性降低因子的推算值。由表 1-1 可见，将后处理分离出的 Pu 再循环利用，则废物的放射性毒性在 10^3a 后可降低 1 个数量级；如果将 MA 分离出来进入快堆（包括临界堆和次临界堆）进行嬗变，则废物的放射性毒性可降低 2 个数量级以上。据初步估算，一座 1GWe 焚烧快堆可嬗变掉 5 座相同功率的热堆产生的 MA 量（即支

持比为 5)(Baetsle et al., 1999)。如果采用 ADS 进行嬗变，则可以获得更高的支持比（约为 12）。当然，与增殖快堆一样，MA 和 LLFP 的焚烧也需要多次燃料循环才能实现。

表 1-1 不同分离水平情况下的废物放射性毒性的降低因子

废物形式	放射性毒性的降低因子			
	10^3 年	10^4 年	10^5 年	10^6 年
乏燃料（含 U、Pu、FP、MA）	1	1	1	1
后处理分离 U、Pu 后的高放废物（含 FP、MA）	10	25	20	4
高放废液中分离 MA 后的废物（仅含 FP）	100	175	160	130

资料来源：Tompkins（1999）。

第二节 国内外核燃料后处理/再循环技术发展现状与趋势分析

一、国际上核燃料后处理/再循环技术发展现状与趋势分析

传统的乏燃料水法后处理（即 Purex 流程），最初是为生产武器级钚而发展起来的，后被用于核电站乏燃料的后处理且一直沿用至今。只是由于核电站乏燃料的燃耗深，比放射性强，裂变产物含量高，所以核电站乏燃料后处理的技术难度更大。

美国是最早建成军用和商用后处理厂的国家。在 1974 年印度进行了所谓的"和平核爆炸"之后，美国政府以防止核扩散为由，于 1977 年冻结了商用后处理厂运行，但其后处理技术研究始终未停。英国、法国、苏联（俄罗斯）、印度已建成并运行商用后处理厂，日本的商用后处理厂也已建成，但因高放废液玻璃固化设施故障尚未排除而未能投产。国际上已积累的运营经验表明，热堆乏燃料后处理已是一种成熟的回收铀和钚的工业技术，但对次锕系及裂变产物分离的技术并不成熟。

传统后处理工艺的进一步研究主要是对 Purex 流程的改进，包括：简化工艺流程，降低投资费用；采用无盐试剂，减少废物产生量。

法国 AREVA 集团开发了 Coex 流程（Bouchard，2005），基于所谓的防扩散考虑，该流程不产生纯 Pu 产品，而产生 U-Pu 混合产品（其中 U 占 20% ～ 80%）。美国在其"先进燃料循环倡议"（Advanced Fuel Cycle Initiative，AFCI）（Kelly and Savage，2005）计划中开发了 Urex+ 流程（George et al.，2004），其主流程（Urex）分离出 U、Tc 和 I，其余（包括 Pu）则进入高放废液而作进一步分离，获得 Pu 和 MA 的混合产品。

分离－嬗变是实现核废物最少化的战略性措施，它首先要从乏燃料后处理产生的高放废物中将 MA 和 LLFP 分离出来，再将它们制成靶件，在嬗变器（快堆或 ADS）中进行嬗变，使长寿命的 MA 和 LLFP 嬗变为短寿命或稳定核素，从而使需要进行地质处置的高放废物的体积和毒性降低 1 ～ 2 个数量级。

早在 20 世纪 60 ～ 70 年代，就有关于分离－嬗变的探索性研究（Mckay，1977）。自从 1988 年日本政府提出 OMEGA（Options Making Extra Gains from Actinides）计划和 1990 年法国政府提出 SPIN（Separation-Incineration）计划以后，分离－嬗变研究在全世界复兴，并取得了较大进展。

在 MA 和 LLFP 分离方面，20 世纪 90 年代国际上提出了"先进后处理"概念，其中代表主流趋势的是"后处理－高放废液分离"方案（图 1-4），即在改进 Purex 流程（如增加 Np、Tc 和 I 等的分离）的基础上，从高放废液中分离出 MA 与镧系元素（Ln），最后分理出 MA。

除了水法分离流程之外，国外的另一个发展方向是对作为"先进后处理"候选方法的干法分离流程的研究开发。随着核燃料燃耗的进一步加深（快堆燃

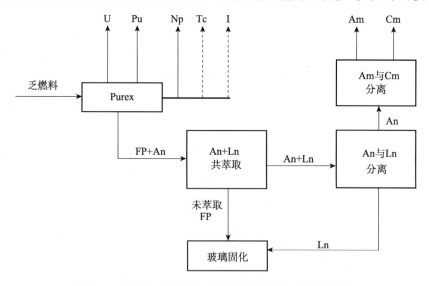

图 1-4　改进型"后处理－高放废液分离"方案示意图

料的燃耗将达到 150GW·d/t 重金属以上），乏燃料的比放射性将更强，可能会导致基于有机溶剂的水法后处理难以胜任。于是，20 世纪 60 ～ 70 年代各国曾争相研究的干法后处理，经过了约 20a 的沉寂，又悄然成为一个颇为活跃的研究领域。目前正在积极开发干法后处理研究的国家有美国、俄罗斯、日本、法国、印度和韩国等。

干法后处理是一种高温化学过程。自 20 世纪 60 年代以来，各国已研究过若干种干法后处理技术，比较有希望的方法为金属燃料和氧化物燃料的熔盐电解精炼法。

与水法后处理相比，干法后处理的优点是：①采用的无机试剂具有良好的耐高温和耐辐照性能；②工艺流程简单，设备结构紧凑，具有良好的经济性；③试剂循环使用，废物产生量少；④ Pu 与 MA 一起回收，有利于防止核扩散。

干法后处理的上述特点使之被视为下一代燃料循环的候选技术。从缩短钚的倍增时间考虑，快堆目前采用的氧化物燃料将会被金属燃料所取代，对于金属乏燃料的后处理，必须采用干法技术。但是，干法后处理的技术难度很大，元件的强辐照要求整个过程必须实现远距离操作；需要严格控制气氛，以防发生水解和沉淀反应；结构材料必须具有良好的耐高温、耐辐照和耐腐蚀性能等。

目前，大多数国家在干法后处理方面尚处于实验室研究阶段，只有美国已完成了实验室规模（50g 重金属）、工程规模（10kg 重金属）的模拟实验和中试规模（约 100kg 重金属）的热试验（Herrmann et al., 1999）。美国电解精炼沉积 U 的研究比较成功，但 Pu 和 MA 与 FP 的分离研究仍在进行之中。

日本在快堆循环（包括快堆、乏燃料后处理和燃料制造）实用化研究开发方面的投入巨大。在乏燃料后处理方面，日本自 1995 年以来平行推进水法－干法后处理流程研究，2006 年对水法－干法后处理进行了全面评估，确定了先进水法后处理作为日本今后的重点攻关课题，干法后处理作为后备技术继续研究。日本于 2006 年 10 月开始实施的先进水法后处理研究课题包括：①采用结晶法沉淀大部分 U；②采用简化 Purex 流程回收 U-Np-Pu；③采用萃取色层法回收 MA（Am、Cm）（独立行政法人科学技術振興機構原子力業務室，2006）。

近年来，韩国在干法后处理研究开发方面取得了一些重要进展，其中最引人注目的是韩国原子能研究院开发的连续式电解精炼技术。目前大多数国家的熔盐电解精炼均采用批式电解槽，但这种方式难以进行规模放大，从而使干法后处理厂的成本难以降低。干法后处理一旦实现连续运行，则生产成本可以大幅度降低（Park，2008）。

值得注意的是，印度在其雄心勃勃的核能发展战略中，在核燃料闭式循环技术的自主研究开发方面取得了举世瞩目的成就。令印度人引以为豪的是，印度于 2005 年 6 月在世界上首次完成了采用 Purex 流程的实验快堆乏燃料（燃耗 100GW·d/t 重金属）后处理热试验（Raj，2006）。

二、我国核燃料后处理 / 再循环技术现状及与国际先进水平差距

我国在 20 世纪 60 年代中期成功开发军用后处理技术，并建成了后处理厂，实现了 U、Pu 提取，其分离工艺技术水平与当时的国际水平相当。但在 20 世纪 80 年代以后，随着军用后处理厂的停产，我国对后处理技术研究开发的投入严重不足，使之成为我国核能体系中最薄弱的环节。

在比较艰苦的条件下，我国科技人员仍然在后处理科研与中试厂建设等方面取得了不少重要进展。

在后处理主工艺研究方面，中国原子能科学研究院从 20 世纪 90 年代中期开始研究先进后处理流程，重点集中在无盐试剂的应用上，目的是减少放射性废物，简化工艺过程，控制关键核素走向。研究的无盐试剂分为还原剂和络合剂两大系列，前者包括羟胺及其衍生物、肼及其衍生物、醛类、醛肟类及羟基脲类等，后者主要为短链羟肟酸。采用无盐试剂的先进二循环 Purex 流程的特点是，在 U-Pu 分离段和 Pu 纯化循环段均使用二甲基羟胺－单甲基肼还原反萃 Pu，在 U 纯化循环段使用乙异羟肟酸同时从铀中去除 Pu 和 Np。

采用模拟料液对整个化学分离流程进行了数次实验室规模的温实验运行。研究表明，该流程中 U 和 Pu 的回收率、分离净化系数等主要工艺参数达到了预期指标，主要核素走向令人满意。例如，U 中去 Pu 分离系数达到并超过了采用四价铀作还原剂的指标，U-Pu 分离段还省去了 Tc 洗槽；U 纯化段采用一个循环即可达到从 U 中去除 Pu 和 Np 的指标；Pu 纯化循环段有望取消操作复杂的回流萃取。

为了给热试验验证准备条件，近期研究工作重点是流程性能的确认和工艺参数的优化，包括无回流萃取的 Pu 纯化循环工艺条件、Pu 的无盐调价技术、流程对裂片的净化性能、无盐试剂在流程条件下化学和辐照稳定性及无盐试剂及其反应产物在后续工艺中的处理方法等。此外，新型无盐试剂的开发工作仍在进行。为了提高实验技术水平，研究人员研制了混合澄清槽、离心萃取器、加料泵等实验装置系统，还在实验设备材料、自动控制等方面进一步开展研究。2015 年进行了先进无盐二循环流程的实验室规模热试验，主要工艺参数达到或超过预期指标，这标志着我国后处理主工艺研究取得了重要进展。

在高放废液分离研究方面，清华大学核能与新能源技术研究院在 20 世纪 70 年代末提出并研究开发成功了具有自主知识产权的三烷基氧膦（TRPO）萃取流

程。1992～1993 年，其与欧盟超铀元素研究所合作，完成了动力堆后处理高放废液 TRPO 流程热验证试验；"八五"和"九五"期间研究成功军用高放废液全分离流程（TRPO 萃取分离超铀元素、冠醚萃取分离锶、亚铁氰化钛钾离子交换分离铯）；1996 年完成了军用高放废液全分离流程热验证试验，并取得了很好的效果，满足了分离要求；后与中核四○四有限公司合作，进行了全分离流程辅助工艺研究和泥浆洗涤试验，提出泥浆非 α 化建议；还完成了萃取设备研究及工程预可行性研究，提出了分离 3 价锕系镧系元素的 CYANEX301 萃取分离方法；进入 21 世纪后，完成了台架联动试验。

在取得了上述系列研究成果的基础上，清华大学于 2009 年成功完成了超过 120h 的微型台架热验证试验。研究表明，α 核素的去污系数达到 3×10^3 以上，高释热率核素 ^{90}Sr 和 ^{137}Cs 的去污系数达到 10^4 以上，满足了将高放废液非 α 化和中低放化的技术要求。

后处理中试厂由我国自主设计和建造，针对动力堆乏燃料放射性更高、毒性更大、临界安全问题更突出等特点，我国科技与设计人员进行了长期的试验研究与技术攻关，成功地设计与建造了中试厂。先后完成了水试验、酸试验和冷铀试验，2010 年成功完成了热调试验。经过长期的探索与研究，攻克了设备方面的多项技术难题，如空气升液装置的稳定控制、非接触式测量仪表的吹气测量装置工程应用、沉降式离心机可靠性研究和剪切机研制等。中试厂的成功调试与运行将为大型核燃料后处理厂的设计与建设提供重要依据。

我国尽管在后处理技术研究方面取得了一定进展，但在后处理工艺设备、自动控制、远距离维修等方面与国际先进水平相差甚远。

在干法后处理的研究开发方面，我国在 20 世纪 70 年代曾经开展过千克级氟化物挥发法的后处理流程研究，后因设备腐蚀严重等原因而停止。20 世纪 90 年代，配合快堆项目开展过一些零星工作。近年来，在科技部 863 项目、中国科学院核能先导专项和国家自然科学基金委员会重大科研计划"先进核裂变能的燃料增殖与嬗变"项目的支持下，我国开展了一些干法后处理的前期研究，但干法后处理的研究尚未被正式纳入国家后处理发展规划。近年来，中国科学院高能物理研究所提出了一种铝合金化处理氧化物乏燃料的新概念，在熔盐体系中直接采用 $AlCl_3$ 氯化溶解 AnO_2 和 Ln_2O_3，然后在阴极通过 An 和 Al 共还原的方式实现 An 和 Ln 的分离。目前，该研究所在 An 和 Al 共还原法分离 An 和 Ln 方面已经取得一批有重要应用前景的系统性结果。在 $LiCl-KCl-AlCl_3$ 熔盐中成功实现了 AnO_2 和 Ln_2O_3 的氯化溶解，并通过共还原法制备了 An-Al、Ln-Al 合金，得到了部分金属间化合物的沉积电位，该成果在国际上产生了积极的影响。

第三节　我国核燃料后处理/再循环技术发展战略初步构想

一、我国宜采取直接走快堆循环的技术路线

我国拟建的热堆乏燃料商用后处理厂所产生的分离钚，其再循环可以采取两种方案：①在热堆中再循环一次，然后进入快堆循环；②直接进入快堆循环。对于采用何种方案更为合适，迄今国内尚未达成共识。

首先需要强调指出的是，MOX 燃料制造厂必须与后处理厂进行很好的衔接。如果后处理分离出的钚不立即制造 MOX 燃料回堆燃烧，分离钚中的易裂变核素之一 ^{241}Pu（半衰期为 14.3a）将在数年内迅速降低，而 ^{241}Pu 的衰变产物 ^{241}Am 的 γ 辐射将使 MOX 燃料制备十分困难。所以，MOX 燃料制造厂的建设应与后处理厂基本同步。

如前所述，核燃料在快堆中循环比在热堆中循环效果更好，且国际上在核能发展初期就确定了快堆核燃料闭式循环方案。由于快堆技术发展进程的推迟，大量后处理产生的分离钚积累，其储存费用昂贵，且存在核扩散风险，一些欧洲国家被迫实施了分离 Pu 的热堆再循环。

正在推进的处理能力为每年 200t 重金属的我国热堆乏燃料后处理示范厂预计最早于 2023 年建成，即后处理分离 Pu 的再循环要等到 6a 以后才会开始。所以，我国与西方核电国家不同，不存在民用分离钚积累所带来的问题。

根据我国快堆发展规划的建议，到 2023 年拟建成中国示范快堆电站（CFR600），2030 年前后拟建成首期商用快堆电站（CFR1000），并在 2035 年以后逐步实现快堆电站的批量化建设。这表明，我国快堆发展对分离钚具有较明确的需求。所以，我国跳过分离钚热堆循环这一步，直接进行快堆循环是一个可供选择的合理方案。

我国乏燃料后处理中试厂已于 2010 年年初开始进行热试验。完成热试验并经过改扩建后，预期分离钚的生产能力为 0.5～0.8t/a。2010 年 7 月首次达到临界的中国实验快堆的第 1～2 炉燃料采用高浓缩铀燃料，以后拟采用国产 MOX 燃料。为此，一条生产能力为 0.5t/a MOX 燃料（含 Pu 45%）的实验生产线正在建设之中。利用中试厂产生的分离钚制成的 MOX 燃料，可以供中国实验快堆使用，还可为拟于 2023 年建成的中国示范快堆提供部分前期装料（初装料约 3t 钚，每年换料量约 2t 钚）。

处理能力为每年 200t 重金属的后处理示范厂如能在 2023 年按计划投入运行，每年产生约 2t 分离 Pu，分离 Pu 以 MOX 燃料形式进行工业规模的再循环预计将在 2025 年实现，基本上能与快堆电站的早期发展相衔接。

当然，快堆电站的发展进程也存在一些不确定性，如果快堆技术的实际发展比预期的慢，部分分离钚可以在压水堆中进行再循环。国际上已有 30 多年的 MOX 燃料成功使用经验，这可供我们借鉴。

二、我国宜采用"先增殖、后嬗变"的技术路线

我国属于核能后发展国家，积累的乏燃料目前不到 5000t，到 2020 年为 10 000 ～ 15 000t。按照 2023 年建成后处理示范厂的目标，我国可能在 2025 年开始在快堆中增殖核燃料。

由于目前从高放废液中分离 MA 的技术在国内外均未达到工业应用阶段，建设中的我国后处理示范厂只考虑 U-Pu 分离，未考虑 MA 的分离。拟议中的第一座商用后处理厂也未考虑 MA 的分离。因此，我国当前要部署 MA 分离技术的开发，从基础—应用—工艺—生产过程全链条设计 MA 的分离流程及其参数。当 MA 分离技术趋于成熟，则第二座商用后处理厂将不仅分离 U-Pu，还要分离 MA。所以，MA 需要进行嬗变的时间应等到第二座商用后处理厂建成并投产之后（在 2040 ～ 2050 年），这也将为核废物嬗变技术的研发留下足够的时间。

所以，我国在 2050 年之前主要实施快堆增殖核燃料，核废物的嬗变（焚烧）可以在 2050 年之后考虑实施。

值得注意的是，美国首先考虑的是利用快堆焚烧分离 Pu 和 MA。例如，按照 2005 年 5 月美国能源部发布的"先进燃料循环倡议"（Kelly and Savage，2005），大约在 2050 年之前，美国的核燃料再循环属于"过渡"（transitional）阶段，该阶段的主要任务是，针对美国核电运行几十年积累了大量乏燃料（目前已超过 6×10^4t 重金属）的情况，开发新型后处理和快堆焚烧技术，消耗从热堆乏燃料中分离出的 Po（钋）和 MA；大约在 2050 年之后，美国的核燃料再循环将进入"可持续"（sustained）阶段，利用后处理分离出的 U（堆后 U）和贫化铀进行燃料增殖，以确保核能的可持续发展。由此可见，美国的核燃料循环发展战略是符合美国国情的发展战略，这一发展战略可以概括为"先嬗变、后增殖"。

显然，核能后发展的中国，与美国、欧洲、日本、韩国等已积累了大量乏燃料的国家或地区相比，目前乏燃料积累的负担还很小。我国需要在 2030 年前后增殖燃料，再经过 20 多年后（2050 年后）进行核废物嬗变。所以，我国核燃料再循环宜采用"先增殖、后嬗变"的技术路线。

第四节　我国核燃料后处理/再循环中的关键技术问题

一、热堆乏燃料后处理

我国水法后处理技术的研究目标是：提出先进后处理工艺流程，为商业后处理厂提供技术支持。要加强先进后处理工艺流程的研究，以经济、安全、废物最少化等为目标，提出兼顾 U、Pu、MA 和 LLFP 分离的流程。

根据我国后处理技术的研究基础和世界上多数国家的做法，我国先进后处理技术研究开发宜在国际上成熟的 Purex 流程的基础上，提出改进型的 Purex 主流程和从高放废液中分离 MA 和 LLFP 的辅流程，力争使我国多年来的后处理研究成果能应用于后处理大厂工艺流程的设计。

对于后处理流程的改进研究，侧重于分离流程的简化（减少循环次数）和新型无盐试剂的使用；对于高放废液的分离研究，应考虑与后处理主流程的衔接和分离出的 MA 与嬗变的衔接。

后处理技术研究除了工艺流程研究之外，还包括专用工艺设备及材料研究（特别是乏燃料剪切机和溶解器）、分析检测技术研究和临界安全研究等。

总之，以建设商用后处理厂为目标的研究开发，应充分利用我国多年来积累的研究成果和后处理中试厂的运行经验，并注意借鉴和引进国外先进和成熟的技术和装备，如关键工艺设备、远距离维修设备、自控系统等，在消化吸收的基础上，形成我国的自主技术，取得参与今后国际合作与竞争的主动权。

二、快堆乏燃料后处理

（一）快堆乏燃料水法后处理

对于快堆 MOX 乏燃料的后处理，水法后处理的研究在国际上也未停止。例如，日本 2006 年决定采用以先进水法后处理流程为主、干法后处理为辅的技术路线。印度于 2005 年在世界上首次成功进行了燃耗为 100GW·d/t 重金属的快堆乏燃料的水法后处理的热试验，并取得了许多经验。所以，我们不应放弃快堆 MOX 乏燃料的水法后处理技术研究。但从长远看，我国快堆拟使用金属合金燃料，MOX 燃料仅是过渡性燃料。所以，MOX 乏燃料的后处理不是研究的重点。

（二）快堆乏燃料干法后处理

如前所述，随着燃料燃耗的提高，乏燃料的比放射性将更强，释热率更高（高于 25kW/t 重金属），且快堆乏燃料中钚及裂变产物的含量也更高，可能使以溶剂萃取为基础的水法后处理技术难以胜任而不得不转向干法后处理。尤其是金属合金乏燃料，必须采用干法后处理技术进行处理。近年来，乏燃料的干法后处理技术已成为国际上的研究开发热点。

我们应进行广泛调研，全面掌握国际上近年来在干法后处理技术研究开发方面的最新进展，对我国干法后处理技术的研究开发技术路线进行深入研讨，提出我国研究开发路线图，开展相关的可行性研究。要积极开展国际合作，尽可能利用国外已经取得的研究成果，促进国内的研究开发工作。

第五节　结　　语

基于铀－钚循环的核燃料后处理／再循环是快堆核燃料循环系统中的核心问题，也是我国核燃料循环体系中最为薄弱的环节。后处理／再循环涉及热堆乏燃料后处理、快堆燃料制造、快堆乏燃料后处理等主要环节，是一个复杂的系统工程。研究者必须在国家统一规划、总体布局之下，做好顶层设计，使各个环节得以同步协调发展。我国可能需要用 30～40a 的时间，才能完成各主要环节的技术突破，从而实现我国快堆核能系统产业化，解决我国核能可持续发展的后顾之忧。

参 考 文 献

独立行政法人科学技術振興機構原子力業務室. 2006. 特別推進分野の新規課題募集について. 平成 18 年度募集説明会.

Baetsle L H, de Raest C, Volckaert G. 1999. Impact of advanced fuel cycles and irradiation scenarios on final disposal issues. In IAEA (Ed.), Global 99 (p. 9). Jackson Hole.

Bertel E, Wilmer P. 2003. Whither the nuclear fuel cycle? Nuclear Energy, 42（3）: 149-156.

Bouchard J. 2005. The closed fuel cycle and non-proliferation issues. Global 2005, Tsukuba, Japan, October 11.

Eyre B L. 1998. Power generation for the twenty-first century: What role for nuclear? Nuclear Energy, 37（1）: 59-72.

George F V, Monica C R, Scott B A. 2004. Lab-scale demonstration of the UREX+ process. WM'04 Conference, Tucson AZ, USA, February 29-March 4.

Glatz J P, Hans D, Magill J, et al. 2003. Partitioning and transmutation options in spent fuel management. Global 2003, New Orleans, Louisiana, November 16-20.

Hanly A, Vance R. 2014. Uranium resources, production and demand. A Joint Report by the OECD Nuclear Energy Agency and the International Atomic Energy Agency. Paris.

Herrmann S D, Durstine K R, Simpson M F, et al. 1999. Pilot-scale equipment development for pyrochemical treatment of spent oxide fuel. Global'99, Argonne National Lab, IL.

IAEA. 2001. Nuclear technology review—update 2001. 45th Regular Session of IAEA General Conference, Annex 1, August 29.

Kaplan P, Vinoche R, Devezeaux J G, et al. 2003. Spent fuel reprocessing: More value for money spent in a geological repository. WM'03 Conference, Tucson, Arizona, USA, February 23-27.

Kelly J, Savage C. 2005. Advanced Fuel Cycle Initiative (AFCI) Program Plan.

Mckay H A C. 1977. The separation and recycling of actinides. A Review of the State of the Art, EUR-5801e.

Park S W. 2008. Present status of R&D in pyro processing technology of spent fuel in KAERI. Invited lecture at China Institute of Atomic Energy, Beijing, February 22.

Pellaud B. 2002. Proliferation aspects of plutonium recycling. Comptes Rendus Physique, 3 (7-8): 1067-1079.

Raj B. 2006. Status of FBR programme in India. IAEA Consultancy Meeting on Innovative Nuclear Fuel and Fuel Cycle Technologies for Fast Reactors. Vienna, Austria, February 13-17.

Vandegrift G F, Regalbuto M C, Aase S B, et al. 2004. Lab-scale demonstration of the UREX+ process. WM'04 Conference, Tucson, Arizona, February 29-March 4.

第二章　国外先进核燃料循环后段技术发展动向[*]

第一节　后处理技术发展概况及经验教训

一、后处理技术的历史回顾

后处理的主要目的是将乏燃料中的 U、Pu 及 FP 相互分离，并将回收的 U、Pu 等作为燃料再利用，同时减少放射性废物的排放。后处理技术可分为使用水溶液的湿法和不使用水溶液的干法。湿法主要指溶剂萃取法（液液萃取法）、离子交换法、沉淀法等。溶剂萃取法是根据燃料溶解液中各元素在有机相（溶剂）和水相（硝酸溶液）之间分配能力的差异，将乏燃料中的 U、Pu 及 FP 相互分离。根据使用的萃取剂不同，可细分为 Purex 法、Butex 法、Redox 法等。由于具有较高的安全性、可靠性，以及废物产生量相对较少等，1954 年最早在美国开发成功的 Purex 法成为当今后处理法的主流技术。另外，与湿法相比，不使用溶剂而使装置规模相对较小的干法也在早年（20 世纪 50 ~ 60 年代）就开始了实验室规模的研究，主要有氟化物挥发法、氯化物熔盐提取法等。由于操作温度高，且使用强腐蚀性的卤化物及熔融状态金属，干法存在材料耐用性及操作可靠性等问题，尚未发展成工业规模技术。不过近年干法作为以金属燃料的后处理以及次锕系核素嬗变燃料处理为目的的分离技术，重新受到重视。

如表 2-1 所示，后处理技术可按处理对象燃料种类划分为三个不同的年代：第一代为以生产军用 Pu 为目的的反应堆乏燃料后处理（1944 年至冷战结束）；第二代为发电用石墨气冷堆的乏燃料后处理（1951 ~ 2010 年）；第三代为使用氧化物燃料的水堆（压水堆和沸水堆等）的乏燃料后处理（1966 年至今）。

---

[*]　本章由韦悦周、石伟群撰写。

表 2-1　后处理的年代分类

后处理时代	第一代	第二代	第三代
年代	1944 年至冷战结束	1951～2010 年	1966 年至今
目的	军事用	发电用	发电用
反应堆型	Pu 生产堆	石墨气冷堆	轻水堆
燃料	金属铀	金属铀	氧化铀
初期 U 浓缩度	天然	天然	3%～4% 浓缩
燃料包壳	铝	镁合金	锆合金
燃耗	数百 MW·d/t	1 000～7 000MW·d/t	55 000MW·d/t 以下
冷却期间	数十日	数年	3～4a

资料来源：高橋启三（2006）。

　　从 Pu 生产堆乏燃料中分离提取核武器级 Pu 的化学分离技术是现在的后处理分离技术的源流。作为曼哈顿计划（制造原子弹的计划）的一环，美国开发出了用磷酸铋共沉淀法分离 Pu 的技术，1943 年 10 月开始在汉福德建后处理厂，一年后投入运行，至 1956 年停产共处理了近 9000t 乏燃料。随后，苏联、英国、法国也开始进行以提取核武器级 Pu 为目的的后处理技术开发，成为核武器制造国。美国先后在汉福德（1944 年开始运行）、爱达荷（1953 年）、萨凡纳河（1954 年）建成了 3 个大型后处理厂。苏联也分别在车里雅宾斯克（1948 年）、托木斯克（1955 年）、克拉斯诺亚尔斯克（1964 年）建立了 3 个大规模后处理厂。

　　由于磷酸铋共沉淀法处理效率低，很快就被可以连续进行分离操作的效率更高的溶剂萃取法取代。最初工业化的溶剂萃取法是以甲基异丁基酮［methyl isobutyl ketone，MIBK，$(CH_3)_2 CHCH_2 COCH_3$］作为萃取剂的 Redox 法，在乏燃料的硝酸溶解液中添加重铬酸离子，将钚氧化为六价钚后与六价铀一起萃取进入有机相，将核裂变产物元素残留在水相得到分离，然后用二价铁（氨基磺酸亚铁）作为还原剂将 Pu 还原成非萃取性的三价 Pu，进行 U-Pu 分离。该法于 1951 年在美国汉福德的雷多克斯后处理厂工业化，自 1951 年至 1967 年一共处理了约 24 600t 乏燃料。为了克服 Redox 法使用大量金属硝酸盐的缺点，英国开发出了以二丁基卡必醇［dibutyl carbitol，$C_4H_9(C_2H_4O)_2 C_4H_9$］为萃取剂的 Butex 法，1952 年在温茨凯尔（现名塞拉菲尔德）后处理厂开始工业化，用于处理石墨慢化气冷堆（GCR）的 Magnox 燃料（含 Al 及 Ca 的镁合金包壳燃料）。此后，美国开发出了以磷酸三丁酯［tributyl phosphate，TBP，$O=P(OC_4H_7)_3$］为萃取剂的 Purex 法。Purex 法是将乏燃料的硝酸溶解液与溶解于正十二烷（n-dodecane，稀释剂）的 TBP 溶液（有机相）接触，将 U 和 Pu（四价状态）一起萃取到有机相，与非萃取性的核裂变产物元素分离，然后使用还原剂（现在主要采用四价 U）将钚还原成非萃取性的三价 Pu，经过进一步采用 TBP 的萃取 / 反萃的纯化处理后，分别得到高纯度的 U 和 Pu 的硝酸盐制品溶液。TBP 对六价 U 和四价 Pu 的萃取能力很强，并且挥发性小，在硝酸介质中稳定性较高。与 Redox 法及 Butex 法相比，Purex 流程具有更高的效率性和可靠性，且废物产生量相对较少等。自 1954 年首次在美国的萨凡纳河后处理厂工业化以后一直沿用至今，被美国、法国、苏联（俄罗斯）、英国、日本等采用作为大型后处理流程。图 2-1 显示了以上几种代表性后处理法开发和应用的简史。图 2-2 显示了 Purex 流程的基本构成。表 2-2 列出了这几种方法的技术概要和特征。表 2-3 总结列出了全世界曾经建造以及正在建造的后处理工厂（包括中试厂）的概况。

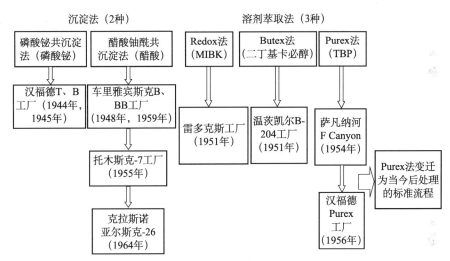

图 2-1　后处理方法的历史变迁

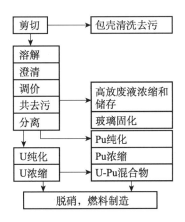

图 2-2　Purex 流程的基本构成

表 2-2　　几种半工业 / 工业规模实用化过的后处理技术比较

名称	概要	优点	缺点
磷酸铋共沉淀法	在第二次世界大战时期突击开发,是当时唯一能成功分离 Pu 的方法。$Pu^{IV}_3(PO_4)_4$ 与 $BiPO_4$ 共沉淀,铀则形成 $UO_2(SO_4)_2^{2-}$ 而存在于溶液中。经过用 $BiPO_4$ 进行三次共沉淀后,再与 LaF_3 进行共沉淀	Pu 回收率 > 95%,FP 的去污系数达 10^7	批次式操作,铀得不到回收、药品使用量大,造成废物量增加,操作工程效率性低
Redox 法	采用重铬酸离子将钚氧化成 $PuO_2(NO_3)_2$,用 MIBK 一起萃取 Pu（IV）和 U^{IV}。然后用 $Al(NO_3)_3$ 氮基磺酸亚铁将 Pu（IV）还原成 Pu（III）进行反萃与铀分离	最初实现的实用化溶剂萃取法	添加大量的 $Al(NO_3)_3$ 盐析剂导致废物量增加,有机萃取剂及其辐照分解物具有引火性
Butex 法	采用 $(C_4H_9OC_2H_4)_2O$ 为萃取剂,克服了添加多量销酸铝作为盐析剂的 Redox 的缺点,最初在硝酸溶液中实现溶剂萃取分离的方法	具有较好的分离性能和稳定性,在英国一直沿用至 20 世纪 70 年代	萃取剂成本较高,有机溶剂与硝酸的反应曾发生过爆炸性事故（20 世纪 70 年代英国温茨凯尔）
Purex 法	自开发以来一直沿用至今的唯一工业化后处理法	因为不用盐析剂减少了废物量,TBP 萃取剂的挥发性低,TBP 在硝酸中稳定性较高,综合的运行成本费较低	TBP 的化学稳定性仍存在安全隐患,曾发生过 TBP 与硝酸的反应造成爆炸事故（苏联托木斯克）

Pu 生产堆采用天然（未经浓缩）的金属铀作为燃料,因为燃耗一般很低（数百 MW·d/t）,后处理相对容易。军用 Pu 生产堆的乏燃料后处理主要应用到冷战结束。据公开的资料统计,美国累计共处理了约 30 万 t 军用乏燃料,生产了约 111tPu（其中核武器级 100t、燃料级 11t）。苏联共处理了 423 000t 乏燃料（提取 Pu 177t）,法国、英国、中国共处理了 31 000t 乏燃料（提取 Pu 13t）。全世界合计乏燃料处理量约为 75 万 t,生产 Pu 约 300t。

世界最早的商用反应堆是 1955 年英国的石墨慢化气冷堆。这种反应堆的燃料燃耗最高达到 7000MW·d/t,比 Pu 生产堆燃耗高约 10 倍。自 1954 年开始,英国在温茨凯尔后处理厂采用 Butex 萃取法进行动力堆乏燃料的后处理,1964 年改用 Purex 流程,至 2000 年 4 月一共处理了约 4 万 t 的石墨慢化堆 Magnox 乏燃料。到 2010 年石墨慢化气冷堆退役为止,继续处理了约 1 万 t Magnox 燃料。法国也处理了约 1 万 t 同样类型反应堆的乏燃料。

表 2-3 全世界乏燃料后处理工厂的概况

国家	所在地	设施名	后处理法	容量	实际成果	运行开始	运行结束
美国	西汉福德	T 工厂	沉淀（磷酸铋）	1～1.5t/d（回分式）	T+B 工厂合计 8 900t	1944 年 12 月 26 日	1956 年
	西汉福德	B 工厂	沉淀	1～1.5t/d（回分式）		1945 年 4 月	1952 年
	雷多克斯	S 工厂	Redox	3～12t/d	24 600t	1951 年	1967 年
	东汉福德	Purex 工厂	Purex	10～33t/d	73 100t	1956 年 1 月	1990 年
	汉福德	U 工厂	Purex		建成后未投入使用，后用于从废物中回收铀	1952 年 7 月	1958 年
	萨凡纳河	F Canyon	Purex	14t/d	Pu 回收	1954 年 11 月	2002 年 3 月
	萨凡纳河	H Canyon	Purex	14t/d	此后附加回收高浓缩铀	1955 年 7 月	后处理已停止，玻璃固化尚在继续
	爱达荷	ICPP	Purex	每年 700kg 高浓缩铀	31.5t 高浓缩铀	1953 年	1992 年
	西瓦利	NFS	Purex	1t/d	625.7t	1966 年	1972 年
	莫里斯	GE-MFRP	Aquafluor	1t/d	1974 年因技术未成熟而中止	1974 年	1974 年
	巴韦尔	AGNS	Purex	5td	1977 年因政治原因而中止	1971 年	1977 年
苏联	车里雅宾斯克	B 工厂	沉淀	—	合计 123 000～136 000t	1948 年 12 月	1960 年
	车里雅宾斯克	BB 工厂	沉淀	—		1959 年	1987 年
	车里雅宾斯克	RT-1	Purex	400t/a	4 000t	1977 年	
	托木斯克	Tomsk-7	Purex	—	190 000t	1955 年 11 月	
	克拉斯诺亚尔斯克	Krasnoyarsk-26	Purex	—	9 700t	1964 年	
	克拉斯诺亚尔斯克	RT-2	Purex	1500t/a	1978 年始建，1985 年中止		
英国	温次凯尔	B-204	Butex	1t/d	合计处理 Magnox 燃料	1952 年	1964 年
	温次凯尔	B-205	Purex	5t/d	4 000t 以上	1964 年	
	温次凯尔	THORP	Purex	900t/a	10 年共处理 5 000t	1994 年	1964 年

续表

国家	所在地	设施名	后处理法	容量	实际成果	运行开始	运行结束
法国	马尔库尔	UP1	Purex	1 000t/a	5 000t+少量军用燃料	1958年	1997年
	阿海珐	UP2	Purex	800t/a	4 894t（GCR）	1966年	1987年
	阿海珐	UP2-400	Purex	400t/a	轻水堆燃料12 129t	1976年	1992年
	阿海珐	UP2-800	Purex	800t/a		1992年	
	阿海珐	UP3	Purex	800t/a	轻水堆燃料8 247t	1989年	
比利时	莫尔	Eurochemic	Purex	350kg/d	210.6t	1966年	1974年
德国	卡尔斯鲁厄	WAK	Purex	175kg/d	208t	1971年	1990年
	戈莱本		Purex	1 400t/a	1979年中止建设		
	巴克斯多夫	WA-350	Purex	350t/a	1989年中止建设		
中国	甘肃省	酒泉	Purex	铀400kg/d		1968年9月	
	甘肃省	酒泉	Purex			1970年	
	甘肃省	嘉峪关	Purex	50t/a	民用多目的中试厂	2011年试验运行	
	—	商业工厂	Purex	800t/a	规划中		
印度	特朗贝	BARC工厂	Purex	50t/a		1964年	1974年因腐蚀问题中止运行，1983～1984年重新运行
	达拉布尔	Prefere工厂	Purex	100~150t/a		1979年	
	卡尔帕卡姆	FREFRP工厂	Purex	100t/a		1998年	
日本	东海村	JNC	Purex	700kg/d	1 100t	1977年9月	因玻璃固化故障未运行
	六个所村	JNFL	Purex	800t/a	2004年开始铀试验		

发电用水堆（压水堆和沸水堆）的氧化物乏燃料的第一个工业规模后处理厂 1966 年在美国纽约州的西瓦利开始投入运行（日处理量 1t），随后法国的阿格（La Hague）后处理厂（处理量 800t/a）、欧洲主要国联合建在比利时莫尔的 Eurochemic 后处理厂（处理量 350kg/d）相继投入运行操作。水堆燃料的燃耗初期约为 20 000MW·d/t，后来达到 55 000MW·d/t 左右。由于高燃耗，核裂变产物的生成量显著增加（放射性强度随之增加），所以需要更先进有效的后处理技术。这几个处理氧化物乏燃料的后处理厂都采用 Purex 流程。世界主要核电国家的轻水堆乏燃料累积后处理量见表 2-4。至 2005 年，全世界的各种乏燃料后处理累计总量为：①钚生产堆乏燃料约 750 000t，回收 Pu 量约为 300t；②石墨慢化气冷堆乏燃料约 50 000t，回收 Pu 量约为 130t；③水堆乏燃料约 31 200t，回收 Pu 量约为 180t。

表 2-4　世界主要核能国家的轻水堆乏燃料的累积后处理量

国家	后处理量 /t	时间
英国	5 070	约 2004 年 3 月
法国	20 376	约 2005 年 1 月
俄罗斯	4 000	约 2005 年（估计）
日本	1 100	约 2005 年 6 月
美国	245	—
比利时	170	—
德国	208	—
全世界	31 200	—

目前全世界运行的 440 个核电反应堆每年卸出约 1 万 t 乏燃料，累计约 32 万 t，其中有 9 万多 t 进行了后处理。国际上传统以 Purex 流程为代表的从水堆乏燃料中回收 U 与 Pu 的后处理技术已趋成熟。目前全世界的商业用乏燃料后处理能力为 5575t/a，实际处理的乏燃料约占每年卸出乏燃料的 40%。以 2006 年为例，世界核电站产生的 Pu 量为 89t/a，其中经过后处理回收 19t/a，有 13t/a 作为 MOX 燃料再利用。为了利用后处理产生的分离 Pu，国际上的做法是将分离钚与贫化铀（或后处理分离 U）混合，制成 MOX 燃料，目前主要在热堆中使用。

二、主要核能国家的后处理技术发展概况及经验教训

（一）美国

美国 1966 年在西瓦利首次采用 Purex 流程开始氧化物乏燃料的工业规模后处理（日处理量 1t），至 1972 年停产为止共处理了 625.7t 乏燃料（其中水堆燃料 245t）。通用电气公司（GE）于 1974 年在芝加哥附近建成了年处理量为 300t 的 Midwest 后处理厂，该厂采用了 Purex 法与氟化物挥发法相结合进行铀提纯的半干法新流程（Aquafluor），但在运行试验时发生氟化物堵塞管道的故障以及存在遥控维修困难的问题，并且因工程和设备配置过于简化和紧密，工程中的小故障就会引发全流程停止的问题，最终没有通过技术评估而中断，造成了巨额的投资浪费。AGNS（Allied General Nuclear Service）于 1971 年开始建设的日处理量为 5t 的大型后处理厂（Barwell 后处理厂），1975 年基本完工并进行了部分试运行，后因 1977 年成立的卡特政权实行禁止商业后处理的政策而被关闭。

后来主要由于政治原因，美国关闭了所有的后处理厂，停止了几乎所有的后处理研究（除了军用后处理），并于 1987 年开始在内华达州尤卡山建设乏燃料的直接处置库，共投入建设费约 90 亿美元。但是，处置库的建设并没有像当初预想的那样进展顺利，2009 年奥巴马政府终止了尤卡山处置库建设计划。建立第二个处置库已经成为非现实的构想（选址困难，得不到国民的支持），如何处理日益累积的乏核燃料成了与美国的政治和社会密切相关的重要课题。另外，围绕核能利用的国际形势近年来也发生了显著的变化，地球温暖化问题日益严重，亚洲等经济快速发展的国家对能源的需求量急速增加，能源的保障也成了美国自身不可忽视的战略问题。美国于 2001 年提出先进燃料循环倡议计划，积极资助大学及研究机构进行先进核燃料处理技术的研究。接着，小布什政府于 2006 年提出了"全球核能伙伴"（Global Nuclear Energy Partnership，GNEP）构想，推动了全球核能的复兴。GNEP 的核心内容就是发展后处理技术，在全球建立先进的核能利用及管理体系。在后处理技术研究方面，以能源部管辖的几个主要国家实验室为主体，策划了统一的后处理系统工艺流程，其中最有代表性的是将现有的 Purex 流程进行大幅度改进形成的 Urex 流程，开始主要以回收 U 为目的，后进一步发展为逐步分离 Pu、Np、Tc、Am、Cm、Cs、Sr 的综合萃取工艺流程，称为 Urex+ 流程。此外，美国在原来的基础上积极开展金属燃料熔盐电解的干法后处理技术研究。在美国的后处理研究中，无论是从技术上还是战略上特别强调防止核扩散，极力反对在后处理过程中单独分离

Pu,以防止被恐怖组织盗用到核武器制造上。2011年3月11日发生的福岛核电重大事故,并没有对美国的核能政策带来实质性的影响。美国时任总统奥巴马2011年3月30日在华盛顿乔治城大学发表能源政策演说,称尽管日本福岛核电厂危机仍未解除,但鉴于核能对增加无碳污染电力仍具有重要作用,美国将在保证安全的前提下,兴建下一代核电站,并呼吁到2025年美国的石油进口减少1/3。

(二)法国和欧洲国家

法国以原子能委员会(CEA)为中心自1949年开始后处理的技术研发,1952年在沙蒂永(Chatillon)建成后处理中试厂,1958年在马尔库尔(Marcoule)开始运行第一个生产军用Pu的反应堆乏燃料后处理厂UP1(年处理规模为1000t)。随后相继在阿格建立大规模的民用后处理厂UP2(1966年开始运行)和UP3(1989年开始运行)。UP2用于处理国内燃料,初期主要处理石墨慢化气冷堆乏燃料,1976年开始处理水堆氧化物燃料,1992年扩建到年处理能力可以达到800t。UP3用于处理国外委托的水堆氧化物燃料,到2010年完成了预定的委托处理量7000t。现在2个工厂都在按预定的全规模顺利运行。值得一提的是,UP2曾在1979~1984年处理了计10t快中子反应堆焚烧后的混合氧化物乏燃料(FBR-MOX)。

近年来,法国的核电约占总发电量的80%(奥朗德政府决定将该比例逐渐降低到维持在50%左右),1991年9月法国议会通过了除了回收U、Pu之外,进一步分离回收中、长寿命放射性元素的法律,具体指定了Np、Am、Cm、Tc、Cs、I等6种元素。技术方面,主要由CEA负责开发,对当时的Purex流程进行改良,以达到Np、Tc、I分离回收的目的。同时开发采用新型萃取剂的液液萃取新工艺(DIAMEX、SANEX、CCCEX等流程)分离Am、Cm、Cs。此外,法国也在进行熔盐电解等干法新技术的研究,但基本还处在基础研究阶段。在欧盟各国和英国联合开展的高放废液核素分离及嬗变处理先进技术的大型研究项目(EUROPART)中,法国也起着主导作用。

德国曾于1971年在卡尔斯鲁厄建成了WAK后处理中试厂(处理量为30t/a),1971~1990年共处理了208t乏燃料(轻水堆和重水堆燃料约各占一半),回收了1164kg的Pu。WAK中试厂采用的是Purex流程,其中开发了在萃取柱进行钚电解还原(将四价钚还原成三价钚进行反萃)的新工艺,并在流程中进行实际验证。原计划在WAK中试厂的基础上兴建年处理量为1400t的大型后处理厂,但是该计划于1979年被否决,主要受到了当年美国三里岛核电事故的影响。日本福岛核电事故之后,德国决定于2022年关闭所有在运的核电反应堆,但所积累的乏燃料管理及处理仍然需要持续多年来解决,这也成为德国严峻的社会问题。

西欧 13 个国家联合体（比利时、德国、法国、奥地利、丹麦、西班牙、瑞典、意大利、挪威、葡萄牙、瑞士、土耳其、荷兰，后美国也作为咨询国参与）在比利时的莫尔联合建造了 Eurochemic 后处理厂。处理能力为天然 Pu 100t/a、低浓 Pu 350kg/d、高浓 Pu 5 ~ 10kg/d。自 1966 年开始运行至 1974 年中止运行为止，分别处理了压水堆燃料（平均燃耗 21 000MW·d/t）70t、沸水堆燃料（平均燃耗 17 000MW·d/t）30t、重水堆燃料 70t、气冷堆燃料 10t、材料照射试验堆燃料 30.6t，共计 210.6t。全期间的运行率为 63%，事后总体评价结果为妥当。Eurochemic 后处理厂作为此后欧洲联合的先驱者，集结了当时包括美国在内的世界最先进的技术和管理体制，为此后的大型 Purex 流程的工业化奠定了基础。但是，由于处理规模比较小，经济效益并不好。多国间的合作所造成的管理责任主体不够明确，加速了其解散的进程。

英国 1994 年年初开始运行在温茨凯尔新建的 THORP（Thermal Oxide Fuel Reprocessing Plant）大型后处理厂（年处理能力 900t），到 2004 年 3 月共处理了 5000t 水堆乏燃料，没有达到当初计划的 7000t。主要原因是工程内堵塞、机器的腐蚀损耗、机械故障，以及品质管理和运行管理不善，还曾发生过较大规模的燃料溶解液泄漏事故（国际事故基准 INES-3）。尽管英国早年曾在温茨凯尔工厂积累了较丰富的金属铀燃料后处理的经验，也发生过事故和故障，但是处理氧化物燃料经验并不丰富。英国的核能发展计划没有因福岛核电事故而改变，2012 年英国决定新建 5 座大型轻水反应堆，并通过国际招标进行核电厂建设。

（三）日本

日本主要通过引进法国 SGN 公司的技术于 1971 年开始兴建处理量为 200t/a 的东海后处理厂，约三年半后建成。1975 年开始铀试验，由于脱硝设备的堵塞故障等，到 1977 年才开始热试验。此后受美国卡特政权核不扩散政策的影响，决定将钚与铀溶液进行混合后转换成各含 50% 重量的混合粉末制品回收。至 2005 年 6 月共处理了 1100 多 t 乏燃料，此间改进和开发了多项新技术。在此基础上，通过引进法国阿海珐的核心技术，于 1993 年 4 月开始兴建处理量为 800t/a 的六个所工业后处理厂，2004 年年底开始进行铀试验，2006 年开始进行热试验，原计划于 2008 年正式投入运行。但是在进行热试验最后阶段的高放废液的玻璃固化处理试验过程中，发生了废液玻璃熔体导出管的堵塞事故，基本查明是高放废液中的铂族元素（Ru、Rh、Pd）偏析凝固所致。通过更换熔融加热炉等措施，该问题基本得到解决。但之后又因福岛核泄漏事故的波及，至今尚未正式投入运行。

福岛核电事故之前日本核电约占发电总量的 1/3，日本政府从 20 世纪 70 年代开始一直对乏燃料后处理及高放废液的处理处置技术的研究开发投入巨大的人力和财力，逐渐形成了国际领先的乏燃料后处理技术体系。在新技术研发方面，目前日本的主要方向已经转移到建立快堆循环体系（FBR cycle system）中，日本原子能研究开发机构（JAEA）牵头组织了由科研机构、大学、企业组成的联合研究阵容，以政府和电力公司为后盾，从 2000 年年底开始对国内外围绕快中子反应堆及核燃料循环体系的各种主要技术进行了系统性的评价和筛选，于2006 年选择了快堆及其燃料循环（包括后处理、燃料制造）体系的各个候选要素技术（分主概念、副概念、补充概念），并制定：①使用 MOX 燃料的钠冷却快堆技术；②先进湿法后处理技术（结晶法回收大部分铀 / 简化 Purex 流程回收铀－钚－镎 / 萃取色层法回收镅－锔）；③简化的成型烧结法制造燃料技术为主概念候选技术体系。自 2006 年起将快中子增殖反应堆循环的开发制定为国家基干技术之一，并启动了"快堆循环技术研究开发"（Fast Reactor Cycle Technology Development Project，通称 FaCT）大型国家研发项目。在日本原子能研究开发机构的认可下，文部科学省于 2006 年选定了 9 个重点技术攻关课题，对每个课题每年资助经费 2 亿～4 亿日元（当时合人民币 1600 万～3200 万元），为期 5～10年。2006 年后又相继增加了新的攻关课题。其战略目标是在 2045～2050 年实现工业规模的快中子增殖反应堆以及建立与之相配套的核燃料循环先进技术体系。对 FaCT 框架以外的革新技术，政府每年也投入充足的经费资助，目的是从长远的观点持续开发前沿性革新技术以及通过各种新技术的研究培养后继科研人才。除了政府以外，电力公司也一直支援各大学、科研机构及民间企业开展各种创新技术的研究，包括：采用新型萃取剂的液液萃取，采用新型固体吸附剂的离子交换 / 吸附分离，金属燃料及混合氧化物燃料的熔盐电解后处理，超临界二氧化碳萃取，氟化物挥发、晶析、沉淀等技术革新。众所周知，福岛核电事故重创了日本核能的开发利用计划，给日本社会带来了重大影响。事故后，因计划性停堆维护等原因，日本逐渐停止了所有核电反应堆的运行，并重新制定了更加严格的安全基准。至 2015 年 2 月，已有两个核电站共 4 台机组通过了新基准的安全审核，重新启动运行。此外，日本并没有因福岛事故而改变以后处理为核心的闭式核燃料循环路线。

（四）俄罗斯（苏联）

苏联于 1946 年始建车里雅宾斯克后处理厂，1948 年年底投入运行，最初采用醋酸铀酰沉淀法回收铀、钚。1957 年曾发生高放废液储存槽爆炸事故，推定原因为冷却装置的故障造成储存槽发热过度引起化学爆炸，事故尺度为仅次于切尔诺贝利事故的 6 级。1955 年开始在 Tomsk-7 后处理厂采用 Purex 法处理军用钚生产堆的乏燃料。此后 1976 年在车里雅宾斯克兴建了处理能力为 400t/a 的发电用反应堆乏燃料后处理厂（RT-1），至 2001 年统计共处理了 3500t。在西伯利亚地区的克拉斯诺亚尔斯克，1964 年开始采用 Purex 法处理军用钚生产堆乏燃料，至 1996 年统计共处理了 9700t。在 RT-1 基础上，于 1978 年开始在克拉斯诺亚尔斯克兴建大型发电用反应堆乏燃料后处理厂 RT-2，该项目自 1985 年因资金急剧减少而暂时冻结，至 2006 年进程仅达 30% 左右。

俄罗斯实行闭合燃料循环的发展策略，乏燃料管理遵循：①核与辐射安全；②放射性废物最小化；③考虑到核材料的质量，经济地利用 / 处置二次核材料；④遵守国际原子能机构有关条款；⑤成本优化。联邦原子能署（ROSATOM）自 2004 年起负责有关核能利用事业，直属俄罗斯政府。目前，俄罗斯共有 10 座核电站，均属于国家核电企业，总装机容量为 23 242MW。在运行的 31 个核电机组包括 VVER 型（俄罗斯型压水堆）15 个、石墨慢化堆 15 个、快堆 1 个。

VVER-440 和 BN-600 的乏燃料冷却 3 ～ 5a 后，运往 RT-1 厂后处理。VVER-1000 的乏燃料冷却 3 ～ 5a 后，运往采矿化学联合企业厂址进行集中储存。RBMK-1000 的乏燃料在核电厂储存。EGP-6 的乏燃料共含 164t U，在电站的水池内储存。AMB 乏燃料存于 AMB 堆冷却池及 RT-1 的冷却池中，但采取措施以保证燃料的长期安全储存。俄罗斯共有 31 个研究堆，还有几十个临界及次临界装置。研究堆产生的乏燃料部分储存于研究中的储存设施，部分在 RT-1 厂进行了后处理。俄罗斯有 7 个核动力破冰船在运行，大部分乏燃料运往 Mayak 生产联合企业进行处理。

Mayak 生产联合企业的 RT-1 后处理厂于 1977 年投入运行，设计处理能力是 400t/a。可以处理 VVER-440、BN-350、BN-600 及国外一些电站的乏燃料，目前实际处理量为每年 100 ～ 120t 重金属。设备使用的流程是改进的 Purex 流程，可以处理不同燃料组分的乏燃料，生产高浓后处理铀或低浓后处理铀用于燃料制造。最终产品包括：①浓缩度为 2.6% 的硝酸铀酰溶液；②浓缩度为 17% 的铀氧化物；③二氧化锆；④二氧化钚（储存）。

至 2012 年，该厂处理了约 4000t 铀，考虑到热堆乏燃料的积累量和下一代快堆装料的需求，俄罗斯需要在十多年后建立处理能力不小于 1000t/a 的大型后处理厂。ROSATOM 计划在克拉斯诺亚尔斯克地区建造新的后处理厂，以处理 VVER-1000 及其他堆型的乏燃料。

（五）印度

目前印度有超过20个核电机组在运行［多为中小型的加压重水反应堆（PHWR）］，总装机容量接近450万kW，在建的核电装机总容量达到530万kW，是全球瞩目的核能开发大国。印度以闭式燃料循环为基础的核能规划分为三个阶段（图2-3）：第一阶段，开发以本土天然铀为燃料的加压重水反应堆；第二阶段，开发以钚（最初来自加压重水反应堆）为燃料的快中子增殖反应堆；第三阶段，使用钍/^{233}U燃料循环开发先进核电系统。1958年，印度政府正式采纳三阶段核能计划，并在核能开发的实践中不断对其进行修正和完善。其有限的天然铀将在第一阶段用尽，第一阶段回收的钚用于第二阶段的快堆，第三阶段将是钍基核燃料循环。其中在第二阶段，钍在快堆中使用，可以提高启动钍燃料循环的易裂变材料存量。印度的乏燃料后处理始于1964年，用于研究堆乏燃料后处理的特朗贝工厂投入运行。1979年在达拉布尔建成的加压重水堆乏燃料后处理厂（处理能力为100～150t/a），用于处理加压重水反应堆及研究堆的乏燃料。1998年投入运行的卡尔帕卡姆工厂（处理能力为100t/a）用于动力堆加压重水反应堆及快中子实验堆（FBTR）的乏燃料后处理，分离回收的Pu制造成MOX燃料用于FBTR。印度的原型快增殖反应堆（PFBR，50MW）2004年开始由英迪拉·甘地原子研究中心（IGCAR）设计研制，于2014年建成，2015年投入运行。

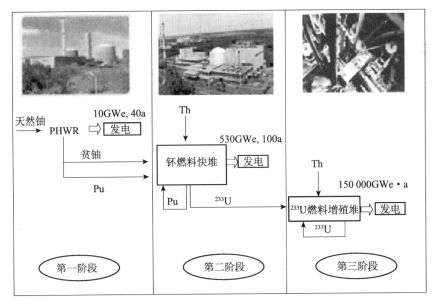

图2-3　印度的三阶段核能规划

印度的钍资源含量丰富，因此需要快速积累易裂变材料以尽早启动钍燃料循环。印度在利用核能的初期就启动了辐照钍燃料后处理的相关研究。20 世纪 70 年代，印度完成了从研究堆辐照 ThO_2 燃料棒中回收 ^{233}U 的中试。从加压重水反应堆堆辐照 ThO_2 燃料棒中回收铀的工业化设备也投入运行。而在第三阶段中，后处理需面临 MOX（U、Th、Pu）燃料的挑战，相关研究已经启动。

早在 1964 年印度就采用了 Purex 流程，流程包括共去污循环，铀、钍分离循环，以及铀、钍的纯化循环。铀、钍分离段以氨基磺酸亚铁为还原剂，钍产品经离子交换法进行纯化。基于此流程的第一座后处理厂为多个核相关研发项目提供了钍材料，延期使用后最终退役。此后，印度建造了另一个处理锆合金包壳的乏燃料后处理厂，处理动力堆乏燃料。首端的剪切机经过了必要的修改以适应加压重水堆乏燃料后处理的需要。流程首次使用了四价铀（支持还原剂为肼）作为还原剂。将共去污段与分离循环进行组合，纯化循环用溶剂萃取法取代了离子交换法。为扩大产能，印度在卡尔帕卡姆又建造了一座后处理厂。印度在基于 Purex 流程的乏燃料后处理方面积累了 40a 的经验，该技术能成功回收 99.5% 以上的铀、钍。另外，印度通过从研究堆辐照 ThO_2 元件中提取 ^{233}U 积累了较丰富的 Throx 流程经验。而对于加压重水堆的辐照元件，裂变产物的含量增加，^{232}U 的浓度也很高，相关的参数需要进行调整。印度到 2010 年每年的后处理能力增加 550t，2014 年增加 850t，从而满足其快中子增殖反应堆计划和先进重水堆计划（AHWR）。印度针对快堆乏燃料的后处理研发工作早在 20 世纪 90 年代初期就开始，2005 年，印度首次完成了世界上燃耗高达 100GW·d/t 的快堆乏燃料（混合碳化物燃料）的水法后处理。在此基础上，印度制订了进一步的后处理发展计划：① 2007 年：开始建设并运行实验快堆乏燃料后处理厂（DFRP），设计处理能力分别为 100kg/a（实验快堆燃料）、1000kg/a（原型快堆燃料）。② 2012 年：开始建设并运行原型快堆乏燃料商用后处理厂，设计处理能力分别为 7.5t/a（原型快堆燃料）、6.5t/a（原型快堆增殖层燃料）。③ 2016 年：开始建设干法后处理厂。对于 MOX 乏燃料后处理，印度考虑采用改进型水法后处理技术；对于商用快堆拟采用的金属合金燃料的后处理，考虑采用干法后处理技术。在干法后处理研究方面，印度正在开展实验室规模的熔盐电解精炼研究，工程规模设施正在计划之中。

第二节　国外先进后处理技术的发展动向

一、先进后处理技术的必要性

核能发电不可避免地产生放射性废物，地球上大约 95% 的放射性废物来自核电。公众能否接受核能在很大程度上取决于放射性废物对人类健康和环境的影响。关于放射性废物的处置迄今还没有找到普遍认同的解决方案。反应堆产生的放射性废物包含多种不同半衰期的放射性核素。其中的长寿命核素必须与生物圈完全隔离，以保证其长期深地质处置的安全性。大部分的长寿命核素为锕系元素（图 2-4）。现有的后处理技术可将放射性废物的长期危害性从一百万年降到十万年，但依然属于地质学时间尺度。乏燃料经过现有的 Purex 流程后处理可将 99.5% 以上的铀和钚分离回收，而放射性废物的放射毒性仅降低一个量级，这是因为高放废物玻璃固化体的长期放射性毒性是由次锕系元素（Np、Am、Cm）和一些长寿命裂变产物（^{99}Tc、^{129}I、^{79}Se、^{93}Zr、^{135}Cs）决定的，而这些核素在 Purex 流程中没有得到有效的分离回收。

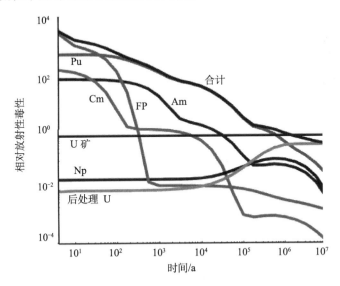

图 2-4　压水堆乏燃料的相对放射性毒性经时变化曲线

注：^{235}U 浓缩度为 4%，燃耗 40GW·d/t 重金属

以磷酸三丁酯为萃取剂的 Purex 液液萃取法作为乏核燃料后处理技术已有 50 余年的开发和应用历史，并被世界上多个核能国家作为第一代工业后处理技术广

泛采用。但是，该技术本身存在萃取工艺流程复杂、设备规模大、产生大量的难处理有机废液、次锕系元素及 Tc 等得不到有效分离回收等问题。多年来，世界主要核能国家在致力于改良 Purex 流程的同时，也在开展更先进的其他后处理技术研发。尤其是以 Purex 法为代表的传统后处理技术只能把 U 和 Pu 作为产品回收，其他核素则作为高放废液排出。高放废液经过固化处理后，最终将埋设到深地层永久处置。可是由于高放废液中含有半衰期长达数千乃至数十万年的次锕系及 Tc 等长寿命核素（^{241}Am、^{243}Am、^{237}Np、^{99}Tc 等），对人类环境产生长远的潜在放射性影响，除了处置场附近的居民无法接受之外，其对人类的子孙后代也可能带来难以预测的潜在威胁。如图 2-5 所示，如果希望在 900a 内将放射性废物的放射毒性降至天然铀的水平，则需要把 99.9% 的铀、钚和次锕系元素从乏燃料中分离出来。此外，如图 2-6 所示，使用铀和钚混合氧化物燃料的轻水堆及快堆的乏燃料中，次锕系元素（尤其是镅和锔）的含量显著增加，是现行轻水堆氧化铀乏燃料的 5 ~ 10 倍。因此，在今后充分利用铀-钚资源以实现核能可持续发展的先进燃料循环体系中，将长寿命核素从乏燃料或者高放废液中分离回收，进行核嬗变处理（通过中子撞击变成短寿命或稳定同位素）或在快中子反应堆中焚烧，是极为重要的技术环节。因此，近年国外提出的所谓先进后处理

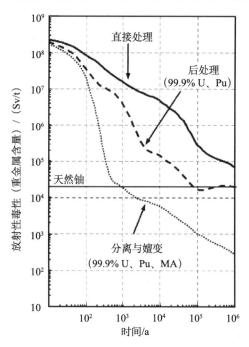

图 2-5　不同乏燃料处理策略下 1t 压水堆乏燃料的放射毒性经时变化曲线

注：^{235}U 浓缩度为 4%，燃耗 40GW·d/t 重金属

技术，都必须将次锕系核素的分离包括进去。除了上述长寿命元素之外，由于乏燃料中的铯（^{137}Cs）和锶（^{90}Sr）的发热量很高，放射性强度大，它们对高放废液的固化处理及地质处置产生重大影响，如果能将它们分离回收并进行有效利用（作为放射线源或热源利用）或适当的浅地层处置，将可以减少25%～40%的玻璃固化体体积，从而大幅度降低高放废液的处置成本（IAEA，2008；Bradley，1997；Hecke and Goethals，2006）。

　　长期以来，多数核能国家都有分离与嬗变研究计划（Partitioning and Transmutation Program），甚至曾长期停止后处理研究（20世纪80～90年代）的美国，也深入开展了从不同类型废物中分离锕系元素的研究工作。20世纪80年代后的30多年来，日本、美国、印度、欧盟（特别是法国和英国）等主要核能国家或地区投入了大量的人力和资金，开展先进的湿法后处理技术研究，包括从乏核燃料及高放废液中分离回收上述长寿命及高发热放射性核素。此外，干法后处理作为以快堆乏燃料尤其是金属燃料的后处理及次锕系核素嬗变燃料处理为目的的分离技术，近年也普遍受到重视，多个国家已将干法定位为未来先进后处理体系的重要选择技术，加速从基础到工程应用的研发力度。

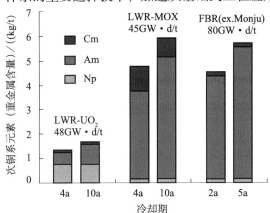

核素	半衰期	备注
^{241}Am	432.2a	α衰变⟶^{273}Np（2.14×10^6a）
^{243}Am	7370a	—
^{244}Am	18.1a	α衰变⟶^{240}Pu（6563a）
^{237}Am	2.14×10^6a	—

图2-6　轻水堆和快堆的氧化物乏燃料中次锕系元素含量比较

二、湿法后处理先进技术

（一）基于改进型Purex流程的萃取技术

1. 美国的Urex+流程

美国于2001年提出了先进燃料循环计划，积极资助大学及研究机构进行核燃料处理先进技术的研究，化学分离技术是先进燃料循环计划中的重要组成部分。此后，其于 2006 年提出了全球核能伙伴构想。全球核能伙伴构想的核心内容就是发展后处理技术，在全球建立先进的核能利用及管理体系。在后处理技术研究方面，以能源部管辖的几个主要国立研究所为主体，确定了统一的后处理系统工艺流程，其中最有代表性的是将现有的 Purex 流程进行大幅度改进形成的 Urex 流程，其开始主要以回收 U 为目的，后进一步发展为逐步分离 Pu、Np、Tc、Am、Cm、Cs、Sr 的综合萃取工艺流程，称为 Urex+1、Urex+2、Urex+3、Urex+4 流程。Urex+ 流程的基本构成见图 2-7。研发的分离流程适用于轻水堆和快堆乏燃料的处理，共去污段仍使用 TBP 作为萃取剂，在洗涤段加入乙异羟肟酸（AHA）将镎还原为不被萃取的三价，提高镎和铀的萃取。再通过阴离子交换法除去铀中的镎。含超铀元素和核裂变产物元素的萃余液通过 CCD/PEG 流程或 FPEX 流程处理除去锶和铯。除去锶/铯后的萃余液进入 TRUEX 流程，用 CMPO 和 TBP 回收其中的超铀和镧系裂变产物。最后将超铀和镧系溶液送至 TALSPEAK（trivalent actinide lanthanide separation by phosphorous reagent extraction from aqueous complexes）流程，进行锕/镧分离。美国从 2005 年以来，在能源部的三个国家实验室进行了 Urex+1a 的实验室规模验证实验。近期还使用沸水堆和压水堆的真实乏燃料进行了热试验。结果显示，锕系元素的回收率很高，产品纯度高于预期，超铀中镧系元素的去污系数达到了 2000。该流程具有不产生纯钚的明显优点，但超铀中含有镅和锔使得用超铀元素制造燃料成为一个很大的难题。所

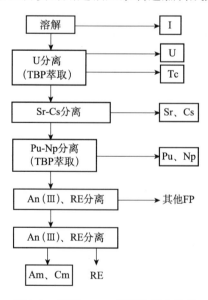

图 2-7　美国 Urex+ 流程的基本构成

以，先进燃料循环计划也在考虑 Urex+3 流程，其基本构成见图 2-8。分离流程基本要求如下：①分离出 99% 以上的高纯度铀，可用于快堆，也可暂存；②除去大于 99% 的铯和锶，使短期的热负荷最小化；③超铀中去除镧系的去污系数高，初定为 1000；④不产生纯钚；⑤分离超铀元素，使其在快堆中进行裂变，消除长期热负荷。

　　美国在 2009 年启动的燃料循环研发计划（Fuel Cycle Research and Development Program，FCRD），也致力于大幅度地简化和改进 Urex 流程，希望用 TBP 在第一个萃取循环中回收 U、Pu、Np、Tc，然后在第二个循环中使用新的萃取剂将次锕系元素（Am、Cm）与其他 FP 分离，但是还处于概念阶段（IAEA，2008；Todd et al.，2009；Phillips et al.，2009；Nash et al.，2009）。

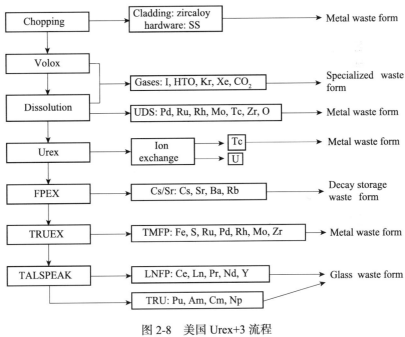

图 2-8　美国 Urex+3 流程

注：这里没有出现 Pu-Np 的分离工程

2. 法国的 COEX 流程

　　法国原子能委员会对 Purex 流程逐步进行改良，实现了铀和钚的共同管理（共萃取 / 共转化），在系统中没有纯钚，分离和燃料再制造一体化，直到最终制成 MOX 燃料。这是第三代改进型后处理厂的设计基础，其代表性的改进流程见图 2-9，称作 COEX 流程。在 TBP 共同萃取 U（Ⅵ）-Pu（Ⅳ）之后，在较低的酸度条件下还原反萃 Pu 的过程中将部分 U（Ⅳ）一起反萃，经 2 个萃取 / 反萃循环分别得到 U 和 U（Ⅳ）-Pu（Ⅲ）制品溶液。该流程已经发展得相当成熟，可以应用到大规模的后处理厂。该流程具有以下特点：①乏燃料后处理能力大（可达 2000 ~ 3000t/a），对进一步降低后处理成本和满足世界范围内日益增长的乏燃料后处理的需求具有实际的应用潜力，可通过多国核燃料循环方案框架中的"区域中心"显现出来；②U 和 Pu 的共同管理（可通过在燃料循环中"没有纯钚"达到新的全球防御标准和提高 MOX 燃料性能）；③适合处理多种类型燃料的设计（储存几十年的遗留燃料，新卸出的需尽早进行后处理的燃料，如在 MOX 中具有高含量的可裂变同位素燃料和超高燃耗燃料）；④将乏燃料后处理和新燃料的再制造整合在同一个场所和设施中（减少了燃料的运输和储存需求）；⑤增强材料管理的灵活性；⑥流程可以满足将来的需求（如分离次锕系元素和裂变产物）。

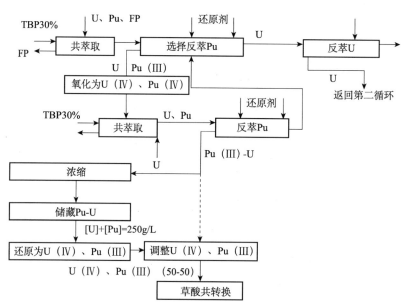

图 2-9　COEX 后处理的基本流程
资料来源：法国原子能委员会

3. 日本的 NEXT 流程

考虑到快堆燃料可以适应低去污的特点，日本原子能研究开发机构开发了称为 NEXT（new extraction system for TRU recovery）的综合湿法后处理流程，主要利用低温结晶及简化型的 Purex 流程回收铀、钚和镎。同时，利用以 CMPO 为萃取剂的 SETFICS-TRUEX 萃取流程分离三价次锕系元素镅和锔［参见本节（四）4.］。该流程的基本构成见图 2-10。首先采用低温结晶法将燃料的硝酸溶解液中大部分的 U 以硝酸铀酰结晶分离回收，燃料元件经过高浓度硝酸和高温溶解后，可以得到 U（Ⅵ）浓度高达约400g/L 的硝酸铀酰饱和溶液，在5～10℃的低温条件下将 $UO_2(NO_3)_2 \cdot nH_2O$ 结晶析出，经过进一步的洗涤和精制后得到纯度较高的硝酸铀酰结晶制品。留下的燃料溶液进入简化的 TBP 萃取流程，通过适当的价态调整将 Np 氧化为易被 TBP 萃取的 Np（Ⅵ），进行 U-Np-Pu 共同萃取。随后通过添加硝酸羟铵（HAN）还原剂，在低酸度条件下将 U-Pu（Ⅲ）-Np（Ⅴ）一起反萃回收。NEXT 流程是一个包括高效溶解、结晶、共回收 U-Np-Pu 和回收次锕系元素的综合后处理流程。NEXT 流程取消了传统 Purex 流程的重要部分即铀产品和钚产品纯化流程，这是因为 FBR 循环可以接受再循环燃料中含一定量的低去污裂变产物。另外，乏燃料溶液中的重金属主要成分是铀，结晶技术的引入可以预先回收大约70%的铀，这使后续流程的处理量大幅度减少，可使设备简化和小型化。近年来，日本原子能研究开发机构对该流程的各主要技术环节都进行了热验证试验及工程规模可行性试验，并进行了较详细的工艺设计。日本于2006年制定的"快堆循环技术研究开发"大型国家研发项目中，用结晶法回收大部分 U 和简化 Purex 流程回收 U-Np-Pu 作为先进湿法后处理技术的主流程，被选定为后处理的主概念候选技术。

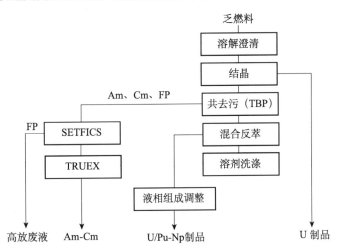

图 2-10　日本原子能研究开发机构开发的 NEXT 后处理流程

（二）利用新型萃取剂的萃取技术

1. ARTIST 流程

日本原子能研究开发机构于2000年前后提出了采用酰胺类萃取剂分别分

离铀和所有的超铀元素（TRU）的 ARTIST（amide-based radio-resources with interim storage of transuranics）流程（图 2-11）。该流程在第一萃取循环利用 DH2EHA（*N,N*-dihexyl-2-ethylhexanmide）或 D2EHBA［*N,N*-di-（2-ethylhexyl）butyramide］等羟基带有支链的单酰胺作为萃取剂从燃料溶液中选择性地萃取六价铀，在第二萃取循环里利用 TODGA（*N,N,N′,N′*-tetraoctyl-3-oxapentane-1,5-diamide，四辛基 -3- 氧戊二酰胺）萃取剂将其他所有的锕系元素及镧系元素一起萃取。结果表明，TODGA 在高硝酸浓度下对三价和四价锕系元素具有很强的萃取能力，且随硝酸浓度降低萃取能力显著下降，从而可以通过调整酸浓度很容易地进行萃取和反萃。日本原子能研究开发机构使用 TODGA 从后处理高放废液中分离镎、镅、锔和镧系元素。TODGA 用正十二烷或 TPH 等非极性溶剂作为稀释剂。在高放废液分离过程观察到了 TODGA 的辐解产物，但对流程影响较小。该流程回收的 U 与其他锕系元素的混合产物，送去暂存以备将来进一步处理。如果有必要，不含铀的锕系元素产物可用单酰胺处理以回收 Pu，用其他萃取剂分离 An（Ⅲ）/Ln（Ⅲ）。该流程的优点之一是使用由 C、H、O 和 N 组成的无磷试剂（CHON 原则），可将使用后的萃取剂进行燃烧处理使得废物量降低。不过，酰胺类萃取剂对三价锕系（Am、Cm）和镧系的分离性能低，需要开发具有更高选择性的其他萃取剂来实现 An（Ⅲ）/Ln（Ⅲ）分离。尚未见到关于该流程的热验证试验报道，后续的主要研发工作集中在对各种新型萃取剂的改良及评价上。

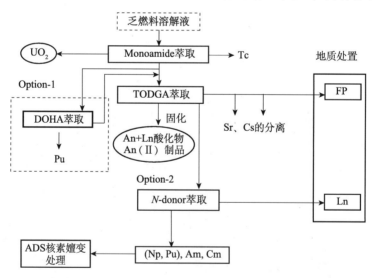

图 2-11　日本原子能研究开发机构开发的 ARTIST 流程

2. GANEX 流程

为了寻找一种能从溶解液中共同萃取所有主要锕系（U、Pu）和次锕系

（Np、Am、Cm）元素的方法，基于过去十年来"强化分离"流程的研究，近年法国原子能委员会提出了称为 GANEX（group actinides extraction）流程（图 2-12）的简化后处理技术的新概念。该流程的初始步骤是从乏燃料中萃取绝大部分的铀，随后根据 1991 年放射性废物管理条例所研发的 DIAMEX-SANEX 修改流程（后述）组分离钚和次锕系元素（镎、镅和锔）。本流程适合于锕系元素的组分离，因此关键的技术是开发能达到这一目标的高选择性萃取剂或者反萃剂的分子结构，该技术还存在很大的挑战性。据报道，2008 年采用单酰胺萃取剂 DEHIBA 进行第一循环萃取 U 的热试验结果良好。2009 年使用 DMDOHEMA-HDEHP 协同萃取锕系元素的第二循环的真实料液试验流程见图 2-13。结果表明，An 回收率达 99%，但是与 Ln 的分离性能需改善。该流程中使用多种协同络合

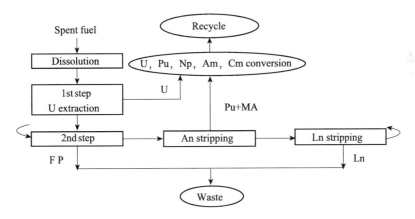

图 2-12　法国原子能委员会最近开发的 GANEX 流程的基本构成

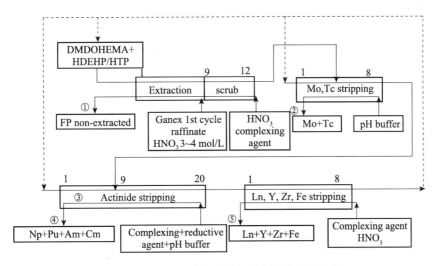

图 2-13　GANEX 流程的第二循环真液试验流程

剂以及 pH 调整剂和还原剂，药剂种类繁多对溶液条件的控制及废液处理也带来一定的难度。法国原子能委员会把开发 GANEX 流程作为今后长期的具有挑战性的研发目标，通过 GANEX 流程实现全锕系元素组萃取，以便在第四代快堆系统中进行锕系元素的均匀再循环。

（三）其他湿法后处理新技术

1. 阴离子交换分离技术

　　基于阴离子交换分离的 ERIX（electrolytic reduction and ion exchange process）流程是由日本的原产业创造研究所（IRI）开发的，如图 2-14 所示。主工程由三部分组成：①用阴离子交换剂 SiPyR-N$_3$ 选择吸附除去 Pd；②主要锕系元素（铀、钚、镎）及部分裂变元素（锝、钌）的电化学还原调节价态；③用新型离子交换剂 AR-01 分离回收铀、钚、镎。根据 ERIX 流程的主要工艺，研究人员对商用的BWR 乏燃料及 MOX 辐照燃料的硝酸溶解液分别进行了上述各工程的全流程热试验。尽管热试验规模还比较小（使用约 60mL 的燃料溶解液，阴离子交换柱尺寸为内径 2cm、高 100cm），但验证发现可以从燃料溶解液中有效地分离回收铀、钚-镎、铅，各产物综合去污系数达到 10^4 以上，且锝（TcO$_4^-$）也能被离子交换剂吸附，有望通过选择性的还原淋洗将锝单独回收。另外，通过该研究开发了新型的多孔性二氧化硅负载型芳香族阴离子交换剂。该类交换剂具有吸附速度快、化学稳定性较好、通液压降低等工艺优点，因此在工业规模后处理工艺上具有应用潜力。另外，该研究开发的以玻璃体碳纤维作为工作电极材料和以多孔性无机

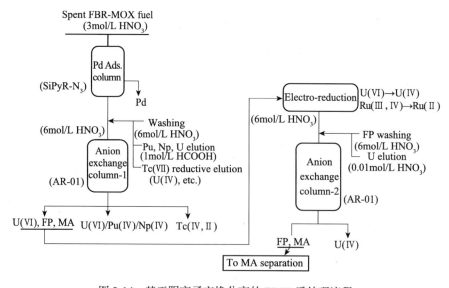

图 2-14　基于阴离子交换分离的 ERIX 后处理流程

隔膜构成的新型电解装置,可以在高硝酸和高放射性条件下有效地进行铀、钚、镎等的价态调整和控制。对流程的初步评价结果是:与 Purex 流程相比,分离用的主要设备的规模和数量减小至 1/2 或 1/3;有机废物量降低至 1/10 以下;后处理厂建筑体积缩小至 1/4。但该流程尚需开展工程规模的验证试验,提高离子交换剂的耐辐照性,解决流程的检测和控制等技术问题。该技术的研究在1995～2006 年得到了日本文部科学省的长期资助(每年资助额约 1.5 亿日元),其中 2002～2006 年四年度的资助总额为 6.9 亿日元(当时约合人民币 5500 万元)。

2. 沉淀分离技术

用 *N*- 环己基 -2- 吡咯烷酮(*N*-cyclohexyl-2-pyrrolidone,NCP)等化合物作铀、钚离子的选择性络合沉淀剂,从 FBR 乏燃料溶解液中沉淀回收铀和钚,这一简单后处理方法是由东京工业大学原子炉工学研究所(TIT-RLNR)开发的,具体流程如图 2-15 所示。燃料通过硝酸溶解后,再通过两个沉淀步骤分离,在第一步沉淀过程中,用 NBP(*N*-butyl-2-pyrrolidone)作六价铀的选择性沉淀剂,将 70% 左右的铀沉淀析出。过滤回收铀后,残留的溶液进一步被加热氧化或通过添加适当的氧化剂将钚和镎氧化成六价状态,再加入 NCP 沉淀剂将剩下的铀、钚和镎一起沉淀回收。为了开发仅用沉淀法的简化后处理流程,研究了铀、钚、其他 TRU,以及 FP 与 NCP、NBP 等络合沉淀剂的反应机理和沉淀过程的化学行为,并使用含少量超铀元素的模拟燃料溶液(数十毫升)进行研究,从原理上验证了流程的可行性。该流程的特征是采用操作简单的沉淀法和过滤法作为主要分离步骤,但产物的去污性能及回收率均有待提高,反复使用沉淀剂的可行性和生成废物的量也有待进一步评价。该研究自 2002 年以来一直得到日本文部科学省多年的有力资助,2002～2008 年的资助总额为 9.9 亿日元(当时约合人民币7900 万元)。

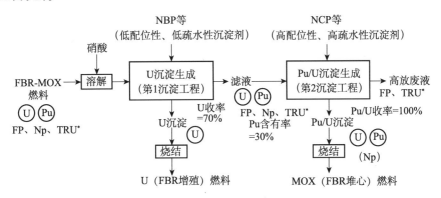

图 2-15　基于络合沉淀分离的后处理流程

*表示 Pu、Np 以外的 TRU 核素

3. ORIENT 循环

日本原子能研究开发机构提出 ORIENT（optimization by removing impedimental elements）循环概念的燃料循环系统，其综合流程概念如图 2-16 所示。ORIENT 循环的概念是从乏燃料中除去不需要再循环的元素。根据元素与中子反应的性质、放射性、燃料制造和玻璃固化性质，FBR 乏燃料中的成分分为四组：①堆芯燃料；②玻璃固化废物；③嬗变核素；④低放废物。其中，锕系元素（铀、镎、钚、镅、锔）和长寿命裂变产物作为燃料进行再循环，短半衰期的 FP 按低放废物处理，不需玻璃固化。另外，积极地分离回收铯、锶、锝、铂等核裂变元素，可以将其作为放射线源和其他化学工业的有用资源进行有效利用。ORIENT 循环拟采用的分离方法和流程如图 2-17 所示，元素的分离方法以离子交换技术为中心，主要步骤包括：①采用无机离子交换剂以及含有冠醚的凝胶型吸附剂将铯和锶从乏燃料溶解液中分离除去；②将液相转换成盐酸溶液，采用阴离子交换法或电解还原（电析）法将锝和钯等贵金属 FP 分离回收；③使用弱碱性的吡啶型阴离子交换剂将铀、钚、镎分离回收；④再将液相转换成硝酸和甲醇混合溶液，采用弱碱性的吡啶型阴离子交换剂将镅、锔与镧系元素分离。目前 ORIENT 循环的主要技术均处于实验室研究阶段，并已取得了良好的实验结果。然而，该循环需要经过两次液相转换，一方面会使整个流程复杂化，另一方面燃料后处理中的盐酸溶液会导致材料腐蚀的问题。因此，将 ORIENT 循环从实验室研究扩大到工程规模具有很大的挑战性。

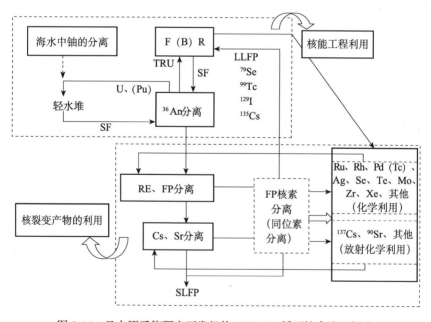

图 2-16　日本原子能研究开发机构 ORIENT 循环综合流程概念

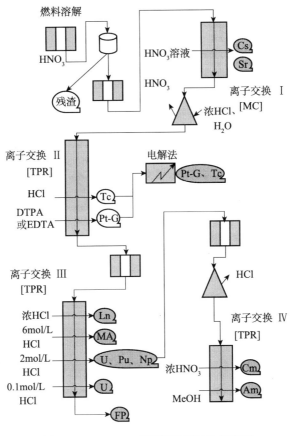

图 2-17　ORIENT 循环拟采用的分离流程

▐▐▐：蒸发器　　🛢：离心器　　△：变换塔

4. 超临界萃取分离技术

20 世纪 90 年代末，日本原子能研究开发机构与三菱重工公司和名古屋大学合作开发了超临界液体直接萃取流程（Super-DIREX，图 2-18）。该流程利用超临界 CO_2（sf-CO_2）替代正十二烷作为 TBP 的稀释剂。乏燃料先经过干法氧化／还原法（AIROX）粉碎，再与含 TBP 和 HNO_3 的超临界 CO_2 接触，铀和钚选择性地萃入超临界 CO_2 相，FP 留在固相中。超临界液体直接萃取流程将溶解和共去污步骤结合起来，消除了硝酸和稀释剂产生的废物。目前该流程已完成小型验证实验，且有完整的设计流程，但关于分离性能和回收率的具体结果未见报道。该流程的主要优点是将燃料溶解和传统的 Purex 流程的萃取／反萃等过程由一个过程来替代，大大简化了工艺过程，同时可大幅度减少二次废物。但是技术本身尚需进一步研究，也需要确认铀和其他锕系元素的分离性能和回收率。因为该技术操作压力比较高（15 ～ 30MPa），装置开发及安全操作都有待进一步解决。近年来，该研究也一直得到日本文部科学省的有力资助，2005 ～ 2009 年五年度的资助总额约为 12 亿日元（当时约合人民币 9600 万元）。

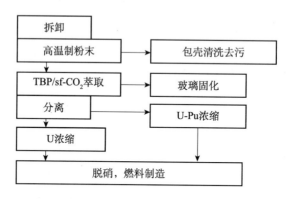

图 2-18　Super-DIREX 概念流程

（四）MA 及 FP 的分离技术

1. TRUEX-TALSPEAK 流程

20 世纪 70 ～ 80 年代以美国阿贡国家实验室（ANL）开发的采用双官能团有机磷化合物辛基（苯基）-N,N- 二异丁基甲氨酰氧膦（octyl-phenyl-N,N-diisobutylcarbomoyl phosphine oxide，CMPO）作为萃取剂的 TRUEX 流程，弥补了 Purex 流程无法萃取三价锕系元素（镅、锔）的不足。CMPO 可以从 3 ～ 6mol/L 的高浓度硝酸中有效地萃取三价及以上的所有锕系及镧系元素，但对于三价锕系和镧系的选择性无明显差异，因此锕系与镧系元素被共萃取到有机相，并和镅、锔一起洗脱到稀酸中。同时，锆和钼也能在萃取循环中与锕、镧发生共萃，所以必须采取防范措施。为此，美国又开发出用 HDEHP 作为萃取剂，用 DTPA 作为协同络合剂的 TALSPEAK 流程。水相中加入 DTPA 络合锕系后，HDEHP 从乳酸中萃取三价镧系，乳酸是 pH 缓冲剂，能改善萃取速度。实验结果表明，从镅和锔中去除镧系的分离系数大于 100。鉴于镧系只能在低酸下萃取，所以料液必须进行脱硝。该流程的试剂组合和 pH 调整相当复杂，但能比较有效地实现锕／镧的组分离。水相中加入大量的 DTPA 络合锔，会造成二次放射性废物的产生。HDEHP 负载容量有限，且不太可能重复使用溶剂。

为了克服 TALSPEAK 流程易产生二次废物的缺点，近年对该流程进行改进，具体为以煤油为稀释剂，用 HDEHP 共萃锕系和镧系，采用 DTPA 和乳酸混合液反萃锕系。氨水可以改善流程的分离效果，必须严格控制 DTPA 和乳酸混合液的 pH 以保证反萃效果。同时在流程前对料液进行预处理，通过 TRUEX 流程除去主要核裂变产物锝、铢和钯等元素，同样重复使用溶剂比较困难。

2. DIAMEX-SANEX 流程

为了从 Purex 流程产生的高放废液中分离回收三价次锕系元素 Am 和 Cm，20 世纪 80 年代，法国开发了 DIAMEX-SANEX 流程，如图 2-19 所示，且至今该流程的研发与改进仍一直在持续，进展概要见图 2-20。流程中所使用的分离试剂构成元素符合 CHON 原则，废物容易燃烧处理。采用丙二酰胺从酸性料液中共萃锕系和镧系。除了 DMDBTDMA（N, N'-二甲基-N, N'-二丁基十四烷基-1,3-丙二酰胺）以外，已经有多种丙二酰胺类萃取剂应用于 DIAMEX 流程研究。相关经验表明，氮原子上应该连一个小的取代基团，最好

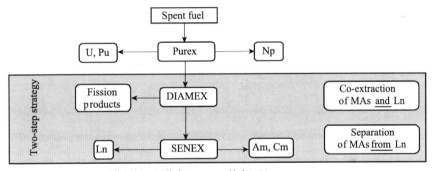

回收目标：回收率>99.9%，纯度95%

图 2-19　法国原子能委员会从 Purex 高放废液中回收次锕系元素的萃取流程

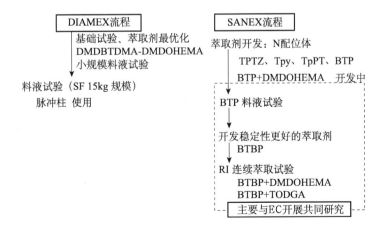

图 2-20　法国 DIAMEX-SANEX 流程的进展概要

是甲基，便于羰基上的氧与金属离子接近；其他的取代基越简单越好，所以丁基已经足够；丙二酰胺中心碳原子上连的烷基碳链越长，越容易形成三相；引入一个含氧烷基可以增加对超钚元素的萃取能力。DIAMEX 热试验结果表明，一些裂变产物和腐蚀产物（如铁、钌、锆、钼）也随镅、镧一起萃入有机相，不过除钌之外其他都容易反洗下来。DMDBTDMA 在热试验中表现出良好的辐照稳定性。在离心萃取器中从高放萃残液（high active raffinate）中回收镅、锔的实验也取得了令人满意的结果。近期，法国的马尔库尔厂也在积极开发新的丙二酰胺类萃取剂。丙二酰胺与 TBP 一样是较稳定的萃取剂，耐水解和辐解，它的另一个优点是可以完全降解为可挥发的有机化合物，该流程已由欧盟的超铀元素研究所（ITU）和法国原子能委员会用真实高放废液进行了试验，并取得了预期的结果。2005 年，在 ATALANTE 设施中用 15kg 乏燃料验证了 DIAMEX 流程的技术可行性。

SANEX（selective actinide extraction concept）流程采用对三价次锕系和镧系元素具有较高选择性的氮作为配位原子的萃取剂以实现次锕系与镧系相互分离，主要采用 1999 年的 NEW-PART 欧洲合作项目中由德国卡尔斯鲁厄研究中心的 Z. Kolarik 博士首次开发成功的双 - 三嗪吡啶［bis-triaziny-（triazoly）-pyridinel，BTP］及其一系列的衍生物作为萃取剂。经验证，这类氮作配位原子的软配位体对 An（Ⅲ）和 Ln（Ⅲ）的分离系数可达 50～150，适合于从上述 DIAMEX 流程的萃取残液中分离锕和镧。BTP 类萃取剂不像 TPTZ 等需要加入增效剂，BTP 分子可直接将 An（Ⅲ）的硝酸盐萃入有机相。BTP 是多齿配体，BTP 分子与锕系和镧系间的亲和力有很大差异。与其他氮配位萃取剂相比，BTP 是弱碱性的，所以在高酸条件下（pH 在 1 以下）有良好的萃取性能，甚至料液酸度高达 1mol/L 时，也具有很高的分离系数。SANEX 流程在 CEA 和 ITU 用真实高放废液成功地进行了试验。该流程采用 nPr-BTP 作萃取剂，TPH 为稀释剂，通过 16 级离心萃取器，将镅、锔大部分萃入有机相，得到了不含镧系的次锕系溶液。研究表明，镅的回收率很高，锔的回收率有待提高，部分裂变产物在有机相积累。法国马尔库尔厂进行了类似的混合澄清槽实验，镅、锔回收率不理想，但锕系溶液中的镧系可控制在 5% 以下。

SANEX 流程的主要缺点是 BTP 分子的稳定性问题，特别是 BTP 分子的耐辐照性能尚未达到能使其在实际流程中应用的水平。热试验中发现 nPr-BTP 存在着在空气中氧化和水解等稳定性问题。i-丁基-BTP 的稳定性优于 nPr-BTP，而 n-丁基-BTP 比 nPr-BTP 分解更快。i-丙基-BTP 易辐照分解成亲油性降解产物，对于重复使用溶剂不利。n-丁基-BTP、i-丙基-BTP 和 i-丁基-BTP 萃取动力学慢，不适于实际应用。目前，其正在欧洲 EUROPART 的合作构架下进行许多改良研究，以提高 BTP 分子耐水解和辐照分解的能力。量子化学在 BTP 萃取锕系元素的理论研究中得到应用，可以确定 BTP 分子是一个三齿配体。硝基苯可以抵制 BTP 的辐解，但由于安全的原因并不能在工业中应用。FISA2006 会议报道了新的双三嗪 – 双吡啶萃取剂 CyMe4-BTBP 能有效分离三价镅与镧，但萃取速度太慢，必须加入相转移催化剂。

3. 日本原子能研究开发机构的四群分离流程

作为日本 OMEGA 计划的一部分，自 20 世纪 80 年代中期以来，日本原子能研究开发机构对高放废液的四组分离流程进行了研究，具体流程如图 2-21 所示。该流程针对主要核素性质的差别，采用相应的化学分离法将 Purex 后处理流程排出的高放废液分为四组：①超铀元素（TRU）；② Sr-Cs；③ Tc-铂族元素组（PGM）；④其他 FP 元素。TRU 在加速器驱动次临界系统中嬗变；Sr-Cs 包含在煅烧的废物体中，冷却一定时间后，通过压实处置作为热源或放射源；Tc-PGM 可作为催化剂利用或废弃处置；其他 FP 元素以玻璃废物体形态进行处置，其中不再有强热源和长期放射毒性。该流程采用 DIDPA（diisodecylphosphoric acid）作萃取剂回收锕系元素，DIDPA 对三价 Am 和 Cm、四价 Pu、六价 U 和五价 Np 都有一定能力的萃取性。DIDPA 流程是一个两循环流程，在第一个循环中所有的锕系与镧系元素均被 DIDPA 与 TBP 萃入有机相（正十二烷稀释），这里 TBP 可改善分相性能，但对分配系数略有影响。三价锕系与镧系、锝与钌、铀依次被反萃下来。三价锕系和镧系的分离在第二萃取循环中用络合剂 DAPT（二哌嗪 -N,N,N'',N''- 三胺五乙酸）反萃镧系来实现。第一个萃取循环在混合

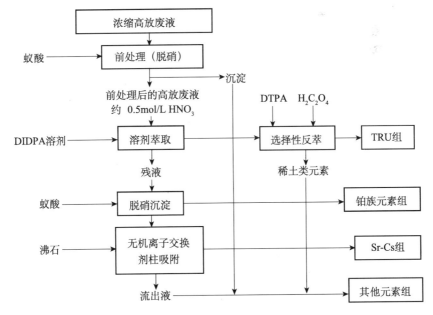

图 2-21　日本原子能研究开发机构的高放废液四组分离流程

澄清槽中使用真实料液进行热验证试验，锝的回收率达到 99.95% 以上，镅、锔的回收效果理想。DIDPA 的辐照稳定性与 HDEHP 相当，优于 TBP。该流程中铁的分配比很高，其在有机相的积累会导致乳化作用。

通过蚁酸脱硝沉淀法萃取残液，能将锝和铂族元素一起沉淀回收。另外，用活性炭吸附的研究也表明可以高效地回收锝（TcO_4^-），但是回收铂族的性能较差。最后分别采用钛酸盐类和沸石类无机阳离子吸附剂分离回收铯和锶。

4. 日本原子能研究开发机构的 SETFICS-TRUEX 流程

日本原 JNC 开发的 SETFICS（solvent extraction for trivalent F-elements intra-group separation in CMPO-complexant system）流程实际上是一个改进的 TRUEX 流程，与 TRUEX 流程一样，SETFICS 流程使用 CMPO［丁基（苯基）-N,N- 二异丁基甲氨酰氧膦］和 TBP 混合萃取剂，在高酸性溶液中对三价、四价、六价锕系元素和三价镧系元素都有很高的萃取能力，但是对三价锕系与镧系基本没有选择性。在 SETFICS 流程中，三价锕系与镧系发生共萃后，三价锕系被 DTPA 选择性反萃。DTPA 是一种络合能力很强的水溶性络合剂，在 pH 较高（＞2）的条件下与 Am（Ⅲ）、Cm（Ⅲ）的络合能力大于大部分的镧系元素，特别是元素序号小的镧系元素。因此，其能够优先将 Am（Ⅲ）、Cm（Ⅲ）从有机相中反萃下来，与大部分的镧系元素得到分离。使用 Purex 流程产生的真实高放废液进行的 SETFICS 流程热试验结果表明，80% 的稀土元素与镅和锔得到分离。但是部分镧系元素，尤其是铈、钇倾向于与镅、锔一起被反萃，分离效果不够理想。另外，在此过程中需要添加较高浓度的硝酸盐作为盐析剂，使得产生的二次废物量增加。此后，日本原子能研究开发机构使用硝酸羟铵类的无盐试剂对流程进行了改良。

5. 萃取色层分离（MAREC）流程

日本原产业创造研究所开发的 MAREC（minor actinides recovery by extraction chromatography）萃取色层流程的分离原理与上述 SETFICS 流程基本相同，但是采用了不同的分离工艺。初期开发的 MAREC 流程使用两根装有多孔性二氧化硅负载型的 CMPO 萃淋树脂（$CMPO/SiO_2$-P）的分离柱，第一分离柱主要吸附锕系和镧系以及部分核裂变产物元素，然后锕系与锆、钼、钯、钇及重镧系元素同时被 DTPA-pH2 淋洗剂洗脱，这里不需要额外加入盐析剂。洗脱液中加入硝酸调节酸度，同时破坏 DTPA 与金属形成的络合物。溶液进入第二分离柱，锕系与重稀土被稀硝酸洗脱，实现与核裂变产物元素的分离。对于 $CMPO/SiO_2$-P 树脂稳定性的相关研究发现其有较好的耐 γ 辐照稳定性。但是与 SETFICS 流程类似，镅、锔与铈、钇等部分镧系元素得不到良好分离。

为了实现三价锕系与镧系元素的完全分离，该流程近年进行了大幅度的改进，主要是在第二分离柱用 R-BTP/SiO$_2$-P 萃淋树脂取代 CMPO/SiO$_2$-P，同时消除 DTPA，改用简单的稀硝酸或纯水作为淋洗剂。改进的 MAREC 流程以及使用的萃淋树脂的组成如图 2-22 所示。高放废液直接进入 CMPO（或 TODGA）分离柱，非吸附性的裂变元素、锕系和镧系、锆和钼得到组分离，在此锆和钼最后是通过加入草酸作为淋洗剂回收的。锕系和镧系料液进入 R-BTP 分离柱，如前所述，R-BTP 对三价锕系和镧系有很高的选择性，优先吸附三价锕系，分离系数可达 50～150，通过色层分离柱得到良好的分离。该流程在比利时 SCE-CEN 研究中心进行了小规模的热验证试验（分离柱内径 1cm× 高 50cm；高放废液约 50mL），确认了镅–锔与镧系的完全分离，回收的三价锕系中镧系的去污系数高达 10^6。该研究开发的多孔性二氧化硅与聚合物的复合载体（SiO$_2$-P）能够负荷重量 30%～40% 的萃取剂，不需添加有机稀释剂，因此具有很大的吸附容量。并且树脂粒径为 50～10μm，吸附和解吸速度快，适合于较高流速的工艺分离。

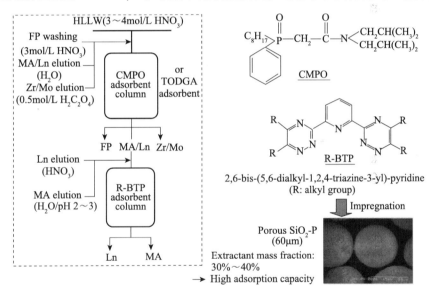

图 2-22 采用萃取色层法分离次锕系的 MAREC 改进流程

日本以日本原子能研究开发机构作为牵头组织于 2000 年度开始开展为期 5 年的"快堆燃料循环实用性战略调查研究"，其对世界各国开发的主要次锕系分离流程进行了综合性的比较评价，结果如图 2-23 所示。萃取色层分离法被评价为设备的设置面积、设施的体积、废物产生量和建设成本等各项主要指标最好的技术，并于 2006 年被日本政府制定为今后次锕系元素分离回收的唯一主概念候选技术，同时作为"快堆循环技术研究开发"战略的重要攻关课题之一被纳入长远的研发计划中。在此框架内，日本原子能研究开发机构等机构自 2006 年起开始实施该技术的工程试验和热验证试验，2006 ～ 2009 年四年度日本文部科学省的资助总额为 8.12 亿日元（当时约合人民币 6500 万元）。

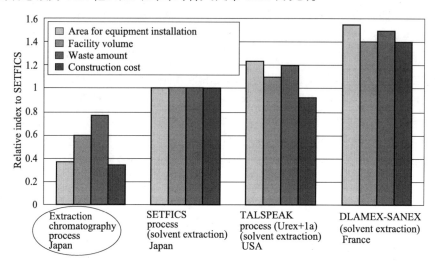

图 2-23　日本原子能研究开发机构对世界主要的次锕系元素分离方法的比较评价结果

6. Am/Cm 分离

乏燃料中锔的主要核素 ^{244}Cm 的半衰期较短（18.1a）且发热性高，通过 α 衰变转化为 ^{240}Pu，因此最好能将其与长寿命的镅进行分离以便分别处理。但镅和锔的化学性质非常类似，一般需要采用特殊的化学试剂或电化学方法改变其价态后进行分离。正在研发的从 Cm 中分离 Am 的流程大多数是把 Am 氧化为高于三价的价态，而 Cm 不受影响仍处于三价。法国原子能委员会开发的 SESAME 流程，在存在杂多酸阴离子以稳定中间价态的情况下，通过电解将 Am（Ⅲ）氧化成 Am（Ⅵ），然后用 TBP 选择性地萃取 Am（Ⅵ）。日本则是通过化学氧化法（用过硫酸铵）将 Am（Ⅲ）氧化成 Am（Ⅵ）。该类流程的一个严重缺点是 Am（Ⅵ）在 TBP 和硝酸环境中化学稳定性差，从而降低了 Am（Ⅵ）萃取的回收率。法国最近研究了用丙二酰胺从 Cm 中分离 Am 的液液萃取流程，并在 ATALANTE 设施中，用真实料液验证了该流程在原理和技术上的可行性。

日本原子能研究开发机构基于 20 世纪 60 年代成熟的实验室技术开发了一个沉淀法流程：锔通过电化学氧化成 Am（Ⅴ），然后用碳酸盐将其沉淀为 K_5AmO_2 $(CO_3)_3 \cdot nH_2O$，从锔中分离镅。但遗憾的是该流程仅能在碱性介质使用。法国和俄罗斯的研究者也在研究从含锔和镧系元素的溶液中选择性地沉淀 Am（Ⅴ）的亚氰化物，因 Am 和 Cm 的分离因子低，需要大量的分离级数。最近，日本东京工业大学研究使用三级吡啶型阴离子交换剂从硝酸 / 甲醇的混合溶液中选择性地分离 Am（Ⅲ）和 Cm（Ⅲ），取得了较好的结果。

7. Cs、Sr、Tc、铂族等的分离

核裂变产物元素虽然在乏燃料中含量不大，水堆乏燃料中占 4%～5%，快堆乏燃料中占 7%～8%，但元素种类达 30 多种。其中有 ^{99}Tc、^{129}I、^{79}Se、^{93}Zr、^{135}Cs 等长寿命核裂变产物核素，以及半衰期约为 30a 的 ^{137}Cs、^{99}Sr 等放射性很强且发热性很高的中长寿命核素，这些元素对高放废液的处理及地质处置会产生重要的影响。另外，钌、铑、钯等铂族核裂变产物元素中多数为半衰期很短的核素（除长寿命的 ^{107}Pd 外），如能将其分离回收，可作为贵金属资源加以有效利用。

绝大部分的 ^{129}I 在燃料的溶解过程中以气体形式挥发，一般通过采用含银的吸附剂收集回收。日本原子能研究开发机构早年开始研究用无机离子吸附剂从高放废液中分离回收铯和锶。美国、捷克和法国分别研究用冠醚、硼钴化物和杯冠化物作萃取剂等萃取分离铯和锶。目前回收铯和锶的代表性萃取流程是 CCD/PEG 流程（氯化钴/聚乙二醇流程），同时还研究了用杯芳烃作替代萃取剂的FPEX 流程。2001 年法国成功进行了用杯冠化合物分子（calixarene）从真实的Purex 萃后残液中选择萃取铯的试验，回收率大于 99%。美国获得了铯和锶共萃的相似结果。日本原产业创造研究所则将杯冠化合物和冠醚化合物分别负载到多孔性二氧化硅/聚合物的载体（SiO_2-P）上形成类似萃淋树脂的吸附剂，采用萃取色层分离法从高放废液中分离回收铯和锶。已报道的锝和铂族元素的分离方法有降低酸浓度的沉淀法、离子交换吸附法、电解还原析出法等。图 2-24 列出了长寿命核裂变产物元素湿法分离的主要技术概念。

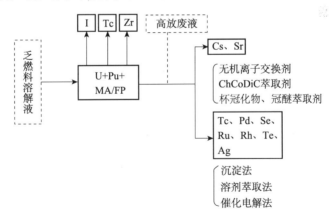

图 2-24　长寿命核裂变产物元素湿法分离的主要技术概念

（五）湿法分离技术概括

图 2-25 总结了先进湿法分离流程的基本概念。表 2-5 和表 2-6 概括了当今世

界上曾经或正在研究的主要湿法分离技术。

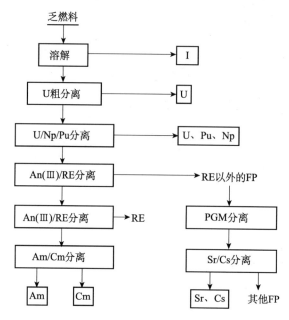

图 2-25　先进湿法分离流程的基本概念

表 2-5　各种湿法分离技术的概括（针对三价次锕系以外的元素）

对象元素	分离方法	主要研发机构
U 选择分离	• TBP 萃取法（Urex） • *N,N*-二烷基胺（酰胺）萃取法 • 晶析法 • NCP delivers 沉淀法 • 阴离子交换法	• 美国（ANL 等） • 法国（CEA）、日本（JAEA） • 日本（JAEA、MMC） • 日本（东京工业大学、MMC、JAEA） • 日本（东北大学、东京工业大学、JAEA）
U-Np-Pu 分离	• TBP 萃取法 　COEX 　共处理 　NEXT 的共萃取法 　Urex 的 Pu-Np 共萃取法 • TODGA、DMDOHEMA-HDEHP 萃取法 • 阴离子交换法	• 法国（CEA、AREVA） • 日本（JAEA） • 日本（JAEA） • 美国（ANL 等） • 日本（JAEA）、法国（CEA） • 日本（东北大学、东京工业大学、JAEA）
Cs-Sr 分离	• 无机离子交换法 • 液液萃取法 • 萃取色层分离（固相萃取）法	• 日本（JAEA、东北大学） • 法国（CEA）、美国（ANL 等） • 日本（JAEA、东北大学）
PGM 分离	• 沉淀法 • 电解还原法 • 吸附分离法	• 日本（JAEA） • 日本（JAEA、东芝、东北大学） • 日本（东北大学）

表 2-6　各种湿法分离技术的概括（针对三价次锕系元素）

对象元素	分离方法	主要研发机构
An（Ⅲ）+RE 分离	• 液液萃取法 CMPO（TRUEX 流程） 丙二酰胺（DLAMEX 流程） TODGA、TDdDGA TRPO、DIDPA 等 • 萃取色层分离法（CMPO、TODGA 吸附剂）	• 美国（ANL 等）、日本（JAEA） • 法国（CEA） • 日本（JAEA）、德国（FZJ） • 中国（清华大学）、日本（JAEA）等 • 日本（东北大学、JAEA）
An（Ⅲ）/RE 分离	• 利用络合剂的萃取法 TALSPEAK 流程（HDEHP-DTPA-DTPA） SETFUICS 流程（CMPO-DTPA） DIAMEX-SANEX 流程（丙二酰胺 +HDEHP-DTPA） • 利用 N 配位原子的萃取法 R-BTP、BTBP TPEN、PDA（DPA）、PTA • 利用 S 配位原子的萃取法 CYANEX 301 二苯基硫氢硫化磷（ALINA 流程） • 萃取色层分离（R-BTP、HDEHP 吸附剂） • 阴离子交换法（3 级 pridine 树脂 -HCl）	• 美国（ANL 等）、日本（JAEA） • 日本（JAEA） • 法国（CEA） • 法国（CEA）、欧盟 • 日本（JAEA）等 • 中国（清华大学）等 • 德国（FZJ） • 日本（东北大学、JAEA、东京工业大学）
Am/Cm 分离	• 液液萃取法 价态不变 价态调整 阴离子交换法（3 级 pridine 树脂 -HNO$_3$-C$_2$H$_5$OH）	• 德国（FZJ） • 法国（CEA）、日本（日立） • 日本（东京工业大学、JAEA）

三、干法后处理先进技术

（一）干法分离的原理和特征

干法后处理技术采用熔盐或者液态金属作为介质，一般在数百摄氏度的高温条件下进行分离操作。具体工作温度因介质的种类而异，比如在较常用的 LiCl-KCl 共晶系氯化物熔盐中为 450 ~ 500℃。干法后处理基本上不存在媒体辐照劣化问题，临界安全性高，可以适用于金属燃料、氮化物燃料及氧化物燃料等多种形态的燃料处理。然而，干法由于操作温度高，且使用强腐蚀性的卤化物及熔融状态金属，所以存在材料耐用性弱及操作信赖性低等问题。干法分离技术是今后快堆乏燃料尤其是金属燃料的后处理及次锕系核素嬗变燃料处理的主要分离技术，近年来备受重视，多个国家已将干法分离定位为未来先进后处理体系的重要选择技术，加大了从基础研究到工程应用的研发力度。具有代表性的干法分离技术如下所示。

（1）电解精炼：在熔盐浴中电解，根据组分的标准氧化还原电位的差异，通过阳极氧化溶解或阴极还原析出实现组分的分离。

（2）金属还原萃取：在熔盐/液态金属浴中加入金属锂等活性金属还原剂将溶解在其中的目的金属盐选择性地还原并萃取到液态金属浴中。液态金属一般采用镉、锌、铋、铅等低熔点金属。特别是镉、锌的沸点较低，最后可以通过蒸馏使其挥发而与待回收的目的金属分离。

（3）沉淀分离：利用熔盐介质中金属组分溶解度不同，通过调节温度、气体分压、熔盐组成等使组分选择性地沉淀分离。

（4）挥发分离：部分金属卤化物蒸气压较高，可通过高温挥发进行分离。

（二）金属燃料熔盐电解后处理技术

美国阿贡国家实验室（ANL）早在20世纪50年代就开始利用氯化物熔盐电解法进行金属燃料后处理技术的研究，并将其应用于实验快堆EBR-Ⅱ辐照的金属燃料处理。1990年前后，日本电力中央研究所（CRIEPI）积极参与并同ANL开展了密切的合作研究。氯化物熔盐电解法的金属燃料后处理流程如图2-26所示。切断后的燃料元件经过蒸发去除黏附的金属钠后，置于熔盐电解槽中，燃料在阳极上被氧化溶解，同时铀、钚、次锕系及部分稀土元素在阴极上被电析回收，将回收的金属通过阴极处理（加热到700℃以上）与共存的氯化物和镉进一步分离后加工成燃料元件。金属燃料电解法后处理的核心技术是电解精炼，如图2-27所示。500℃的LiCl-KCl共晶盐作为盐浴，盐浴中预先加入质量分数为10%左右的铀和钚（U∶Pu=1∶2～4），如果使用铁制的固体阴极，被还原析出的几乎是纯粹的金属铀。阴极换成液态金属镉时，可以同时回收铀、钚、次锕系元素。通过适当地调换两个阴极，可以调节阴极回收的铀和钚的组成范围。ANL曾经以铀－锆合作阳极进行试验，在固体阴极上成功地得到约10kg的金属铀。为了防止树枝状的铀析出物脱落降低回收率或造成短路，ANL和CRIEPI开发了顺次刮取析出物的高速电解槽。此外，在液态镉阴极上析出较多的金属铀后，铀自身会变成阴极，妨碍钚的电析，为此将阴极分槽进行回转和上下振动以防止固体铀的堆积，通过实验成功地回收了40g金属钚，最后得到的液态镉中含有质量分数超过10%的铀和钚。由于美国核能政策的变化，1994年后CRIEPI与ANL的合作研究曾经中断，特别是受防核扩散的制约没有能够使用实际的EBR-Ⅱ辐照燃料进行验证研究，但一直在进行使用铀的工程规模试验和装置开发。此后在日本政府的积极推动下，CRIEPI与JAEA在JAEA的东海研发中心联合建立了热态实验室。近十年来，日本文部科学省一直大力资助该项目的基础及工程化研究，包括半工业规模的装置开发。2002～2006年五年度对该研究的资助总额为

8.47 亿日元（当时约合人民币 6700 万元）。

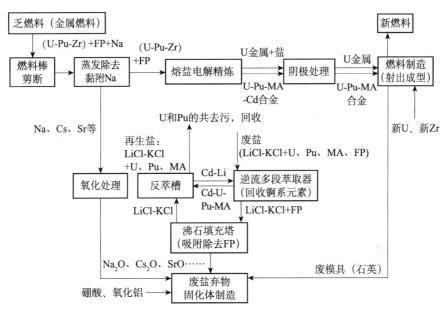

图 2-26　基于氯化物电解法的金属燃料干法后处理流程（ANL、CRIEPI 等）

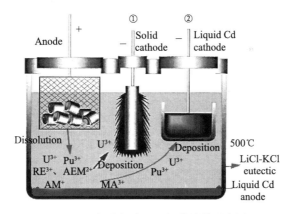

图 2-27　氯化物熔盐电解精炼槽示意图

AM:Alkali metal FP; AEM: Alkaline earth FP;

RE: Rare earth FP; MA: Minor actinides

　　此外，对以现在的轻水堆氧化物燃料或者将来产生的高燃耗 MOX 燃料作为处理对象的金属电解法也有研究，首先将氧化物燃料在 LiCl-KCl 熔盐浴中用金属锂还原或者电解还原成金属状态，然后再通过与上述相同的电解精炼技术进行分离回收。

近年来，韩国以韩国原子能研究所（KAERI）为核心，举国协同合作开展乏燃料的干法化学处理研究。韩国目前有 20 个反应堆分别坐落在 4 个核电站，总发电量大约为 18GWe。至 2009 年年底核电站中储存的核乏燃料大约为 10 761t。到 2016 年，一些核电站的乏燃料池被装满。为确保核能继续发展，韩国需要找到有效的乏燃料管理方法。因此，从 1997 年开始开发先进燃料循环以减轻环境负担和加强防扩散。KAERI 大力度地开展电解冶金技术的开发，利用电解冶金技术从熔融盐体系中回收 TRU，该技术是高温化学流程中的主要环节，并可防止核扩散。采用液态金属镉阴极（LCC）的电解技术从电解精制流程转移过来的熔融盐（LiCl-KCl）里回收全部铀和 TRU（镎、钚、镅、锔），其中电精制流程能够回收高纯铀。采用镉蒸馏技术，从 LCC 电解回收的锕系 / 镉产物中分离镉和锕系元素，其余的锕系回收物（RAR）和低浓度锕系元素合并，作为废盐处理，如图 2-28 所示。并利用计算机仿真技术模拟熔融盐体系中回收 TRU 的电解流程。在 2011 年开发并安装一套工程规模的 PRIDE 设备的电解冶金流程装置，用来回收 TRU。

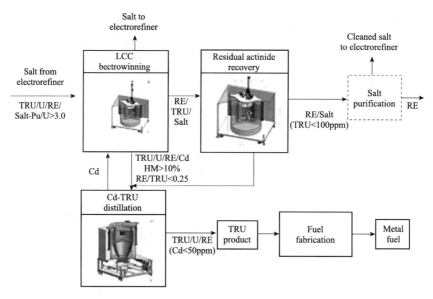

图 2-28　韩国的电解冶金干法后处理流程

（三）基于活性 Al 阴极的干法后处理方法

干法后处理中，锕系元素（An）与镧系元素（Ln）的有效分离是有待解决的关键科学问题之一。为了提高 An 与 Ln 的分离效率，科学家们进行了一系列研究。其中，法国科学家采用液态金属还原萃取法进行 An-Ln 分离时，发现 Al 对 An 具有很强的亲和力，能够形成 Al-An 合金，在 LiF-AlF$_3$/Al-Cu 体系中进行还原萃取能达到较好的分离效果。

　　随后，ITU 将 Al 的这一性质应用于 An 与 Ln 的电解分离，并进行了一系列尝试工作。Sedmidubsky 等（2010）通过从头计算的方法，确认了 U-Al、Np-Al、Pu-Al 相图。根据相图可知，U 与 Np 相似，与 Al 可形成 3 种金属间化合物，而 Pu 与 Al 则可生成 5 种金属间化合物，为实验提供了理论依据。同时，ITU 开展了在 LiCl-KCl-AnCl$_3$ 熔盐体系中利用固态铝电极制备 An-Al 合金的研究。主要研究了 U（Ⅲ）、Pu（Ⅲ）、Np（Ⅲ）在 Al 电极上的电化学行为，与 Al 形成金属间化合物的种类及析出电位，各种金属间化合物生成吉布斯自由能等以及析出电位与温度的关系等，并得到了部分 An 和 Ln 在惰性 W 电极和固态 Al 电极上的析出电位，总结如图 2-29 所示。

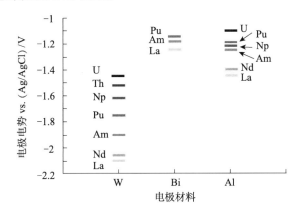

图 2-29　部分镧系、锕系元素在不同阴极上的析出电位

　　研究结果表明，An、Ln 均可在 Al 活性电极上发生欠电位沉积形成合金，且 Al 电极上的析出电位差要大于 Bi 电极，An 与 Ln 的分离在 Al 电极上更容易实现。在此基础上，ITU 开展了 An-Ln 组分离方面的研究。与经典熔盐电精炼过程相似，An-Ln 合金在阳极溶解生成可溶的 Ln（Ⅲ）、An（Ⅲ）阳离子，同时 An（Ⅲ）在铝电极上选择性析出形成 An-Al 合金，而 Ln（Ⅲ）则留在熔盐中。在此过程中，要实现 An（Ⅲ）的选择性析出需要控制沉积电位正于 −1.25V。采用该方法在 733K 条件下对 U$_{60}$Pu$_{20}$Zr$_{10}$Am$_2$Nd$_{3.5}$Y$_{0.5}$Ce$_{0.5}$Gd$_{0.5}$ 进行电精炼，在 Al 电极上得到的析出产物中 U/Nd、Pu/Nd 和 Am/Nd 的比分别大于 2000、990、55，能够有效地实现锕系元素与镧系元素的组分离，尤其是对次锕系元素 Am 分离系数大大提高。为了进一步提高分离效率，ITU 还提出了彻底电解方案。在彻底电解过程中，在阳极析出 Cl$_2$，此时熔盐中的 Ln 浓度保持不变，通过控制电位可以实现 An 完全在 Al 电极上选择性地析出。采用该方法在 LiCl-KCl-UCl$_3$-NdCl$_3$ 熔盐体系中分离 U 和 Nd，能达到很好的分离效果，且电流效率高达 90%。但是在活性电极上电解，由于电极的有限性，An 的最大沉积量会受限，在 U-Pu-Zr 合金熔

盐中进行电精炼，1g Al 电极上可以析出 2.9g An 形成（U，Pu）Al_3 合金。

成功得到了 An-Al 合金之后，ITU 继续开展 An 与 Al 的分离研究。首先真空蒸馏除去在电解过程中黏附在 An-Al 合金上的盐得到纯净的 An-Al 合金，然后使用 Cl_2 将 An-Al 合金氯化生成 $AnCl_3$ 和 $AlCl_3$，生成的 $AlCl_3$ 在惰性气氛下升华与 $AnCl_3$ 分离，最后 $AnCl_3$ 经过还原得到纯的 An 金属。在一系列研究的基础上，ITU 提出了采用固态 Al 电极处理乏燃料的概念流程，该流程设想首先将氧化物燃料转化为粗金属，然后在铝电极上电解精炼得到 An-Al 合金使 An 与 Ln 分离，再通过氯化法分离 An 与 Al，最后得到纯 An 金属继续进行燃料循环。目前，该流程仍处于实验室开发阶段。

在 ITU 的研究基础上，中国科学院高能物理研究所近年来提出了一种铝合金化处理氧化物燃料的新概念。在熔盐体系中直接采用 $AlCl_3$ 氯化溶解 AnO_2 和 Ln_2O_3，然后在阴极通过 An 与 Al 共还原的方式实现 An 与 Ln 的分离。相较于采用活性 Al 电极，通过共还原法形成合金具有一定优势。首先，共还原过程不受沉积产物向固态金属电极内部扩散的控制，沉积速率相对较快；其次，采用共还原的方式不受活性电极质量的控制，沉积产物的最大量不受限。目前，中国科学院高能物理研究所在通过共还原法分离 An 与 Ln 方面已经取得了一定成果。首先，在 LiCl-KCl-$AlCl_3$ 熔盐体系中实现了 AnO_2 和 Ln_2O_3 的氯化溶解，通过共还原法制备了 An-Al、Ln-Al 合金，并得到了部分金属间化合物的沉积电位，如图 2-30 所示。在此基础上还开展了 An 与 Ln 元素的分离工作，发现通过共还原法形成 Th-Al 合金的方式可以实现 Th 与 La 和 Eu 的分离。

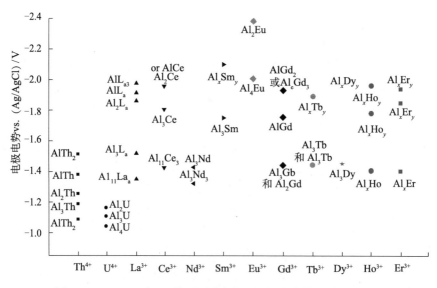

图 2-30　An、Ln 与 Al 共还原形成的金属间化合物及其析出电位

（四）氧化物燃料熔盐电解后处理技术

俄罗斯核反应堆研究所（RIAR）在 20 世纪 70 年代就开始研究以氧化物乏燃料作为处理对象的氯化物熔盐电解后处理技术，并结合颗粒燃料的振动充填成型加工技术，形成紧凑的氧化物燃料处理和加工一体化体系。开发的高温电化学后处理流程如图 2-31 所示。拆卸/脱包壳后的燃料经高温氧化处理得到粉末，在 650 ～ 700℃的高温 NaCl-KCl 熔盐浴中用氯气溶解。铀主要以 UO_2^{2+} 的形态溶解于盐浴中，钚则以 Pu^{4+} 或 Pu^{3+} 形态溶解。随后进行电解还原，将部分铀以 UO_2 的形态在阴极上析出。UO_2 在高温下具有较好的导电性，因而可以通过电化学过程得到回收。此时 Ru、Rh、Zr、Mo 等部分核裂变产物元素倾向于与铀一起析出。此后，在盐浴中导入 Cl_2 和 O_2 混合气体增加氧的分压，使钚以 PuO_2 沉淀析出。在氧气氛围中，再进一步进行电解将残留在盐浴中的铀和钚以 UO_2、PuO_2 的形态在阴极上析出。图 2-32 为 UO_2 电沉积及 PuO_2 沉淀方法的示意图。对使用后的氯化物熔盐，通过加入磷酸钠洗净，此时大部分次锕系及稀土元素变成磷酸盐沉淀而除去，但是铯继续残留在氯化物中。俄罗斯 RIAR 曾经使用实验快堆 BN-350（燃耗 4.5%）和 BOR-60（燃耗 21% ～ 24%）的辐照燃料进行了该流程的热验证试验，结果表明，在 PuO_2 沉淀析出过程回收了 95.6% 的钚，全流程回收了 99% 以上的钚。次锕系元素中，绝大部分镎与 UO_2 一起得到回收；镅有 18% 与 PuO_2 同伴，另有 73% 进入磷酸盐沉淀；而锔有 90% 进入磷酸盐沉淀。贵金属类 FP 主要进入 UO_2 析出物中，稀土类 FP 主要进入磷酸盐沉淀。实验结果与理论预测基本相符。另外，RIAR 也研究了通过电解共析法将钚与二氧化铀一起析出（UO_2+PuO_2），直接制造 MOX 燃料，并积累了比较丰富的经验。

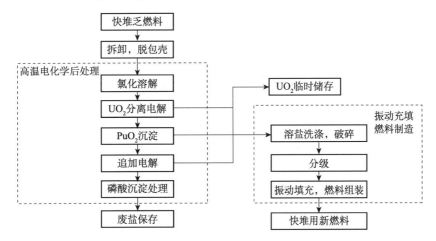

图 2-31　俄罗斯 RIAR 开发的氧化物燃料高温电解后处理流程

日本 CRIEPI 等也在俄罗斯 RIAR 技术基础上进行了氧化物燃料熔盐电解后处理的研究，将燃料的氯化溶解与 UO_2 的电解析出同时进行以加快处理速度，并研究了从 UO_2 的电解析出物中除去贵金属 FP 的方法。日本文部科学省 2006～2008 年三年度对该研究的资助总额为 3.94 亿日元（当时约合人民币3100 万元）。

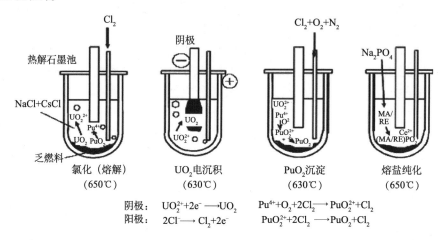

阴极：　$UO_2^{2+}+2e^- \longrightarrow UO_2$　　　$Pu^{4+}+O_2+2Cl_2 \longrightarrow PuO_2^{2+}+Cl_2$
阳极：　$2Cl^- \longrightarrow Cl_2+2e^-$　　　　　$PuO_2^{2+}+2Cl_2 \longrightarrow PuO_2+Cl_2$

图 2-32　俄罗斯 RIAR 开发的 UO_2 电沉积及 PuO_2 沉淀方法示意图

（五）干法／湿法相结合的处理流程

1. 日立的 FLUOREX 流程

FLUOREX 流程是由日立公司在东京电力公司等的资助下，为 LWR 和未来的LWR/FBR 循环提出的后处理流程，近年来也得到了日本政府比较大型项目的研究资助。FLUOREX 流程是将氟化物挥发与溶剂萃取分离法相结合的混合后处理体系，如图 2-33 所示。利用铀氟化物（UF_6）的挥发性使乏燃料中的大部分铀以 UF_6 的形态分离出来，然后利用简化的 Purex 流程一起回收剩下的铀和钚，作为 MOX 燃料。为了研究 FLUOREX 流程的技术可行性，日立公司对含铀等的模拟燃料的氟化、高温水解转化和溶解进行了半工业规模的实验，并确认了通过控制氟化过程的氟气流量可以调节铀的回收率。该流程的主要优点是通过比较简单的氟化物挥发法回收大部分（90%）的铀，大大地减轻后续溶剂萃取分离工程的负荷，从而提高整个流程的经济性。但挥发回收到的铀制品纯度有待提高，氟化步骤仍然不完全，氟化装置的材料腐蚀问题也有待进一步解决。日本文部科学省 2004～2007 年四年度对该研究的资助总额为 9.8 亿日元（当时约合人民币 7800 万元）。

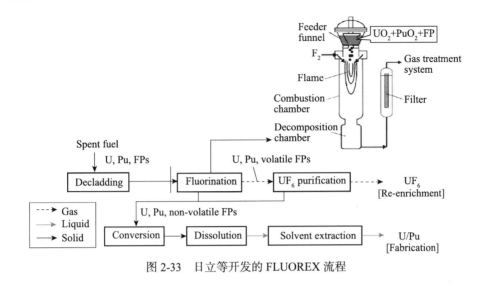

图 2-33　日立等开发的 FLUOREX 流程

2. 东芝的 Aqua·Pyro 流程

为了从 Purex 后处理厂产生的高放废液中分离回收所有的超铀元素及少量残留的铀，日本东芝近年开发了湿法／干法相结合的 Aqua·Pyro 流程，如图 2-34 所示。首先用水将高放废液稀释约 2 倍降低硝酸浓度后，加入足够量的草酸使 U、TRU、稀土及碱土金属变成草酸盐沉淀，通过过滤使残留在溶液中的碱金属及铂族核裂变产物元素得到分离。随后加入盐酸并加热至 100℃，将草酸盐转化成氯化物。然后添加过氧化氢将过剩的草酸除去，在氩气氛围中加热除去水分得到干

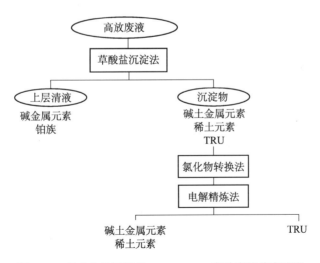

图 2-34　日本东芝开发的 Aqua·Pyro 高放废液分离流程

燥的氯化物。在使用 Ce（C_2O_4）$_2$ 进行的模拟试验中，确认 99.4% 的 Ce 被成功地转化为 $CeCl_3$。该流程将得到的含有 TRU 等的氯化物溶解到 LiCl-KCl 共晶熔盐浴中，采用上述 CRIEPI 等同样的氯化物熔盐电解法将 TRU 及 U 选择性地还原回收。东芝使用低碳素钢制的阴极和石墨阳极进行模拟 TRU 等的电解还原试验，得出 TRU 与稀土元素具有良好分离性能的可行性结论。

（六）干法分离技术概括

高温冶金流程对湿法来说是一个主要的可代替流程，近年来它在国际范围内再度成为研发的对象。这些流程的一般原理是，在高温（几百摄氏度）下在熔盐（熔融氯化物、氟化物等）槽中熔解元件，然后在特定条件下采用诸如液体金属萃取、电解或选择性沉淀等传统技术分离所需的核素。这些流程引起人们关注的主要原因是它们溶解金属离子液体的能力大（溶解难熔化合物），所用的无机盐对辐照不敏感（使它们从理论上适合于卸出的燃料立即现场后处理），设备和流程紧凑（在获得可回收的最终产物前，只用很少的几个转化步骤），难以单独分离钚（可防止核扩散），以及有对锕系元素组处理的适应性。干法电解后处理概念早年在美国 ANL 和俄罗斯 RIAR 分别就金属和氧化物燃料进行了卓有成效的研发工作，包括建造用于验证试验的中间工厂。此后，日本 CRIEPI 等与 ANL、RIAR 及 ITU 在日本政府资助的协作框架内做了进一步的验证和改良研究。韩国为实现回收 TRU 以及大幅度减少乏燃料储存量的目标，以 KAERI 为核心，举国协力开展乏燃料的氯化物电解还原、电解采取、电解精炼的技术研发工作。印度也在积极开展金属燃料及碳化物燃料的干法后处理研发，且其已明确提出今后将采用熔盐电解的干法流程替代湿法流程处理高燃耗快堆燃料。法国原子能委员会也对氧化物燃料处理进行了研究，如在熔融氟化物中用液态铝还原萃取锕系元素和裂变产物。

但干法后处理技术仍然存在不确定性，尤其是它们的分离性能（特别是锕系元素回收因子）、工业化（产生二次废物的量，需要关注腐蚀性介质和操作条件）和高通量下连续运行的可行性。高温化学流程领域的主要研发目标将是确认这些概念流程用于工业规模乏燃料再循环处理的潜力。虽然多年来已经完成了许多重要的实验和开发研究，但目前关于钚回收的可用结果很少，而且有关次锕系元素的回收和对废盐处理的可用结果更少，涉及反应介质（氟化物或氯化物和近年受关注的"室温"离子液体）和所包含的技术（主要是电解和液态金属萃取）的许多方案尚未确定。受这些流程优点的推动，目前世界上许多研究小组正在开展探索性研究、实验室研究和技术研发工作。将来获得一些结果，这对评价这些方法的潜力、更好地了解存在问题的各个方面、确定今后的研究工作方向是有决定性意义的。但工业化成熟之前，还需进行大量的基础研究及技术研发工作。

第三节　国外后处理对中国的启示

综上所述，国外核燃料循环后段技术发展经历了艰难曲折的历程，除了技术上的因素之外，与各个国家第二次世界大战后的政治和社会背景密切相关。以下以笔者的观点简要地分析国外后处理技术的经验教训对我国的一些启示。

1. 国家要有统一的开发体制和长远的规划

后处理是一个复杂的综合性工艺体系，开发周期长，投入成本高。欧洲（法国、英国、德国等）、日本、美国的大型研发和试验项目都是在政府（如美国的能源部、法国和日本的原子能委员会等）主导下由主要的国立研究机构与相关大学联合实施的。欧洲和日本的工业后处理厂是由国营企业或国家控股企业建设和运行的（只有美国曾在 20 世纪 60 ~ 80 年代以民间企业为主体）。俄罗斯和印度从研发到试验厂及工业厂的建设运行自始至终都是由政府统一管理和实施的。我国是核电后发国家，目前专业人才短缺，研发力量薄弱。因此，国家要有统一的开发体制和长远的规划，充分利用各部门、各机构的人才和设施资源，集中力量，组织实施，有序发展。

2. 后处理必须与核电发展总体规划相匹配

通常一座百万千瓦级的反应堆每年卸出 20 ~ 25t 乏燃料，所以一个处理能力为 800t/a 的后处理厂在全规模运行情况下可完成 30 ~ 40 个反应堆的乏燃料处理。但是除法国和英国等极少数国家外，大多数国家的工业后处理的发展远远滞后于核电进程。美国由于政治原因在 20 世纪 70 ~ 80 年代关闭了三个大型的民用后处理厂，造成了巨额的经济损失，比如 1974 年关闭的 GE 的 Midwest 后处理厂曾投入 6400 万美元。目前美国共积累了超过 6 万 t 的乏燃料，如何处理处置这些数量庞大的乏燃料成了严峻的、敏感的政治和社会问题。另外，快堆循环是世界上实现核能可持续发展的主流趋势，这就意味着今后对回收钚有必然的需求，否则快堆就成了无米之炊。日本的"快堆循环技术研究开发"大型国家研发项目充分考虑了实现快堆增殖和燃料循环一体化的发展战略。

3. 从国外引进技术需要一个充分的消化和吸收过程

后处理是一个非常复杂的综合性化工技术体系，与反应堆的技术引进有着本质性的差异，并非引进就能立刻利用，其中包含很多人为的技术因素和实践经验。因此，在实际应用过程中需要付出很大的努力进行摸索、学习、传授、积累，以及实现本地化。比如，英国在 THORP 后处理厂引进了法国的高放废液玻璃固化技术，但由于自身的操作管理及人员的技术素质不够高，故障频发，一直达不到预期的处理能力。

4. 不能忽视所谓的"次要"技术课题

早年的钚生产堆由于燃耗低，核裂变产物元素的产量很少，在后处理过程中不太重视其化学行为，至今人们仍然容易把主要精力放在铀、钚等主要元素的问题上。现在的核电反应堆利用的氧化物燃料燃耗显著提高，核裂变产物量也随之增加，其中的铂族（钌、铑、钯），以及锆、钼、锝在硝酸溶液中的化学行为非常复杂，这一方面影响铀及钚的分离性能，另一方面在整个后处理及废物处理过程中容易生成异常的化学现象（形成胶体、沉淀、偏析等）造成故障或事故。2008 年日本六个所后处理厂的高放废液玻璃固化试验过程就发生了严重的堵塞事故，查明的事故原因为在废液和玻璃材料的高温熔融过程中，铂族元素以金属或合金的形态偏析凝固造成堵塞，导致整个后处理厂的运行计划大幅度拖延。

5. 在充分利用成熟技术的基础上进行技术革新

后处理厂是一个典型的复合工艺体系，必须在确保安全的前提下追求经济性和有效性。且因建厂费用昂贵，必须采用经过充分验证的成熟技术。同时，不断进行技术革新，引入先进的技术以改善工艺流程，提高设备及操作运行的安全性、可靠性和有效性。比如，美国 GE 的 Midwest 后处理厂，当时采用了未经充分验证的氟化物挥发法进行铀的提纯及转换，并采用了紧凑的设备和流程配置，但在运行试验时发生氟化物堵塞管道的故障，且远隔维修非常困难，造成全工程被迫停止。

6. 必须充分考虑环境对策

美国和苏联等早年在军用核的开发时期，没有充分考虑放射性废物对环境的污染问题。如今美国在汉福德进行的放射性废物对土壤环境等的净化计划预计要到 2035 年才结束，投入总经费多达 500 亿～ 600 亿美元。苏联对军用核设施周边造成的环境污染几乎还没有采取任何对策。英国的后处理工厂早年曾将低放废液排入爱尔兰海峡，并遭到近邻国家的强烈反对，尽管还没有证据证明海洋排放会对人体造成影响，但放射性物质的海洋排放已被完全禁止。

第四节　结　　语

快堆循环是世界上实现核能可持续发展的主流技术趋势，一方面可以大幅度提高铀资源的利用率，另一方面可以将长寿命次锕系及核裂变产物核素进行焚烧或嬗变处理，以降低其对人类环境带来的长期潜在放射性影响。以 TBP 为萃取剂的 Purex 液液萃取法作为乏核燃料后处理技术已有 50 余年的开发和应用历史，并被世界上多个核能国家作为第一代工业后处理技术广泛采用。但是，该技术本身存在萃取工艺流程复杂，设备规模大，产生大量的难处理有机废液，次锕系元素及锝等长寿命核素得不到有效分离回收等问题。多年来，世界核能主要国家在致力于改良 Purex 流程的同时，开展了更先进的后处理技术研发。自 20 世纪 80 年代以来，日本、美国、印度、欧盟（特别是法国和英国）等主要核能国家或地区投入了大量的人力和资金，开展先进的湿法后处理技术研究，包括从乏核燃料及高放废液中分离回收长寿命次锕系元素和锝，以及强放射性及高发热性铯和锶、铂族等核裂变产物元素。此外，干法后处理作为以快堆乏燃料尤其是金属燃料的后处理以及次锕系核素嬗变燃料处理为目的的分离技术，近年也普遍受到重视，多个国家已将干法定位为未来先进后处理体系的重要选择技术，加大了从基础到工程应用的研发力度。

后处理是一个复杂的综合性工艺体系，开发周期长，投入成本高。国外的大型研发和试验项目都是在政府（如美国的能源部、法国和日本的原子能委员会等）主导下由主要的国立研究机构与相关大学联合实施的。我国是核电后发国家，核燃料循环后段技术尤其落后，目前专业人才短缺，研发力量薄弱。因此，国家要有统一的开发体制，制定与核电发展总体规划相匹配的核燃料循环和长远发展战略，充分利用各部门、各机构的人才和设施资源，集中力量，组织实施，有序发展。后处理是一个高难度的综合化工技术，与反应堆的技术引进有着本质性的差异，其中包含很多人为的技术因素和实践经验。因此，需要在实际应用过程中付出很大的努力进行摸索、学习、传授、积累，以及实现本地化。

参 考 文 献

井上正，他 . 1998. 超ウラン元素の乾式分離技術開発 . 電力中央研究所報告，総合報告 T57.

井上正，他 . 2000. 乾式リサイクル技術・金属燃料 FBR の実現に向けて . 電中研レビュー No. 37.

井上正，倉田正輝，板村義治，他 . 1995. 超ウラン元素の乾式分離要素技術の開発と効率的な分離プロセスの構築. 電力中央研究所報告, 総合報告 T39.

小山真一, 小澤正基. 2010. 先進オリエントサイクル研究 (Phase I) —まとめと展望. 日本原子力学会 2010 年秋の大会予稿集.

小澤正基, 藤井靖彦. 2010. 先進オリエントサイクル研究 (Phase I) —戦略と構想. 日本原子力学会 2010 年秋の大会予稿集.

河村文雄. 文部科学省「原子力システム研究開発事業」平成 21 年度成果報告会資料「フッ化技術を用いた自在性を有する再処理に関する研究開発. http: //www.jst.go.jp/nrd/result/h21/p17.html.

島田隆ほか. 2005. Super-DIREX 再処理法による使用済燃料からの U, Pu 直接抽出に関する研究 (19—成果の総括), 原子力学会予稿集.

高橋啓三. 1984. 海外における再処理技術開発の現状. エネルギーレビュー.

高橋啓三. 2005. 再処理技術の歴史, 現状及び課題の分析・評価—英国のセラフィールドを例として. サイクル機構技報, (27).

高橋啓三. 2006. 再処理技術の誕生から現在に至るまでの解析および考察. 日本原子力学会和文論文誌, 5 (2): 152-156.

中原将海, 佐野雄一, 小泉務. 2008. 簡素化溶媒抽出法による U, Pu 及び Np 共回収. JAEA-Research.

夏蕓. 2008. 美印核協議対印度核工业的影响. 核科技信息, (3): 10-16.

館盛勝一, 鈴木伸一, 佐々木祐二. 2001. アミド系抽出剤を用いた TRU 暫定備蓄を伴う使用済み核燃料処理プロセス. 日本原子力学会誌, 43 (12): 1235.

日本原子力委員会原子力バックエンド対策専門部会. 長寿命核種の分離変換技術に関する研究開発の現状と今后の進め方 (2000 年) 及び参考資料.

日本原子力委員会分離変換技術検会報告書: 分離変換技術に関する研究開発の現状と今後の進め方 (2009 年 3 月). 添付資料.

日本原子力研究開発機構. 2008. 高速増殖炉サイクル実用化研究開発. JAEA-Review.

日本原子力研究開発機構, 日本原子力発電株式会社. 2006. 高速増殖炉サイクルの実用化戦略調査研究フェーズ II 最終報告書.

日本原子力学会. 2004. 総説分離変換工学—第 4 章分離技術.

独立行政法人科学技術振興機構. 2006. 平成 18 年度原子力システム研究開発事業 – 特別推進分野 – 募集要項.

森田泰治, 山口五十夫, 藤原武, 他. 2004. 4 群群分離プロセスの NUCEF 内群分離装置によるコールド試験及びセミホット試験. JAERI-Research.

Adnet J M, Donnet L, Chartier D, et al. 1997. The development of the SESAME process. Proceedings of Global '97, 1: 592.

Ahn D H. 2010. Development of the electrowinning system for TRU recovery in Korea. The 9th Joint Workshop between China and Korea on Nuclear Waste Management and Nuclear Fuel Cycle, June 22-25, Kunming, China.

Akai Y, Fujita R. 1995. Development of transuranium element recovery from high-level radioactive liquid waste. Journal of Nuclear Science and Technology, 33: 1064.

Akai Y, Fujita R. 1996. Development of transuranium element recovery from high-level radioactive liquid waste-conversion TRU oxalate to chlorides. Journal of Nuclear Science and Technology,

33: 807.

Akai Y, Fujita R. 1997. Development of transuranium element recovery from high-level radioactive liquid waste. Proceedings of Global '97, 2: 1418.

Asou M, Hasuike T, Tamura S, et al. 1997. A modular recycling plant concept, flexible to future fuel cycle demands. Proceedings of Global '97, 2: 894.

Asou M, Mizuguchi K, Shoji Y, et al. 2001. Theoretical evaluation of decontamination methods for Noble metals in oxide electrowinning process. Proceedings of Global 2001.

Baron P, Heres X, Lecomte M. 2001. Separation of the actinides: the DIAMEX-SANEX concept. Proceedings of Global 2001（CD-ROM）.

Benedict M, Pigford TH, Levi H W. 1981. Nuclear Chemical Engineering. 2nd ed. New York: McGraw-Hill.

Bisel I, Belnet F, et al. 1999. Inactive DIAMEX test with the optimized extraction agent DMDOHEMA. Actininde and fission product partitioning and transmutation. Proceedings of Fifth International Information Exchange Meeting, Mol, Belgium, Nov. 25-27, 1998, p. 153, OECD/NEA.

Bradley D J. 1997. Behind the Nuclear Curtain: Radioactive Waste Management in the Former Soviet Union. Columbus: Batelle Press.

Bychkov A V, Vavilov S K, Porodnov P T, et al. 1993. Pyroelectrochemical reprocessing of irradiated uranium-plutonium oxide fuel for fast reactors. Proceedings of Global '93, 2: 1351.

Bychkov A V, Vavilov S K, Skiba O V, et al. 1997. Pyroelectrochemical reprocessing of irradiated FBR MOX fuel. Ⅲ. Experiment on high burn-up fuel of the BOR-60 reactor. Proceedings of Global'93, 2: 912.

Cassayre L, Caravaca C, Jardin R, et al. 2008. On the formation of U-Al alloys in the molten LiCl-KCl eutectic. Journal of Nuclear Materials, 378: 79-85.

Cassayre L, Soucek P, Mendes E, et al. 2011. Recovery of actinides from actinide-aluminium alloys by chlorination: Part I. Journal of Nuclear Materials, 414: 12-18.

Chang Y I. 1989. Integral fast reator. Nuclear Technology, 88: 129.

Conocar O, Douyere N, Lacquement J. 2005. Distribution of actinides and lanthanides in a molten fluoride/liquid aluminum alloy system. Journal of Alloys and Compounds, 389: 29-33.

Dozol J F, Lamare V, Simon N, et al. 1991. New calix［4］crown for the selective extraction of cesium. Proceedings of Global' 97, 2: 1517.

Fujita R, Akai Y. 1998. Development of transuranium element recovery from high-level radioactive liquid waste. Journal of Alloys and Compounds, 563: 271-273.

Fukuda K, Danker W, Lee J S, et al. 2003. IAEA overview of global spent fuel storage. IAEA-CN-102/60.

Harman K M, Jansen G. 1970. The salt cycle process. Progress in Nuclear Energy Series Ⅲ, Process Chemistry, 4: 429.

Hecke K V, Goethals P. 2006. Research on advanced aqueous reprocessing of spent nuclear fuel: literature study. SCK · CEN-REPORTS.

Hérès X, Lanoë J Y, Borda G, et al. 2009. Counter-current tests to demonstrate the feasibility of extractant separation in diamex-sanex process. Proceedings of Global 2009, paper 9199.

Horwitz E P, Dietz M L, Fisher D E, et al. 1991. SREX: a new process for the extraction and recovery of strontium from acidic nuclear waste streams. Solvent Extraction and Ion Exchange, 9(1): 1-25.

Horwitz E P, Kalina D G, George F, et al. 1985. The TRUEX process—a process for the extraction of the transuranic elements from nitric acid wastes utilizing modified PUREX solvent. Solvent Extraction and Ion Exchange, 3 (1-2): 75.

Hoshi H, Wei Y Z, Kumagai M, et al. 2003. Group separation of trivalent minor actinides and lanthanides by TODGA extraction chromatography for radioactive waste management. Proceedings 5th Int. Conf. f-elements, August 24-29, Geneva, Switzerland.

IAEA. 2005. INFCIRC/640, multilateral approaches to the nuclear fuel cycle: expert group report submitted to the Director General of the International Atomic Energy Agency.INFCIRC/640.

IAEA. 2008. Spent fuel reprocessing options. IAEA-TECDOC-1587.

Ikeda Y, Wada E, Harada M, et al. 2004. A study on pyrrolidone derivatives as selective precipitant for uranyl ion in HNO_3. Journal of Alloys and Compounds, 374 (1-2): 420.

Inoue T, Tanaka H. 1997. Recycling of actinides produced in LWR and FBR fuel cycles by applying pyrometallurgical process. Proceedings of Global'97, 1: 646.

Ivanov V B, Skiba O V, Mayorshin A A, et al. 1997. Experimental, economic and ecologiccal substantiation of fuel cycle based on pyroelectrochemical reprocessing and vibropac technology. Proceedings of Global '97, 2: 906 .

Ivanov V B, Mayorshin A A, Skiba O V, et al. 1997. The utilization of plutonium in nuclear reactors on the bases of technologies, developed in SSC RIAR. Proceedings of Global'97, 2: 1093.

Kani Y, Sasahira A, Hoshino K, et al. 2009. New reprocessing system for spent nuclear reactor fuel using fluoride volatility method. Journal of Fluorine Chemistry, 130 (1): 74-82.

Kato T, Inoue T, Iwai T, et al. 2006. Separation behaviors of actinides from rare-earths in molten salt electrorefining using saturated liquid cadmium cathode. Journal of Nuclear Materials, 357: 105-114.

Kinoshita K, Inoue T, Fusselman S P, et al. 1999. Separation of uranium and transuranic elements by means of multistage extraction in LiCl-KCl/Bi system. Journal of Nuclear Science and Technology, 36 (2): 189.

Kinoshita K, Kurata M, Inoue T. 2000. Estimation of material balance in pyrometallurgical partitioning process of transuranic elements from high-level liquid waste. Journal of Nuclear Science and Technology, 37 (1): 75.

Koma Y, Koyama T, Tanaka Y, et al. 1999. Enhancement of the mutual separation of lanthanide elements in the solvent extraction based on the CMPO-TBP mixed solvent by using a DTPA-nitrate solution. Journal of Nuclear Science and Technology, 36 (10): 934.

Koma Y, Watanabe M, Nemoto S, et al. 1998. A counter current experiment for the separation of trivalent actinides and lanthanides by the SETFICS process. Solvent Extraction and Ion Exchange, 16(6): 1357 .

Koyama T, Kinoshita K, Inoue T, et al. 2002. Study of molten salt electrorefining of U-Pu-Zr alloy fuel. Journal of Nuclear Science and Technology, sup. 3: 765.

Kubota M. 1993. Recovery of technetium from high-level liquid waste generated in nuclear fuel reprocessing. Radiochimica Acta, 63: 91.

Kubota M, Morita Y. 1997. Preliminary assessment on four group partitioning process developed in JAERI. Proceedings of Global '97, Vol.1: 458.

Kubota M, Yamaguchi I, Morita Y, et al. 1997. Separation of technetium from high-level liquid waste. Radiochemistry, 39: 299.

Kurata M, Kinoshita K, Hijikata T, et al. 2000. Conversion of simulated high-level liquid waste to chloride for the pretreatment of pyrometallurgical partitioning process. Journal of Nuclear Science and Technology, 37（8）: 682.

Kurata M, Sakamura Y, Hijikata T, et al. 1995. Distribution behavior of uranium, neptunium, rare-earth elements（Y, La, Ce, Nd, Sm, Eu, Gd）and alkaline-earth metals（Sr, Ba）between molten LiCl-KCl eutectic salt and liquid cadmium or bismuth. Journal of Nuclear Materials, 227: 110-121.

Lemort F, Boen R, Allibert M, et al. 2005. Kinetics of the actinides-lanthanides separation: mass transfer between molten fluorides and liquid metal at high temperatures. Journal of Nuclear Materials, 336: 163-172.

Liu K, Liu Y L, Yuan L Y, et al. 2013. Electroextraction of gadolinium from Gd_2O_3 in LiCl-KCl-$AlCl_3$ molten salts. Electrochim Acta, 109: 732-740.

Liu K, Liu Y L, Yuan L Y, et al. 2014. Electrochemical formation of erbium-aluminum alloys from erbia in the chloride melts. Electrochim Acta, 116: 434-441.

Liu Y L, Yan Y D, Han W, et al. 2013. Electrochemical separation of Th from ThO_2 and Eu_2O_3 assisted by $AlCl_3$ in molten LiCl-KCl. Electrochim Acta, 114: 180-188.

Lizuka M, Uozumi K, Inoue T, et al. 2001. Behavior of plutonium and americium at liquid cadmium cathode in molten LiCl-KCl electrolyte. Journal of Nuclear Materials, 299: 32.

Madic C, Blanc P, Condamines N, et al. 1994. Actinide partitioning from high level liquid waste using the DIAMEX process (No. CEA-CONF-12297). CEA Centre d'Etudes de la Vallee du Rhone.

Mendes E, Malmbeck R, Nourry C, et al. 2012. On the electrochemical formation of Pu-Al alloys in molten LiCl-KCl. Journal of Nuclear Materials, 420: 424-429.

Miguirditchian M, Roussel H, Chareyre L, et al. 2009. HA demonstration in the Atalante facility of the Ganex 2nd cycle for the grouped TRU extraction. Proceedings of Global 2009, paper 9378.

Miguirditchian M, Sorel C, Camès B, et al. 2009. HA demonstration in the Atalante facility of the Ganex 1st cycle for the selective extraction of Uranium from HLW. Proceedings of Global 2009, paper 9377.

Mizuguchi K, Shoji Y, Kogayashi T, et al. 1997. Development of anodic dissolution method for reprocessing oxide spent fuel. Proceedings of Global '97, 2: 1444.

Nash K L, Grimes T S, Nilsson M. 2009. Fundamental studies of TALSPEAK chemistry for trivalent actinide-lanthanide separations in advanced nuclear fuel cycles. Proceedings of Global 2009, paper 9457.

Nikipelov B, Mikerin E, Romanov G. 1990. The radiation accident in the southern Ural in 1957. IAEA-SM-316/55.

Ozawa M, Koma Y, Nomura K, et al. 1998. Separation of actinides and fission products in high liquid wastes by the improved TRUEX process. Journal of Alloys and Compounds, 538: 241-273.

Paviet-Hartmann P, Raymond A. 1999. Separation of ^{99}Tc from real effluents by crown ethers. Proceedings of Global '99 (CD-ROM).

Phillips C, Arm S, Banfield Z, et al. 2009. Use of pilot plants for developing used nuclear fuel recycling facilkities. Proceedings of Global 2009, paper 9509.

Pochon P, Sans D, Lartigaud C, et al. 2009. Management of high level radioactive aqueous effluents in advanced partitioning process. Proceedings of Global 2009, paper 9114.

Rostaing C, Baron P, Warin D, et al. 2009. Advanced processes for minor actinides recycling: studies towards potential industrialization. Proceedings of Global 2009, paper 9380.

Sadaki Y, Sugo Y, Suzuki S, et al. 2001. The novel extractants, diglycolamides, for the extraction of lanthanides and actinides in HNO_3-n-dodecane systems. Solvent Extraction and Ion Exchange, 19 (1): 91.

Sato F, Fukushima M, Myouchin M, et al. 2003. Effect of Ce ions on MOX codeposition in oxide-electrowinning reprocessing. Journal of Physics and Chemistry of Solids, 66 (2): 675-680.

Schneider M, Coeytaux X, Faid Y B, et al. 2001. Possible toxic effects from the nuclear reprocessing plants at Sellafield (UK) and Cap de La Hague (France). Final Report for the Scientific and Technological Option Assessment Programme, European Parliament Director General for Research August.

Sedmidubsky D, Konings R J M, Soucek P. 2010. Ab-initio calculations and phase diagram assessments of An-Al systems (An = U, Np, Pu). Journal of Nuclear Materials, 397 (1-3): 1-7.

Senentz G, Drain F, Baganz C. 2009. COEXTM recycling plant: a new standard for An integrated plant. Proceedings of Global 2009 (Paris), Paper 9344.

Smyth H de W. 1945. Atomic Energy for Military Purposes: The Official Report on the Development of the Atomic Bomb under the Auspices of the United States Government, 1940-1945. Princeton: Princeton University Press.

Soucek P, Malmbeck R, Mendes E, et al. 2009. Study of thermodynamic properties of Np-Al alloys in molten LiCl-KCl eutectic. Journal of Nuclear Materials, 394: 26-33.

Soucek P, Malmbeck R, Mendes E, et al. 2010. Exhaustive electrolysis for recovery of actinides from molten LiCl-KCl using solid aluminium cathodes. Journal of Radioanalytical and Nuclear Chemistry, 286: 823-828.

Soucek P, Malmbeck R, Nourry C, et al. 2011. Pyrochemical reprocessing of spent fuel by electrochemical techniques using solid aluminium cathodes. Energy Procedia, 7: 396-404.

Su L L, Liu K, Liu Y L, et al. 2014. Electrochemical behaviors of Dy (Ⅲ) and its co-reduction with Al (Ⅲ) in molten LiCl-KCl salts. Electrochimica Acta, 147: 87-95.

Sugo Y, Sasaki Y, Tachimori S. 2002. Studies on hydrolysis and radiolysis of N,N,N',N'-tetraoctyl -3-oxapentane-1, 5-diamide. Radiochim Acta, 90: 161.

Suyama K, Shimada T, Ishihara N, et al. 2009. Development of nuclear fuel recycle system by using supercritical fluid carbon dioxide for the transition period from LWR to FBR. Global 9385.

Suzuki K, Namba T, Asou M, et al. 1995. Feasibility study of pyrochemieal recovery of actinide from MOX fuel. Proceedings of Global '95, 2: 1200.

Suzuki T, Takahashi K, Nogami M, et al. 2007. Concept of advanced spent fuel reprocessing based on ion exchange. Global 2007, September 9-13, Boise, Idaho, USA.

Tachimori S, Sasaki Y, Suzuki S. 2002. Modification of TODGA-*n*-dodecane solvent with a monoamide for high loading of lanthanides (Ⅲ) and actinides (Ⅲ). Solvent Extraction and Ion Exchange, 20 (6): 687.

Takaki N, Shinoda Y, Watanabe M. 2003. ORIENT-CYCLE-evolutional recycle concept with fast reactor for minimizing high-level waste. Proceedings of the Seventh Information Exchange Meeting on Actinide and Fission Product Partitioning & Transmutation, October 14-16, 2002, Cheju, Korea.

Todd T A, Felker L K, Vienna J D, et al. 2009. The advanced fuel cycle initiative separations and waste campaign: accomplishments and strategy. Proceedings of Global '99: 9111.

Uozumi K, Iizuka M, Kato T, et al. 2004. Electrochemical behaviors of uranium and plutonium at simultaneous recoveries into liquid cadmium cathodes. Journal of Nuclear Materials, 325: 34-43.

Uozumi K, Kinoshita K, Inoue T, et al. 2001. Pyrometallurgical partitioning of uranium and transuranium elements from rare earth elements by electrorefining and reductive extraction. Journal of Nuclear Science and Technology, 38 (1): 36.

US-DOE. 1996. Plutonium: the first 50 years. DOE/DP-0137.

Warin D, Poinssot C, Baron P, et al. 2009. Advanced processes for actinide partitioning: recent experiments and results. Proceedings of Global '99: 9531.

Weaver B, Kappelmann F A. 1964. TALSPEAK: a new method of separating americium and curium from the lanthanides by extraction from an aqueous solution of an aminopolyacetic acid complex with a monoacidic organophosphate or phosphonate. Office of Scientific & Technical Information Technical Reports.

Wei Y Z. 2005. Development of an advance ion exchange process for reprocessing spent nuclear fuels. Journal of Ion Exchange, 16 (2): 102 -114.

Wei Y Z, Arai T, Hoshi H, et al. 2002. An advanced aqueous process for nuclear fuel reprocessing. JAERI-Conf 2002-004, 225.

Wei Y Z, Hoshi H, Kumagai M, et al. 2002. Preparation of novel silica-based R-BTP extraction-resins and their application to trivalent acitinides and lanthanides separation. Journal of Nuclear Science and Technology, 39 (sup. 3): 761-764.

Wei Y Z, Hoshi H,Kumagai M, et al. 2004. Separation of Am (Ⅲ) and Cm (Ⅲ) from trivalent lanthanides by 2, 6-bistriazinylpyridine extraction chromatography for radioactive waste management. Journal of Alloys and Compounds, 374 (1): 447-450.

Wei Y Z, Kumagai M, Takashima Y. 1999. A rapid elution method of plutonium from anion exchanger. Journal of Nuclear Science and Technology, 36: 304-306.

Wolff J M. 1996. Eurochemic (1956-1990): thirty-five years of international co-operation in the field of nuclear engineering: the chemical processing of irradiated fuels and the management of radioactive wastes. International and Comparative Law Quarterly, 32 (2): 506-515.

第三章 热堆和快堆乏燃料
后处理技术分析 *

当今，人口众多的发展中国家正在加快经济工业化进程，这一过程将对能源产生更加巨大的需求。目前全球的能源消耗为 12TW，其中 85% 由化石燃料提供，而到 2050 年时对能源的需求量将达到 15TW。若能源需求的增量依旧建立在化石燃料为主的能源之上，世界将面临空前的能源和环境挑战。

若以化石燃料为主的能源供应不断增长，将导致向环境排放的 CO_2 量增加。尽管目前尚无 CO_2 排放对环境的具体影响，但有足够的证据表明，地球气候变化正使环境日益恶化。使用裂变核能是目前避免温室气体影响最合理、最现实的途径。

仅利用所探明的裂变材料 ^{235}U，目前的铀储量无法维持能源生产的发展水平。因此，世界所关注的重点已从核能减少 CO_2 排放的优势方面，转移到如何增殖其他裂变燃料以满足裂变反应堆对燃料的长期需求上来。随着核电的快速发展，全球每年产生的乏燃料急剧增加，从能源储备和环境可持续发展的角度考虑，必须致力于开发闭式燃料循环，才能实现环境和能源的可持续发展。

闭式燃料循环的实质是通过乏燃料后处理回收铀、钚，将铀、钚在堆内多次使用的过程，因此乏燃料后处理问题已成为先进核燃料循环体系中实现核资源充分利用和保障核环境清洁的一项关键举措。

在现有的压水堆技术中，铀资源仅进行一次利用。天然铀（^{235}U 丰度 0.72%）经浓缩后变成 ^{235}U 富集度为 4.5% 的浓缩铀，剩下 ^{235}U 富集度为 0.3% 的贫铀，则 200 万 t 天然铀可制备 20 万 t 富集度为 4.5% 的浓缩铀元件。一座 1GWe 的核电机组，按浓缩铀元件燃耗 45 000MW·d/t U 计，热电转换效率为 40%，运行一年需要浓缩铀元件的量 m 可按下式计算：$m \times 45\,000MW \cdot d/t\,U \times 40\% = 10^9 We \times 24 \times 365d$。得出 m=20t/a，即一座 1GWe 的核电机组运行一年需 200t 天然铀，在寿期内（运行 60a）需 1.2 万 t 天然铀。

核燃料循环的实质是铀资源的多次使用。以 200 万 t 天然铀资源为例，若仅在压水堆中使用一次，由以上数据可知，共可支持 166GWe 压水堆核电机组

* 本章由何辉、刘学刚、叶国安、唐洪彬、刘金平撰写。

运行 60a。产生热堆乏燃料 20 万 t，贫铀 180 万 t。若热堆乏燃料不进行后处理，则天然铀的利用仅此一次，铀资源的利用率仅约为 0.4%，总发电量为 78.5 万亿 kW·h。

核燃料循环若要对铀资源进行第二次使用，则需对以上 20 万 t 热堆乏燃料进行后处理，建 6 座寿期为 40a 的 800t/a 的热堆乏燃料后处理厂，可回收 2000t 钚及约 200t 次锕系元素（镎、镅、锔）。这些钚可供制造 10 000t 快堆燃料（包括 MOX 或金属燃料含钚 20%），需建产能为 100t/a、寿期为 40a 的 MOX 生产厂 3 座，可提供 17 座百万千瓦快堆机组的全寿期（60a）的燃料供应。若快堆乏燃料不进行后处理，共产生 10 000t 快堆乏燃料，铀资源的第二次利用仅增加了 17GWe·60a（可建 17 个百万千瓦的快堆），铀资源利用率提高至 0.52%，总发电量为 86.6 万亿 kW·h。

核燃料循环若要对铀资源进行第三次使用，则可进一步提高铀资源的利用率。需对以上 10 000t 快堆乏燃料和 20 000t 增殖层辐照燃料进行后处理，需建成 400t/a 的快堆乏燃料后处理厂（包括增殖层燃料）3 座，回收其中的钚。以增殖比为 1.2 计算，第三次使用后可回收 2400t 钚，可提供 20 座百万千瓦快堆机组的全寿期（60a）的燃料供应，总发电量为 96 万亿 kW·h。

核燃料循环对铀资源进行第三次以上使用时，以后每循环一次钚的量增加 20%，若不引入嬗变，快堆将持续将铀转化为钚，并最终全部转化成次锕系和裂片元素。若采用嬗变技术，理想情况下天然铀将最终全部转化为裂片元素。铀资源的利用率近乎 100%，总发电量为 15 768 万亿 kW·h。从第三次使用以后，后处理钚的量每 4 个循环增加一倍，即需要再建 3 座 400t/a 的快堆乏燃料后处理厂。

按照化学过程的不同，后处理技术可以分为两类，即水法后处理技术和干法后处理技术（也称非水法后处理技术）。水法后处理是将乏燃料溶解为溶液，利用铀、钚与其他元素化学行为的差异分离回收铀、钚。水法后处理以 Purex 流程为标志，是现阶段唯一实现了工业化的后处理流程。Purex 流程以磷酸三丁酯为萃取剂，利用硝酸溶液中铀、钚及裂片元素离子之间被萃行为的差异来实现铀、钚的分离与净化。干法后处理技术是在氟化物体系或者高温熔盐体系中进行铀、钚等物质的回收。因干法后处理过程在非水的无机物体系中进行，预期具有抗辐解性好、临界安全性高等优势，可用于金属燃料、比放射性很高的燃料（乏燃料的及早处理）或次锕系元素含量高的燃料的后处理，被认为是快堆乏燃料后处理的关键技术选项。

本章旨在通过对热堆和快堆乏燃料后处理技术的分析，以及对国际上乏燃料水法和干法后处理技术研究开发现状和发展趋势的评估，结合我国现有的技术基础，确定我国热堆和快堆乏燃料后处理技术关键技术，提出符合科学发展观的我国热堆和快堆乏燃料后处理技术开发路线图，为国家制定核裂变能中长期发展规划提供参考。

第一节　热堆和快堆乏燃料

一、热堆和快堆乏燃料的不同组成

反应堆按照中子能量可分为热中子堆（简称热堆）和快中子堆（简称快堆）。在反应堆发展过程中，热堆采用贵金属、弥散体、陶瓷氧化物等多种燃料。针对核电站反应堆（热堆），UO_2陶瓷氧化物是目前主要采用的燃料类型。快中子堆中主要采用铀 – 钚混合物燃料以利用后处理回收的钚，也有使用高加浓UO_2燃料的快堆，但从经济性和特性而言此并非主流。快堆使用的铀 – 钚混合燃料以混合氧化物燃料为主。除混合氧化物外，也有金属、碳化物、氮化物等形态燃料。金属燃料的主要优点是密度高、导热性好、易于加工，乏燃料后处理方便，但它辐照稳定性差，易肿胀和相变，通常需加入锆、铌等合金来稳定其形态。氮化物和碳化物燃料有着类似的特点，与氧化物燃料相比，主要是有着更高的密度和铀原子密度，以及高导热率。典型热堆和快堆使用燃料的初始成分见表 3-1（胡赟和徐銤，2008）。

表 3-1　典型热堆和快堆燃料初始成分

堆型	燃料类型	驱动燃料		增殖材料	
		成分	质量分数 /%	成分	质量分数 /%
热堆	UO_2	$^{235}UO_2$	4.45	$^{238}UO_2$	95.55
快堆	MOX	PuO_2	20.90	UO_2	79.10
	Pu-U-Zr	Pu	13.30	天然 U	76.70
	PuUN	PuN	17.70	UN	82.30
	PuUC	PuC	17.10	UC	82.90

快堆乏燃料和热堆有着很大的区别。燃耗为 30GW·d/t U 的轻水堆乏燃料中裂变产物含量为 3.5%，钚含量为 1% 左右；而在 MOX 快堆乏燃料中，由于燃耗更深，裂变产物和钚含量则分别为 8.5% 和 15.3%（燃耗为 70GW·d/t U）。快堆中不同的燃料类型，其乏燃料组成成分也有着很大的不同。假定堆芯热功率为

350MW，平均线功率密度为 100W/cm，运行 15 有效功率年后，乏燃料中超铀元素和镎的含量见表 3-2。

表 3-2 乏燃料中超铀元素和镎的含量

燃料	TRU 含量 / （kg/t）	Pu 含量 / （kg/t）	Pu 同位素所占质量分数 /%				
			^{238}Pu	^{239}Pu	^{240}Pu	^{241}Pu	^{242}Pu
热堆 -UO$_2$	12.3	11.1	2.40	54.20	22.30	14.90	6.20
快堆 -MOX	159.8	153.4	1.44	54.85	33.03	4.30	6.38
快堆 -Pu-U-Zr	123.3	118.4	1.20	61.89	28.56	2.73	5.62
快堆 -PuUN	148.5	141.8	1.31	57.80	31.38	3.56	5.95
快堆 -PuUC	149.6	143.0	1.22	58.31	31.20	3.52	5.75

对于不同的堆芯燃料，其乏燃料中锕系核素的组成大不一样。因为初始原料就有镎，加之堆内增殖，使用 ^{239}Pu 驱动、^{238}U 增殖的快堆比使用 ^{235}U 驱动、^{238}U 增殖的热堆产生的乏燃料中 Pu 和其他超铀元素含量更多，一般约高一个量级。超铀元素的总量越多，乏燃料的放射性和毒性越强，对后处理越不利。

二、后处理分离镎和分离铀的用途和指标要求

乏燃料后处理产生大量的分离镎和分离铀。在现阶段，除少量分离镎被储存外，大部分分离镎被用于制造 MOX 燃料；至于分离铀，其所含 ^{232}U 的衰变子体（^{208}Tl）为强 γ 辐射体（γ 能量达 2.6MeV），分离铀的转化与浓缩需要屏蔽；另外，其所含 ^{236}U 是一种中子毒剂，使得铀浓缩过程需将 ^{235}U 丰度提高 10%，这样，尽管分离铀的 ^{235}U 丰度（约 0.9%）比天然铀高（约 0.7%），但分离铀价值仅相当于天然铀的 1/2。所以，国外仅再循环了少部分分离铀（不到 2.5 万 t），大部分分离铀作为战略资源储存。这是因为在核燃料循环前端铀浓缩过程中大量贫化铀的产生，使 MOX 燃料制造原料 ^{238}U 的量十分充足，故先期将分离铀进行储存是个相对更合理的选择。

分离镎和分离铀储存或者制造热堆 MOX 燃料，需要较高的净化系数。这是因为 MA 和 FP 的存在，使得分离镎和分离铀放射性大增，这就增加了储存和燃料制造操作中的放射性防护难度。若用分离铀和分离镎制造热堆 MOX 燃料，存在的 MA、FP 等可能会毒化燃料的热中子反应。因此，制造热堆 MOX 燃料和分离产品储存均需要较高的净化系数。一般地，分离铀的放射性要求小于天然铀的 1/2 倍。由于分离镎必须在手套箱中完成后续操作，要求镎产品的 γ 放射性小于 3.7×10^4 Bq/g。这样要求铀、镎对 γ 和 β 放射性杂质的去污系数分别大于 10^6 和 10^7。

而若用分离铀和分离钚在远距离操作下制造快堆混合燃料，净化系数要求就较低。在快中子的轰击下，长寿命锕系核素发生裂变，生成短寿命核素。低度净化的 MOX 燃料中允许含有最多 2% 的 MA 和少量的 FP。

第二节　水法后处理技术现状和发展趋势

一、水法后处理技术的典型流程

溶剂萃取法是化学领域中一种重要的物质分离手段。它具有处理能力大、回收率高、生产成本低、操作简便、易于连续化操作等一系列优点。因此，溶剂萃取技术受到了人们的重视，并在乏燃料后处理过程中得到了深入的研究和广泛的应用。早期曾经研究过的萃取流程主要有 Redox 流程（胡赟和徐铼，2008）、Butex 流程（Nicholls，1958）、Thorex 流程（Megy et al.，1982a）、Purex 萃取流程（Megy et al.，1982b）等。然而，自从 1950 年美国橡树岭国家实验室（ORNL）首次公开报道了 Purex 流程以来，经过多年的改进和工厂验证运行，它在乏燃料后处理领域得到了广泛的实际应用且一直占据主导地位，在可预见的将来也并不会有竞争者。

Purex 流程以磷酸三丁酯为萃取剂，以饱和烷烃为稀释剂，利用 U、Pu 及裂片元素相互之间被萃行为的差异来实现铀、钚的分离与净化。

图 3-1 是典型的 Purex 流程示意图。其中，在 1A 萃取器中，铀和钚一起几

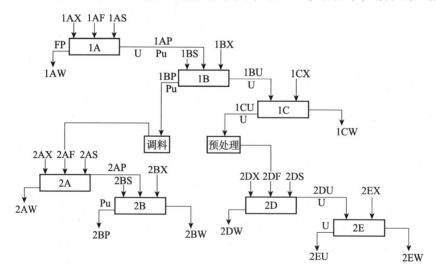

图 3-1　Purex 流程示意图

乎全部被有机溶剂萃取，共同进入 1AP，大部分的裂片元素则进入 1AW，达到 U、Pu 共去污的目的。然后，有机相中的 U、Pu 在 1B 槽中实现 U、Pu 之间的分离。水相 1BP 进入钚线净化循环。1BU 中的 U 经反萃后进入铀的净化循环。Purex 流程对 U、Pu 具有良好的分离效果，产品回收率和纯度都比较高。在处理低燃耗乏燃料时，铀中去钚的分离系数大于 10^6，钚、铀的净化系数大于 10^7，U、Pu 的回收率分别大于 99.9%。Purex 流程正是由于具有这些优点，得到了普遍认可和广泛应用。

二、水法后处理技术工业化运行实绩

（一）水法处理热堆乏燃料

传统的乏燃料水法后处理（即 Purex 流程），最初是为生产武器级钚而发展起来的。后来，该流程被用于核电站乏燃料的后处理且一直沿用至今，只是由于核电站乏燃料的燃耗深、比放射性强、裂变产物含量高，所以核电站乏燃料后处理的技术难度加大。

美国是最早建成军用和商用后处理厂的国家。1977 年，美国政府以防止核扩散为由，冻结商用后处理厂的运行，但其后处理技术研究始终未停。英国、法国、苏联、印度已建成并运行商用后处理厂，日本的商用后处理厂也已建成，但因高放废液玻璃固化设施故障而未能投产。对于标准的氧化物燃料，现在全世界每年的处理能力大约为 4000t，现已经对至少 80 000t 动力堆乏燃料进行了后处理。国际上已积累的运营经验表明，热堆乏燃料水法后处理技术已是一种成熟的工业技术。

（二）水法处理快堆乏燃料

法国、德国、意大利、美国、英国等国家开展了快堆乏燃料水法后处理技术研究，在 20 世纪 60～80 年代分别进行了真实快堆乏燃料的水法后处理试验运行。在运行过程中分别发现和解决了乏燃料元件切割、燃料溶解困难、燃料热功率高、燃料放射性强、含量增高的裂片元素去污要求提高等一系列问题，处理了大约 50t 快堆乏燃料。相关国家采用水法技术处理快堆乏燃料的具体情况见表 3-3。

从表 3-3 中可以看出：

（1）堆芯元件乏燃料钚含量高（15%～20%），无法直接进行水法后处理。进行水法后处理时，需要加入铀浓缩厂产生的贫铀、热堆乏燃料或者快堆增殖层辐照燃料稀释钚至 4%，然后进行处理。

表 3-3　快堆乏燃料水法后处理情况

国家	时间/地点	处理量	燃耗/Pu含量	问题	解决方法	获得的经验
法国	1969~1979年 ATI厂	1t	120GW·d/t	①封装于厚盒子内承不锈钢包壳燃料棒的装配结构无法整束切割 ②MOX中钚的含量较高(10%~20%)。溶解更加困难，问题复杂 ③裂变产物水平。显著增加了各阶段溶解变产物的热功率	①使用电动切割机除去端头，TIG裂化技术将脆性体脆化打开，燃料棒从捆中取出，旋转电弧除同隔离。旋转剪切机在连续螺旋循环棒成30mm短段 ②燃料棒包壳在连续螺旋循环器中酸溶解 ②萃取过程将采用无盐工艺	①溶解时捕集释放出的碘采用固体银载体捕集极其有效 ②钌是主要的包壳段污染物(固体废物)，包壳通过直流电感应高温煅烧熔化 ③各个萃取循环净化效果均很好，因铀和钚的浓度在第二次循环就已达标 ④混合澄清槽采用电解分离能收到良好的效果 ⑤五次循环的铀电解偏差仅为0.48%，说明钚的衡算得到很好控制
	1979~1983年 SAP厂	6.3t	25% Pu			
			18% Pu			
	1979~1982年 MAR.600项目	10t (HAO氧化首端)	125Gw·d/t			
德国	1966年 LABEX实验室	0.5kg/d	—	①放射性强、钚/铀比高(为热堆的10倍)及燃料定量溶解困难 ②产生三种具有不同放射性的废物流 ③临界最大运行状态的调整和改进，以及后处理厂年存在的最小化处理和控制等	①溶解及残渣和沉淀物研究 ②萃取和净化循环的流程研究 ③Purex流程钚电还原氧化 ④Purex流程中镎、钌和TRU的行为 ⑤含氮氧化集在内的综合尾气排放系统 ⑥开发新的净化循环 ⑦研究辐照对溶剂组成影响的机理和动力学 ⑧开发基于电化学或电化学试剂的无盐工艺 ①在线分析装置的开发 ②长寿命的新型设备的设计(溶解器、萃取器和蒸发器等) ③为最优操作和误操作，支持设备和反应布局建立数字模型 ④开发包括机器人在内的远距离操作技术	①钚含量达到30%，萃取剂TBP含量30%的情况下，采用U(IV)分离U和Pu，U(IV)需过量，且最小为化学计量所需值的6倍 ②MILLI在第三循环中引入U-Pu分离和Pu反萃的电化学混合澄清槽。WAK厂第二循环中电化学混合澄清槽达到了工业规模 ③在钚的纯化循环中，当Pu的浓度为40g/L时，净化系数最高可达 9×10^5，而在溢流流率为30%时，Pu/U分离段钚净化可达 1.8×10^3 ④Pu(III)的氧化在LABEX和MILLI中测试成功。ROXI电解池在过程采用电化学工艺；在Pu沉淀母液中分解过量的硝酸和乙二酸也采用电化学工艺 ⑤MILLI对乏燃料进行了后处理。冷却时间0.8~2a的FBR燃料进行了后处理。结果表明，并能达到所有商业乏燃料规定的产品指标。大多数情况下，通过两个循环可达到远程处理要求
	1971年 MILLI厂	1 kg/d				
	1974年 UTE铀柱测试	200kg/d U				
	1981年 PUTE电化学柱测试	100kg/d U+Pu				
	1984年 MINKA小型脉冲柱测试试设施	20kg/d U+Pu				

续表

国家	时间/地点	处理量	燃耗/Pu含量	问题	解决方法	获得的经验
意大利	1970年 Eurex 厂	50kg/d U	—	Purex 流程废物产生量高，高燃耗带来溶解难，放射性高，临界安全等问题	①开发用于铢-铀分离和铢反萃（溶于有机相的对苯二酚、硝酸羟胺）的先进化学方法 ②研究稀释剂和萃取剂的化学和辐解稳定性以及溶剂再生步骤 ③开发先进的设备组件（离心萃取器、电解脉冲柱） ④为"推进式后处理"（将铢和 Cm 元素 U、Np、Pu、Am 和 Cm 从裂变产物中分离出来）开发先进流程	①采用共处理流程，即对铢不进行还原的 U-Pu 不完全分离的流程 ②直接沉淀来自苯取段溶液中的 U 和 Pu，而不进行调料或浓缩 ③采用溶胶-凝胶沉淀过程，最终产品可煅烧转化成稳定的颗粒。这种不完全分离-共沉淀的新综合流程已在 CNEN 进行了示范 ④高效胶类苯取剂的选择 ⑤一定 Pu 富集度的最终产物分批自动控制 ⑥对真实或模拟的后处理方案进行后处理问题验证 ⑦苯取设备自动化的一般性问题
	1981~1983年 Eurex 厂	1.7t U				
	1975年 Trisaia 中心 ITREC 热试站	仅开展几次 U-Th 后处理				
美国	1981年建立中间厂示范设施，随后建立 IET（综合设备测试）设施	0.5t/d	—	燃料组件解体、放射性气体保留量、职工剂量	①开发激光拆解进样系统，整体用拆剪切捆剪切 ②ORNL 开发的旋转转鼓溶解器 ③安装先进同服机械手	①先进伺服机械手具有 11b 灵敏度的力反馈能力，处理能力为 50lb。允许用另一机械手更换故障模块 ②放射性气体 ^{85}Kr 以及放射性 ^{131}I、^{14}C 和 ^{3}H 的保存行重减少 ③场外最大剂量减少到 $1\mu Sv/a$
英国	1972~1978年 唐瑞后处理厂	10t	含 20% 重原子、冷却时间 90d	—	—	①PFR 在反应堆中进行钠的盐清除，惰性蒸气混合物用软化水清洗成功 ②PFR 辐照燃料在同歇溶解可行，燃料溶解较实验的预测更加快速和完全，溶解器中加入锅，可成功处理含有高达 40% 锅-铀混合物的燃料 ③溶剂苯取设备、混合澄清槽工作良好，II 循环和 III 循环的净化系数分别为 50 和 2，I 循环中的裂片元素净化系数为 4×10^4，因此总净化系数为 10^7
		5.5t PFR 燃料	含铢 1.1t			

（2）裂片元素含量高，导致残渣多，萃取过程中易出现三相，需要采取措施进行强化溶解，采用超级过滤方法除去难溶残渣。

（3）水法工艺不能处理短冷却时间 MOX 燃料，快堆的乏燃料需要冷却 10a 以上。水法后处理技术无法满足缩短快堆燃料倍增时间的要求。

通过以上分析，可得到结论，通过稀释钚含量，水法后处理技术可处理冷却时间大于 10a 的快堆 MOX 燃料。

三、水法后处理技术的现状和发展趋势

然而，随着核电技术的发展，人们对核燃料循环领域中乏燃料后处理技术的要求也不断提高。作为核燃料循环后段中处于核心地位的乏燃料后处理环节，水法 Purex 流程也面临着诸多挑战。

（1）近年来，随着先进燃料循环概念日渐获得关注和认可，对于乏燃料后处理的分离目标，已经不仅限于原有的 U 和 Pu，而是要求分离乏燃料中所有的 MA 和 LLFP。

（2）虽然已经证明水法后处理厂运行过程所排放的放射性物质对环境的影响微乎其微，但是后处理厂仍然被要求不断降低对环境的放射性排放，特别是 ^{14}C、^{3}H 和 ^{129}I 等。

（3）水法后处理过程虽然减少了放射性乏燃料的存量，但此过程也不可避免地要增加放射性二次废物产生量，由此影响了后处理的经济性和公众可接受性。

针对上述挑战，水法后处理流程也在不断进行着相应改进和研究开发，当前对水法后处理流程的研究改进显示出以下的发展趋势。

（一）Purex 流程在分离 U、Pu 的基础上强调 Np 和 Tc 等的分离

日本 JAEA 于 2006 年开始实施的 FaCT 计划在水法后处理领域着手开发一种基于 Purex 流程的先进水法后处理变体流程——NEXT 流程。该流程首先使用结晶沉淀方法分离除去大部分（约 70%）的 U，以使保留在液相中的 U、Pu、Np 含量满足直接制造快堆燃料的要求。NEXT 流程已经使用长阳（Joyo）快堆乏燃料溶解液进行了实验验证，结果表明，乏燃料首端溶解液在分离除去大量 U 之后，只要维持在较高的硝酸浓度（> 5mol/L），就可以保证乏燃料中的 Np 在共去污过程中与 U、Pu 一起被 TBP 萃取。然后通过控制温度、反萃流比、酸度等工艺条件，不需要添加还原剂和络合剂，即可实现 U-Np-Pu 的共同反萃。

日本原 JNC 研究了用无盐试剂从 Purex 流程中提取 Np 的方法：在首端溶解中维持适当酸度（5.6mol/L）的情况下延长保温时间（100℃），使部分 Pu 以

Pu（Ⅵ）的形态存在，依靠 Pu（Ⅵ）将 Np 氧化至 Np（Ⅵ），这样，在共去污槽中实现了 Np（Ⅵ）的定量萃取，再用无盐试剂硝酸羟胺（HAN），将 Np（Ⅵ）和 Pu（Ⅳ）/Pu（Ⅵ）一起还原反萃，得到 U-Np-Pu 产品。

英国核燃料公司（BNFL）与俄罗斯镭研究所合作，在 THORP 后处理厂运行经验的基础上，正在开发"一循环"Purex 流程。它包括两种设计方案：①比较接近 THORP 厂的流程：采用 U（Ⅳ）将 Pu（Ⅳ）还原成 Pu（Ⅲ）而与 U 分离，Np（Ⅵ）被还原成 Np（Ⅳ），部分进入 U 产品，最后用羧酸络合剂洗下。为了避免 Tc 的干扰，在 U/Pu 分离之前，用高酸洗下 Tc。②更为简化的流程：采用无盐还原剂分别将 Pu（Ⅳ）和 Np（Ⅵ）还原为 Pu（Ⅲ）和 Np（Ⅴ）而与 U 分离，Np 进入 Pu 产品后，可以制备 MOX 燃料。羟胺不像 U（Ⅳ）那样进一步将 Np（Ⅴ）还原成 Np（Ⅳ），故 Np 不会进入 U 产品中。

日本 JAERI 将其开发的先进 Purex 流程称为 PARC 流程。流程中通过向溶解槽和调料槽中通入 NO_x 产生的少量亚硝酸可将 Np 氧化到 Np（Ⅵ），实现 U、Pu、Np 和 Tc 的共萃取。为确保 Np 的定量萃取，在萃取段再加入氧化剂 V（Ⅴ）。共萃取后的有机相，可用正丁醛选择性还原反萃 Np，得到 Np（Ⅴ）产品，再用高酸将 Tc 洗下。

（二）开发从高放废液分离 MA 的流程，并积极与后处理主工艺流程整合

由于传统的 Purex 流程所使用的 TBP 萃取体系无法对三价锕系元素进行萃取，所以要对乏燃料中全部的 MA 进行分离，除了 Np 之外，还必须寻找新的萃取体系分离 Am、Cm。当前国际上从高放废液中分离 MA 的流程有很多，其中最具代表性的有四种。

（1）TRUEX 流程。采用双官能团萃取剂，可以直接从高放废液中萃取 An（Ⅲ）和 Ln（Ⅲ）。TRUEX 流程早期采用的萃取剂为酰胺甲基磷酸酯（CMP），后改为酰胺甲基氧化膦（CMPO）。中国原子能科学研究院自 20 世纪 80 年代起，采用国内合成的萃取剂 CMP，取得了较好的提取 MA 的结果。早期采用的溶剂体系为 CMP/ 二乙基苯，后改为 CMP/TBP/ 煤油体系。

（2）DIDPA-TALSPEAK 流程。DIDPA 流程是日本 JAERI 提出的采用二异癸基磷酸（DIDPA）作萃取剂的操作流程。首先用 TBP 萃取高放废液中残留的 U 和 Pu，再将高放废液用甲醛脱硝至 0.5mol/L HNO_3，用 DIDPA 萃取 Am、Cm 和 Ln，最后引入 TALSPEAK 流程，仍然使用 DIDPA，实现 Am、Cm 和镧系元素的分离。

（3）TRPO-Cyanex301 流程。TRPO 流程由清华大学于 20 世纪 80 年代提出，采用一种混合三烷基（$C_6 \sim C_8$）氧化膦作萃取剂，可从 < 1.2mol/L 的硝酸溶液

中有效地萃取 An（Ⅲ）和 Ln（Ⅲ）。20 世纪 90 年代，该流程在德国卡尔斯鲁厄超铀元素研究所用动力堆高放废液进行了热验证试验。近年来，该流程已经完成了 > 72h 连续运行约 100L/h 规模的冷铀台架实验验证，并使用我国生产堆高放废液成功完成了 120h 的连续运行热验证试验。

（4）DIAMEX-SESAME 流程。该流程由法国原子能委员会于 20 世纪 80 年代提出，该流程的显著特点是无盐过程，尽量减少二次废物的产生。该流程采用丙二酰胺类（maloamides）萃取剂，是一种不含磷的新型双官能团萃取剂，可以彻底焚烧。SESAME 流程是一种电化学氧化萃取过程，可以选择性地将 Am（Ⅲ）氧化为 Am（Ⅳ）后将其萃取，从而实现 Am/Cm 分离。

上述四个典型的 MA（主要是 Am、Cm）分离流程均针对 Purex 流程运行产生的高放废液体系而开发，目前各国用于分离乏燃料中 MA 的主要技术路线是改进现有的 Purex 流程，使之与后续的从高放废液中分离 MA 的流程更好地衔接，即所谓"后处理 - 分离"（reprocessing-partitioning）方案。也有一些学者，从 U、Pu、MA 和 LLFP 全分离角度出发，认为针对乏燃料溶解液，开发全新的 U、Pu、MA 和 LLFP 的一体化分离流程更加合理。但是此类工作的难度太大，各国的研究还大多处于概念设计阶段。

（三）改进并加强对 ^{14}C、^{85}Kr、^{14}C 和 ^{129}I 气体排放的控制

日本研究提出了通过在溶解器中加入 HNO_2 的方法，将 I^- 和 IO_3^- 转化为 I_2，这有利于 I_2 的气化与捕集。

美国橡树岭国家实验室针对美国能源部提出的先进燃料循环倡议，正在研究乏燃料后处理过程首端的挥发性放射性裂片元素捕集流程。针对乏燃料溶解流程，分别收集释放的 ^{3}H、^{14}C、^{85}Kr 和 ^{129}I，可最大限度地减少后处理厂的放射性环境排放。

（四）采用无盐试剂和无盐技术，减少二次废物产生量

乏燃料后处理过程的二次废物产生量直接影响到后处理的经济性，因此当前对后处理流程的很多改进都以减少二次废物产生量为目标。例如，我国在后处理流程中使用羟胺衍生物作为还原剂，代替以往的 Fe（Ⅱ）还原。法国提出了在高放废液分离过程中采用无盐的 CMPO 试剂和电化学过程进行 MA 分离。日本在后处理厂的 TBP 洗涤净化工序，使用碳酸肼、草酸肼等无盐试剂和电化学方法等。

第三节　干法后处理技术

一、干法后处理流程

干法后处理按使用的技术原理不同可分为挥发法、萃取法和电解法三类。挥发法按挥发手段又分为氟化物挥发法、氯化物挥发法和金属挥发法三种。其中以氟化物挥发法研究最为充分。萃取法和电解法发展了数十种适合于处理冷却时间短、燃耗深的快堆元件流程。其中以熔盐体系中的电化学分离研究最为充分。

一些干法后处理典型流程的特点和工艺条件分述如下。

（一）氟化物挥发法流程

氟化物挥发法（Peka and Rak，1967）是近年来研究最活跃的流程，尤以日本、俄罗斯、法国的研究成果最突出。

对 MOX 乏燃料，一般情况下，氟化前要进行预氧化处理，使 UO_2 转化为 U_3O_8，氟化第一步在较低温度（$450 \sim 480\,°C$）下进行，以 $F_2 + O_2$ 或 HF 为氟化剂，将大部分铀转化为 UF_6 挥发，此时有约 5% 的钚被转化为 PuF_6 而与 UF_6 混在一起。第二步氟化是在较高温度（$> 550\,°C$）下以高浓度的 F_2、纯 F_2 或氯、溴的氟化物为氟化剂，将钚转化为 PuF_6 从反应体系中挥发出来。钚的氟化转化过程中有一部分稀土等裂片元素随 PuF_6 挥发出来，可以通过设置冷阱的方法将杂质从 PuF_6 气流中分离出去。过程中使用的氟气可以用 HF 代替。氟化过程在流化床上进行，用刚玉石（Al_2O_3）做填充料。

UF_6 和 PuF_6 可以通过精馏、选择性化学还原、选择性热分解或选择性吸附等方法进行分离。UF_6 可以作为分离厂的原料进料，也可以转化为 UO_2。经过还原的 PuF_6 则被转化为 PuO_2。

日本研究人员对氟化物挥发流程作过详细的可行性研究。他们认为，该流程是较有希望实现工业化的干法流程。JNC 于 2001 ~ 2005 年对该流程分段进行中间实验验证。相反，美国在 1973 年熔盐反应堆工程下马后，氟化挥发法基本陷于停滞状态，基于氟化物挥发法的流程已不能成为美国能源部的研究主流。主要是因为氟化物挥发法有两个难以克服的问题，一是第二步氟化时温度较高，时间较长（5 小时以上），氟化气体（F_2 或 HF）会腐蚀设备；二是化学平衡 $PuF_6 \Longrightarrow PuF_4 + F_2$ 在钚的氟化温度下平衡常数很大，PuF_6 本身的稳定性较差，在氟化的同时分解，PuF_4造成气路堵塞，降低钚的回收率。解决的方案是提高氟化反应温度，采用火焰炉及急速冷却技术，以提高氟化速度，从动力学上防止PuF_6热分解。

（二）氯化物挥发法流程

氯化物挥发法流程在20世纪70年代曾被认为是干法后处理的最新研究动向，是最有希望实现工业化的流程。印度学者将UO_2、PuO_2混合物在Cl_2-CCl_4-Ar混合气氛中氯化，实现了钚的定量分离。80年代后，此方法研究很少，原因可能是辐照燃料的氯化完全不同于实验室配比的样品，真正的辐照燃料的氯化很难实现。550℃下，挥发1mol $PuCl_4$需要10^4mol的氯气，提高温度，将使体系的腐蚀性增强，同时还有可能生成液态氯氧化铀，使氯化无法进行完全。

（三）金属熔融萃取流程

金属熔融萃取是针对金属元件提出的一种干法后处理工艺流程。操作条件是在熔融铀熔液中熔解金属元件，利用不同金属或盐对不同元素的萃取能力不同而实现铀、钚的分离与纯化。金属钚萃取剂一般用银，它在熔融铀中萃取钚的分配系数可达到14，但在银萃取剂中稀土元素和钚有着基本相同的分配系数，因此，该工艺对稀土的去污能力很低。金属熔融萃取流程作为快堆工程的一部分，也在20世纪70年代被停止。

（四）盐转移流程

盐转移流程（Peka and Rak，1967）同时具有非水体系固有的优点和水法流程的灵活性与净化能力。通常把这个流程视为高温冶金流程。其原理是，铀、钚和裂变产物在熔盐和金属合金体系中的相对溶解度随着组成的改变而有很大的变化，因而也就可以选择合适的盐和合金萃取分离它们。

选择两种不同组成的熔融镁合金（一种为给予体合金，另一种为接受体合金），借助流通于两种合金间的含$MgCl_2$的熔盐，选择性地将铀或钚从给予体合金转移到接受体合金中。因此，该流程包括钚被$MgCl_2$盐氧化，而后被接受体合金还原等两步化学反应。

钚、铀分离是通过改变盐及给予体和接受体合金组成来实现的。

给予体合金：43%（摩尔比，下同）Cu-Mg。

接受体合金：70%Zn-Mg。

转移盐：47%$MgCl_2$-30%NaCl-20%KCl-3%MgF_2。

操作温度：600℃下分离钚。

适当改变合金和熔盐的组分，800～900℃下分离铀。

盐转移流程是针对 MOX 元件提出的，处理碳化物、氮化物元件时可将其先行转化为氧化物再处理。该流程去污系数接近水法流程，铀、钚的回收率大于99%。该流程还没有进行过全流程试验，但所有操作步骤都在实验室或台架规模实现过。腐蚀问题相对较轻，是一个较为理想的流程。最大的缺点是步骤过多、操作复杂。同时，高温下实现级联萃取，工程问题也较难解决。

（五）熔盐电化学流程

在基于熔盐体系电化学的干法后处理研究中，熔盐的作用如同水法后处理流程中的水一样，是作为采用某工艺流程分离铀、钚与裂片、超钚等元素的熔剂或介质使用的。一般使用两种或多种组分的混合熔盐，主要目的是为了降低熔体的熔点，从而降低实验操作温度。此外，也可往熔盐中加入一些特定的组分以提高目标化合物在熔体中的溶解度。

基于熔盐体系电化学的干法后处理研究根据不同的后续处理方法已发展了数个流程，其中较为成熟的是金属电解精炼流程、氧化物电沉积流程，以及为了将金属电解精炼流程应用于氧化物燃料所发展的熔盐电化学还原流程。

1. 金属电解精炼流程

金属电解精炼流程（Koyama et al., 1997）是美国 ANL 开发的一种适合于金属燃料的后处理方法。在熔盐电解精炼流程中，辐照后的合金燃料经剪切后置于阳极篮中作为电解精炼槽的阳极，锕系元素及较活泼的金属（如碱金属、碱土金属、镧系元素等）被熔解在 LiCl-KCl（含少量 UCl_3 和 $PuCl_3$）熔盐电解质中，而使不活泼的裂片元素（如 Zr、Mo、Tc、Ru 等）留在阳极篮中。熔解于熔盐中的铀和超铀元素金属离子选择性地电迁移到阴极并被还原为金属，从而实现锕系元素与裂片元素的分离。

此流程利用不同金属离子在阴极析出电位的差异，通过控制阴极电位来实现金属的分离与纯化。表 3-4 是利用能斯特方程，根据文献报道的氯化物生成自由能数据，计算得到的一些电极的电位。根据表 3-4 的数据计算可知，理论上铀、钚与绝大多数裂片元素的分离率可达到较高的水平。

20 世纪 80 年代初美国 ANL 提出并发展的一体化快堆（Integral Fast Reactor, IFR）计划，就是对金属电解精炼流程的应用。这是至今唯一的一种被许可用于工业规模后处理的高温化学技术，被用于后处理 EBR-II 实验快堆（在1963～1994 年运行）的乏燃料。IFR 计划燃料后处理的基本设想是将快堆金属燃料经熔盐电解回收可裂变材料，并通过远距离操作，制造成新的燃料元件重新进入反应堆。

表 3-4　1000K 时一些电极的电极电位　　　（单位：V vs Cl⁻/Cl₂）

盐相	$-E^0$	阴极相	$-E^0$	阳极相	$-E^0$
Ba^{2+}/Ba	3.61	Cm^{3+}/Cm	2.55	Cd^{2+}/Cd	1.32
K^+/K	3.53	Pu^{3+}/Pu	2.53	Fe^{2+}/Fe	1.15
Sr^{2+}/Sr	3.51	Mg^{2+}/Mg	2.50	Nb^{5+}/Nb	1.07
Cs^+/Cs	3.47	Np^{3+}/Np	2.34	Mo^{2+}/Mo	0.35
Sm^{2+}/Sm	3.47	U^{3+}/U	2.24	Tc^{3+}/Tc	0.30
Li^+/Li	3.41	Zr^{2+}/Zr	2.13	Rh^+/Rh	0.25
Ca^{2+}/Ca	3.38			Pd^{2+}/Pd	0.16
Na^+/Na	3.28			Ru^{3+}/Ru	0.06
La^{3+}/La	2.90				
Pr^{3+}/Pr	2.87				
Ce^{3+}/Ce	2.87				
Nd^{3+}/Nd	2.78				
Y^{3+}/Y	2.65				

　　经过几年的研究，ANL 于 1986 年提出了一个金属熔盐电解的概念流程，即在 450 ～ 650℃的 UCl_3-$PuCl_3$-$ZrCl_3$ 熔盐中，阳极材料为镍合金，阴极为金属铀，控制电流密度为 0.5A/cm²，实现铀、钚共沉积。

　　随后，ANL 对上述方案进行了调整，在电解体系中增加了一个液体镉阴极（图 3-2）。由于铀与稀土、超铀元素在铀阴极上的析出电位差均大于 200 mV（图 3-3），所以可先在铀阴极上电沉积，大于 95% 的铀在铀阴极上得以回收，随后控制液体镉阴极的电位，使得残余铀和超铀元素一起在液体阴极上共沉积。溶于液态金属镉中的混合金属经蒸发镉后可得到合金。由于液体阴极的去极化作用，离子析出电位较在惰性阴极上偏正。铁在镉中的溶解度很小，所以增加液体镉阴极后，阳极材料可采用低碳钢，同时在液态镉电极中钚被大大富集。

　　IFR 计划于 1994 年中止，但是熔盐电精制技术在随后处理 EBR-Ⅱ 乏燃料的过程中得到了进一步发展。EBR-Ⅱ 的驱动燃料使用富集度为 55% ～ 76% 的浓缩铀和锆的合金，增殖层燃料为贫铀。在 1995 年 EBR-Ⅱ 停堆后即开展了反应堆驱动燃料和增殖层燃料的后处理和废物整备工作，所采用的后处理方法称为电化学冶金处理（electrometallurgical treatment，EMT）。该处理方法的核心仍然是熔盐电精制技术，并且在电精制阴极产品的后续转化加工、二次废物处理等方面开展了进一步研究。

　　到 2007 年，爱达荷国家实验室（INL）使用熔盐电精制流程已经成功处理了 3.4t 的 EBR-Ⅱ金属乏燃料，其中 830kg 为驱动燃料，其余为增殖层燃料。INL 的报告指出，在电精制过程中，阳极的乏燃料能够完全熔解，铀、钚的熔解率分别为 99.8% 和 > 99%，电流效率最高达到 80% 左右。但是熔解速度不快，这成为限制电精制速度的关键步骤。液体阴极得到的产品中 U 的含量在 25% ～ 60%，基本满足将液体阴极的混合超铀元素产物进行快堆嬗变的需要。经过处理，液态阴极混合物中 99% 的 Cd 可以分离，减少了阴极废物体积。

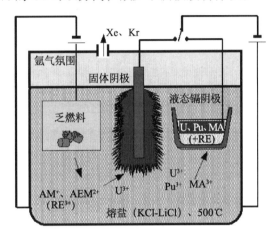

图 3-2　双阴极电解精炼过程示意图

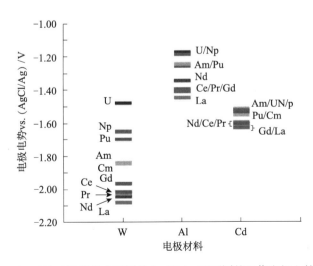

图 3-3　450℃ LiCl-KCl 熔盐中不同的 Ln 和 An 于不同的工作电极上的表观电势

2. 氧化物电解沉积流程

氧化物电解沉积流程是俄罗斯 RIAR 开发的一种适合于处理氧化物燃料的高温化学后处理方法。在此流程中，首先将辐照后的氧化物乏燃料经氯化处理，定量转化为氯氧化物使其熔解于熔盐中；随后氯氧化物在熔盐电解质中被还原为氧化物（UO_2、PuO_2 或 MOX），沉积在电解槽的阴极上。具体操作条件依处理对象和目标产品而异。实验所用的氯化－电解装置材料为热解石墨。氯化和电解时温度为 600～700℃。RIAR 利用此高温化学流程生产晶状 UO_2 和 MOX 燃料，用于制造振动密实（Vipac）燃料棒并已发展至半工业规模。

在 UO_2 的电解沉积中，被处理的氧化物经氯气氯化使其溶解于 NaCl-CsCl 或 NaCl-KCl 熔盐中形成 UO_2Cl_2，电解时，UO_2Cl_2 在阴极被还原为 UO_2。20 世纪 70 年代，俄罗斯 BOR-60 反应堆中卸出的 UO_2 辐照燃料（燃耗 7.7%，冷却六个月）就是用此氧化物电解沉积流程处理的。铀回收率达 99%，对裂片元素的去污系数达 500～1000。在 PuO_2 和 MOX 的电解沉积中，电解沉积时还需向阴极表面喷射 Cl_2+O_2 混合气体使钚离子氧化为 PuO_2^{2+}，并最终在阴极以 PuO_2 晶体或 MOX 沉积。氧化物电解沉积流程示意图如图 3-4 和图 3-5 所示。

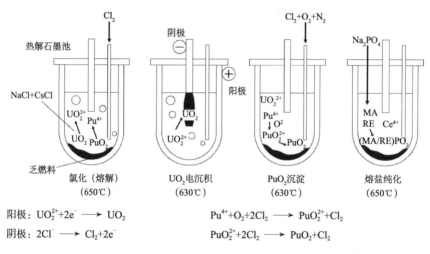

图 3-4　氧化物电解沉积流程生产 UO_2 和 PuO_2 产品的示意图

控制向阴极表面喷射的混合气体中 Cl_2/O_2 的比例，可以调节氧化气体的氧化电位，实现对铀、钚氧化物在电极上沉积速度的控制，从而可以按照需求调节沉积物中的铀、钚比例。高 O_2 浓度有利于钚在沉积物中富集。此流程最早使用的是 LiCl+KCl 熔盐体系，工作温度在 500℃左右。为提高熔盐工作温度，后来改为 NaCl-2CsCl 熔盐体系。使用 NaCl（熔点 800℃）主要是为了提高熔盐的工作温度，使用 CsCl 是为了提高六价钚的生成百分比。实验发现，CsCl

的添加可以大大提高钚的熔解度和熔解速度。尽管如此，钚的收率仍然不十分令人满意。

在氧化物电解沉积流程中，被处理的氧化物乏燃料熔解于熔盐电解质后进行电解时如果不喷射 O_2-Cl_2 混合气体，铀、钚离子将在阴极以金属形式而非氧化物形式析出。

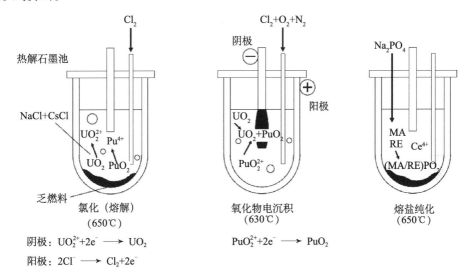

阴极：$UO_2^{2+}+2e^- \longrightarrow UO_2$　　　　　$PuO_2^{2+}+2e^- \longrightarrow PuO_2$

阳极：$2Cl^- \longrightarrow Cl_2+2e^-$

图 3-5　氧化物电解沉积流程生产铀钚混合氧化物产品的示意图

美国汉福德实验室早期发展的盐循环流程的基本原理与氧化物电解沉积流程是基本一致的。不同之处在于盐循环流程采用的熔盐为 LiCl-KCl，而不是氧化物电沉积流程中使用的 NaCl-CsCl 或者 NaCl-KCl。此流程主要针对 MOX 燃料的处理，所得的紧密晶体沉积物为含 1% ～ 35%PuO_2 的 UO_2。与熔盐相比，沉积物中的钚浓度最大可以富集 40 倍。和氧化物电解沉积一样，控制沉积条件可精确控制沉积物中的铀、钚比。但盐循环过程对稀土元素的去污系数仅为 3 ～ 25，对锆、铈的去污能力更差，从而大大降低了该流程的应用价值。美国在 20 世纪 60 年代中期用盐循环流程处理了热堆辐照燃料后就停止了对其进一步研究。

近年来，印度 IGCAR 化学部开发了一种处理氧化物燃料的 RIAR 流程的一个新变体流程。由于印度卡尔帕卡姆的原型快中子增殖堆将使用氧化物燃料作为首批堆芯燃料，因此氧化物燃料的高温化学后处理备受关注。鉴于 UO_2 具有相当好的导电性，IGCAR 化学部探索了直接电解精炼 UO_2（与处理金属燃料的电解精炼流程一样）的可行性。在电解精炼槽中，UO_2 燃料芯块作为阳极，石墨棒为阴极，含有少量氯氧化铀酰的熔盐作为电解质。用这种方法实现了直接电解精炼 UO_2，与 U 金属的情况一样，其以 UO_2 的形式沉积在阴极上，整个过程一步实现。IGCAR 化学部还将进一步确定这种 RIAR 变体流程是否能够扩展应用于铀钚混合氧化物燃料的处理中。此变体流程的一个重要问题是使用热解石墨。这种材料在高达 500℃的高温下也能够耐空气氧化，已用于氧化物燃料的处理流程中，但热解石墨非常贵，必须找到其替代材料。

3. 氧化物电化学还原流程

ANL 发展的金属电解精炼流程是针对金属燃料的后处理方法。对于氧化物燃料的后处理，首先需要将其还原为金属形态，因此，氧化物乏燃料的金属化是此流程的关键技术。ANL 对氧化物乏燃料的还原技术同样进行了深入的研究，并开发了针对商业 LWR 氧化物乏燃料后处理的 PYROX（Chair et al.，2013）流程，PYROX 流程示意图见图 3-6。

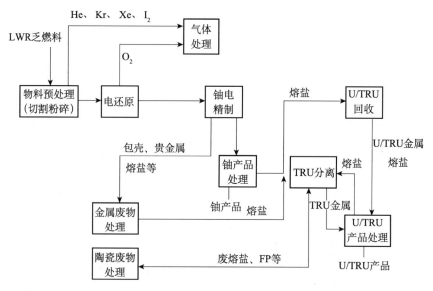

图 3-6　处理 LWR 氧化物乏燃料的 PYROX 流程示意图

氧化物的电化学还原是此流程的关键技术，为发展 PYROX 流程，美国开发了一种具有代表性的氧化物金属转化技术，氧化物的电化学还原示意图如图 3-7 所示。将氧化物乏燃料粉末装入多孔氧化镁阴极篮中，插入一根不锈钢构成的一体化阴极，阳极为铂丝。所用熔盐电解质为 LiCl，向 LiCl 熔盐中添加 1% 的 Li_2O 作为电解产生还原剂金属 Li 的引发剂和还原乏燃料氧化物的活化剂。在此一体化阴极上发生两个反应：电解 Li_2O 制备金属 Li 和氧化物乏燃料被金属 Li 还原。因 LiCl 和 Li_2O 的标准还原电位不同，可选择性地电解 Li_2O。

　　在这种电化学还原流程中，Li_2O 的电解和氧化物乏燃料的还原是在电解槽阴极上同时发生的。在阴极通过 Li_2O 电解产生的锂与氧化物乏燃料反应生成 Li^+ 和 O^{2-}。O^{2-} 按电位和浓度梯度向阳极扩散，并最终在阳极生成氧气。产生的 Li^+ 则再次被还原，重新生成的金属锂用于未反应氧化钚的进一步还原。在氧化和还原循环中，Li^+ 起到了催化剂作用，从而减少了还原反应过程中所需 LiCl 熔盐的量。而 LiCl 的量是反应器体积的决定因素，因而系统的体积也就可以变小。为避免金属 Li 迁移到阳极与铂丝反应，在阴极吊篮上又增加了次级电流回路来氧化 Li。

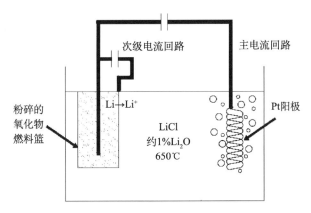

图 3-7　INL 氧化物燃料电还原处理原理示意图

　　INL 使用 BR3 轻水堆乏燃料进行了每批约 45g 乏燃料，在不更换电解液的情况下连续处理 3 批乏燃料的实验。实验结果表明，乏燃料中 > 98% 的 U 被还原成 U 金属，Cs、Sr 和 Ba 进入熔盐，TRU、稀土和贵金属仍然留在阴极吊篮中，大部分稀土和 Zr 仍然以氧化物的形式存在。首端氧化物乏燃料的电还原结果基本达到了 PYROX 流程处理 LWR 乏燃料的需要。

　　此外，日本和韩国也对美国开发的这种氧化物乏燃料还原技术进行了深入的研究，并用 20kg 的 U_3O_8 进行了验证实验。

　　氧化物乏燃料被还原为金属形态后，除了可以通过金属电解精炼流程将铀、钚和超铀元素与裂片元素分离外，还可以根据它们在熔盐和金属合金体系中的相对溶解度差异，通过选择合适的盐和合金将它们萃取分离。

二、干法后处理流程比较

　　干法后处理流程的原理和特点汇总于表 3-5。

表 3-5 干法后处理流程比较

方法	原理及概念流程	特点	存在的主要问题
氟化物挥发法	利用 PuF_6 和 UF_6 的高挥发性，使铀、钚与裂片元素分离。再对 PuF_6 和 UF_6 进行精馏、选择性化学还原、选择性热分解或选择性吸附等方法，进一步纯化 在氟化前，对 MOX 或金属元件要进行预氧化，使铀转化为 U_3O_8，使钚转化为 PuO_2 挥发过程一般在刚玉石流化床内进行，也可在熔盐中实现	①流程简单 ②去污系数高，与水法流程相当 ③分离出的铀正好为气体扩散厂所需要的形式 ④铀、钚回收率接近水法流程	①氟化过程耗时较长，腐蚀问题严重 ②使用价格昂贵的氟气 ③存在 $F(\alpha,n)$ 反应，中子防护需要加强 ④比其他干法流程的化学转化步骤多 ⑤ PuF_6 稳定性差
氯化物挥发法	MOX 元件用 Cl_2 饱和的 CCl_4 在 850℃下氯化，产生 $PuCl_3$、UCl_5、UCl_3 和 FP 的挥发物。挥发物在 100～500℃经 NaCl 层吸附铀、钚，FP 不吸附而被除去。从 NaCl 吸附层解吸氯化铀、钚。从而实现铀、钚的纯化	①氯化温度低，腐蚀性小，挥发性强 ②氯化物还原相对容易，产品纯度高 ③工艺简单，易于实现工业化 ④无 $F(\alpha,n)$ 反应，安全防护要求低	① NaCl 吸附层的吸附效率难以控制 ②氯化过程的化学平衡不利于氯化反应
金属熔融萃取	针对合金元件或对化合物还原处理生成的金属，利用铀、钚、超钚、裂片等在不同金属或盐中的分配系数不同而实现分离。一般以熔融铀为熔剂，乏燃料熔解于熔融铀中，用 UCl_3 或金属银作为萃取剂，萃取分离钚 金属熔融萃取用于熔盐体系中，将元素还原成金属后萃取	①对金属元件，可直接得到金属形态的产品，无须转换步骤 ②利用金属熔液重结晶可对粗产品进行进一步纯化 ③对容器的腐蚀性相对较小	①没有找到合适的萃取剂，不能使有关元素的分配系数拉开差距。铀、钚分离不完全 ②钚的收率难以达到工业要求 ③钚的还原和萃取性能与裂片稀土元素差别太小
熔盐过程	用对铀、钚有强络合性能的熔融络阴离子盐，如 Cl^-、F^-、SO_4^{2-} 等，使乏燃料熔解在熔盐中进行处理。熔盐体系为干法后处理操作平台。如 H_2O-HNO_3 体系发展的诸多水法流程一样，对熔盐体系的不同处理方法也发展了很多干法流程，如电化学金属沉积、电化学氧化物沉积、金属还原萃取、盐循环萃取、分步沉淀造渣等流程	①可选择不同的熔盐体系，有灵活性 ②存在大量的络阴离子，对乏燃料有较大的熔解能力 ③适合处理燃耗深、含钚量高的乏燃料 ④废物量少，易于储存、处理处置	①熔融的络阴离子对反应容器具有严重的腐蚀性 ②去污系数低，较难实现铀、钚与裂片元素的完全分离 ③铀、钚分离系数较低，回收核材料只能作快堆燃料。回收核材料重新利用时，防护要求更高

续表

方法	原理及概念流程	特点	存在的主要问题
氧化物电沉积流程	向 NaCl + CsCl 熔盐体系中通入氯气，U、Pu 以 MO_2^{2+} 形式熔解，以 MO_2 形式沉积于阴极。在体系通入氯气、氧气和氮气时，熔融的铀、钚可以以（U、Pu）O_2 的形式共沉淀到阴极上。熔融在熔盐中的 MA、RE 可以通过磷酸盐沉淀的方法和熔盐盐分离	①U、Pu 收率较高，U 的收率 > 99%，Pu 在一次电沉积的收率约为 95.6%②钚在沉积物中与喷射气中 O_2 的浓度、温度、电流密度和铀的沉积分数有关。控制沉积工艺条件可精确控制沉积物中的铀、钚比③唯一列入俄罗斯半工业项目的干法后处理流程	①对稀土元素的去污系数仅为 3～25②对锆、铌的去污能力更差③需精确控制工艺条件保证沉积产物稳定
熔盐电解还原流程	氧化物燃料切割段放入吊篮浸没在 LiCl-1%Li_2O 熔盐中作阴极，铂丝为阳极，在 650℃下进行电还原，阴极 UO_2 被还原成 U 金属。在阴极附近，部分 Li 会还原成金属 Li，把周围的 UO_2 还原成 U 金属。为避免金属 Li 迁移到阴极与铂丝反应，在阴极吊篮上又增加了钇次级电流回路来氧化 Li	①氧化物还原率大于 98%②Cs、Sr 等高释热类元素可以得到较好的分离③部分稀土元素也可得到分离	还原速率有待提高
熔盐电解精炼流程	LiCl-KCl 混合物作为电解熔盐介质，将乏燃料切割段装在阳极吊篮中，以不锈钢作为阴极、液态 Cd 作为液体阴极。浸没到熔盐中进行电解。过程中，阳极的金属乏燃料熔解，在固体阴极上得到 U、液体阴极池中得到 U、TRU 和少量稀土的混合物	①铀、钚的溶解率分别为 99.8% 和 > 99%②液态阴极混合物中 99% 的 Cd 可以分离，减少了阴极废物体积③电流效率高，可达 80% 左右	①只能处理金属燃料②熔解速度不快，这成为限制电精制速度的关键步骤③目前只回收了铀用于燃料整备

三、元素回收的用途和指标

通常干法后处理流程的分离和净化都不完全，产品的放射性较高，需采用远程控制操作技术进行燃料元件再制造。俄罗斯 RIAR 提出的 DDP 流程处理了来自 BOR-60 和 BN-350 等反应堆的真实乏燃料，实验所取得的产品去污系数见表 3-6（徐銤，1998）。

表 3-6　俄罗斯 RIAR 进行的 DP 实验所取得的产品去污系数

Test/FP	Ru-Rh	Ce-Pr	Cs	Eu	Sb
DF for BN-350 test（PuO_2，1991）	30	220	> 3 000	40	200
DF for BOR-60 test（PuO_2，1995）	33	40～50	4 000	40～50	120
DF for BOR-60 test（PuO_2，2000）	> 30	—	> 4 000	> 200	—
DF for BOR-60 test（PuO_2，2001）	20～30	25	≈ 10 000	> 100	—

通过表 3-5 和表 3-6 可以看出，干法后处理技术具有以下特点：①产品净化系数较低：得到的分离铀、分离钚只能用作对杂质含量要求较宽的快堆燃料，即只能实现快堆乏燃料到快堆的循环。②技术路线未集中：已知的干法后处理流程有 8 种以上，各有技术特点。但这些技术路线至今未有一个取得明显优势，都具有各自不同的缺点。现需在加强技术基础研究和工程基础研究的基础上优化改进，以建立具有我国自主知识产权的干法后处理技术。③电还原－电精炼流程是最有前景的技术，但技术基础薄弱，需要建立高温熔盐中 60 多种元素电化学系统。④重点开展电还原－电精炼流程的工业化基础，应重点关注首端，废盐回收、废盐处理等技术研究。

我国干法后处理的研究起步不晚，但因为种种原因发展至今仍步履维艰，研究手段、基础设施、研究平台和技术等方面和国外主要核能大国还有着很大的差距。我国已经提出要大力发展快堆技术，为适应这一形式，满足快堆乏燃料后处理的需要，干法后处理技术的大力发展已迫在眉睫。

第四节　水法和干法后处理技术优缺点比较分析

一、核燃料增殖特性比较

快堆是当前唯一现实的增殖反应堆，对于快中子增殖堆的核特性，我们用增

殖比（BR）来表征它的核燃料增殖能力，其定义是

$$增殖比（BR）=\frac{产生的易裂变材料}{消耗的易裂变材料}$$

在 U-Pu 循环中，增殖比的计算公式为

$$BR=\frac{\left(\sum_{c,238}+\sum_{c,240}\right)\phi}{\left(\sum_{a,235}+\sum_{a,239}+\sum_{a,241}\right)\phi}$$

式中，$\sum_c$ 表示某材料的宏观俘获截面；$\sum_a$ 表示某材料的宏观吸收截面；ϕ 为中子注量率；下标 235、238、240、239 和 241 分别代表核素 ^{235}U、^{238}U、^{240}Pu、^{239}Pu 和 ^{241}Pu。BR 值依赖于堆芯设计：金属燃料的增殖性能最好；其次是碳化物和氮化物；氧化物燃料堆芯的增殖比最小。

那么可以想见，如果该堆裂变材料烧得很慢，则增殖效果就很差。因此，我们用倍增时间（Td）来反映它的核燃料增殖能力更为全面，它的定义是

$$倍增时间（Td）=\frac{初装易裂变料+堆外用料}{年净增产易裂变料}$$

Td 描述了一座快堆及其燃料循环整个系统的增殖特性，因此又称系统倍增时间，在本书中简称为倍增时间。显然，Td 主要与增殖比、电站初装、电站负荷因子及对外占用料有关。乏燃料衰变冷却、后处理、元件和组件加工，以及运输、储存的时间越短，倍增时间就越短。另外，燃料循环中损耗越少，倍增时间也越短。

在湿法后处理中，对于轻水堆乏燃料冷却时间一般为 8～15a，对于燃耗更深的快堆，冷却时间更长，可达二十几年。这不但需要建造更多的存储仓库，而且极大地增加了堆外用料量。相应的干法冷却时间则要短得多，通常在 2～3a，冷却时间甚至只有 4～6 个月。这样堆外循环时间极大缩短了，倍增时间也就缩短了。另外，快堆乏燃料中含有大量的易裂变材料，如 ^{235}U、^{239}Pu 和 ^{241}Pu 等，它们都是很好的增殖材料，冷却时间越长其衰变损失越多。特别是强裂变物质 ^{241}Pu，其半衰期只有 14.4a。以表 3-1 中的 MOX 燃料为例，乏燃料中 ^{241}Pu 随时间衰减变化量如图 3-8 所示。若乏燃料冷却放置 20a，则约 70% 的 ^{241}Pu 衰变损失掉，而且产物为强 γ 放射性的 ^{241}Am，给后处理增添了麻烦。

动力堆乏燃料中，Pu 里含有 10%～15% 的优质易裂变钚 ^{241}Pu（^{241}Pu 的含量取决于燃耗）。

^{241}Pu 的裂变截面（1007.3b）比 ^{239}Pu（741.6b）大 0.36 倍。^{241}Pu 是一个半衰期（$T_{1/2}$=14.35a）不长的 β 衰变核素；$^{241}Pu \xrightarrow{\beta} {}^{241}Am$ 每年约会衰变掉 3.5%，而衰变产物 ^{241}Am 是一个有害的中子吸收剂（中子毒物）和 γ 辐照源（热中子裂变截面 σ_f=3b，俘获截面 σ_c=832b）。因此，动力堆乏燃料冷却后，应尽快进行后处理，让优质的 ^{241}Pu 大量在衰变为 ^{241}Am 之前把分离出的 Pu 在反应堆中循环使用。

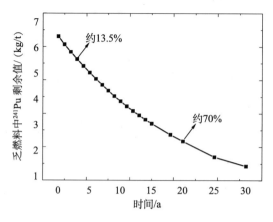

图 3-8　乏燃料中 ^{241}Pu 随时间衰减变化量

二、操作规模比较

水法中操作大量钚，由于水的中子慢化作用，临界安全问题越来越突出，流程的安全保障成本也越来越高。干法中，在没有中子慢化剂的情况下核安全程度也会降低，并且临界安全问题变得可控。金属体 Pu 和 U 的临界质量分别为 5.6kg 和 22.8kg（^{235}U），美国 ANL 和印度的快堆后处理研究中，单批次电沉积 3.5kg Pu 没有出现临界安全问题，对于双批次进料电沉积，控制 Pu 金属沉积量为 2.6kg 能确保临界安全。

锕系元素在熔盐中的溶解度比在水溶液中大，并且流程简单，因此流程具有占据空间小、设备紧凑的特点。一个为 1000MW 反应堆服务的高温化学后处理厂所占的空间为采用湿法流程拥有相同处理能力的后处理厂的 1/40。而且，高温化学流程中的一些流程步骤都可以在一个容器中实现。

水法后处理中产生了大量的高、中、低放废液，大量废物的储存、处理和处置进一步增加了流程的成本。干法后处理所有的过程都是在小巧的设备中进行的，废物体积非常小，而且都是固体形式，这使得废物更易于处理。

三、后处理耐辐照性能比较

随着燃耗的加深，快堆乏燃料中 Pu 和 FP 的含量都极大增加，这使得水法后处理中的溶剂降解问题越来越严重，从而使生产成本提高；且由于辐解产物和裂片元素的增加，流程中出现三相，使整个工艺无法连续运行。干法采用熔盐作为熔剂，因为非水试剂具有较高的辐照稳定性，熔剂降解问题不会太突出。这意味着高温化学流程特别适合于快堆燃料后处理。

四、快堆干法后处理存在的问题

(一)干法流程还不成熟,标准体系未建立

相对于已经成熟应用的湿法流程,干法技术还处于开发的早期阶段。至今只有一种高温冶金后处理技术被许可用于工业规模。这就是美国 ANL 开发的 IFR 流程,用于后处理 EBR-Ⅱ实验快堆的乏燃料。这次工业应用从本质上说是分离整备流程,因为该流程只是将快堆乏燃料中的 U 分离回收,流程既不回收钚也不回收超铀元素。对乏燃料进行处理后,使其便于被直接送到地质处置库中处置。随后,ANL 开发了 PYRO-A 和 PYRO-B 流程。PYRO-A 流程中,超铀元素被分离回收,裂片元素留在电解槽中,以陶瓷废物的形式固定。PYRO-B 流程用于后处理和再循环嬗变快堆燃料。

俄罗斯 RIAR 开发的熔盐氧化物电解沉积流程也已发展至中试规模,用于处理快堆燃料。

另外,在不同实验室的研究中,由于实验仪器、设备特别是参比电极的不同,不同实验室得出的数据有着一定的差别,不可共用。在高温化学后处理中,需要建立一个统一的标准电解体系,采用统一的标准参比电极。系统研究不同锕系元素、镧系元素和稀土元素在各种熔盐体系中的标准电极电位,能为乏燃料电解精炼提供基础数据。

(二)干法后处理中结构材料腐蚀严重

在高温电解精炼中高温、氯化或者氧化的氛围下,金属材料的腐蚀非常严重,因此金属材料不能作为耐腐材料。俄罗斯的 RIAR 流程中使用热解石墨作为耐腐材料,热解石墨价格昂贵且只能抵抗 500℃以下空气的氧化。陶瓷材料逐渐成为耐腐蚀材料新的发展方向。Takeuchi 等(2005)的研究将不同陶瓷材料应用于 RIAR 流程中,实验表明:750℃下,Si_3C_4、$Al_6Si_2O_7$、Mg_2Al_3($AlSi_5O_{18}$)有良好的耐腐蚀性能。更多的新陶瓷材料有望用于高温后处理中。

(三)干法流程大规模运行技术需要突破

熔盐电解中,Pu 金属电解沉积在阴极表面,要保证临界安全,就要严格控制金属沉积量,这就严重限制了干法的处理能力,一般为批式电解,无法进行大规模连续电解。日本 CRIEPI 建立了半连续的工程规模的电解槽,研究重力和离心泵对熔盐和液态 Cd 的输送等。

第五节　结论和建议

一、结　论

（1）水法后处理是处理热堆乏燃料的成熟方法，经过优化，可以处理长冷却期的快堆 MOX 乏燃料。用水法处理快堆 MOX 燃料时，需要克服裂变产物含量高、钚含量高（20%）、不熔残渣多、萃取易出现三相等技术难题，需开发强化溶解、超级过滤等技术。快堆乏燃料中超铀元素含量高，比放射性强，在冷却时间较短时，水法工艺中的有机试剂辐解严重至无法适应。水法后处理时，需要冷却足够时间，但会拖延快堆系统的倍增时间。钚浓度太高，可加入热堆乏燃料、铀浓缩厂的贫化铀或者增殖区燃料稀释钚含量至 4% 后进行处理。总之，通过稀释钚含量，水法流程可以处理长冷却时间的 MOX 燃料。

（2）若在能源需求增长迅速，快堆需要快速部署的前提下，缩短快堆系统倍增时间就非常关键，这使得可尽快处理快堆 MOX、MNX、快堆金属乏燃料的干法后处理技术拥有光明前景。应重点研究快堆乏燃料元素电化学参数、锕系元素熔盐化学、U/Pu 分离、超铀元素回收，极端条件下（强辐射高温、高卤素）的材料腐蚀问题、高温条件下的 α 密封技术，废盐回收复用技术等。

（3）干法后处理技术净化系数较低，只能实现快堆乏燃料到快堆的循环。

（4）围绕快堆的核燃料循环，可走如图 3-9 所示的技术路线。对采用不同后处理方法处理不同类型燃料的技术进行比较和评价，其结果见表 3-7。

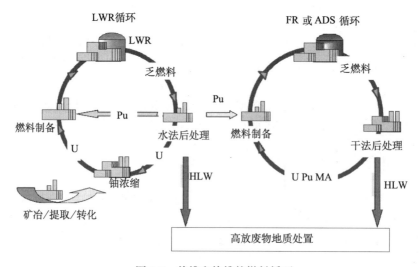

图 3-9　热堆和快堆核燃料循环

表 3-7 采用不同后处理方法处理不同类型燃料的比较和评价

乏燃料	后处理方法	评价
PWR-UO$_2$	水法 Purex	非常成熟，有工厂运行经验
	干法	
FR-（U, Pu）O$_2$	水法 Purex	优化流程后可以处理，但经济性较差
	干法	卤化氧化 - 电沉积法，金属还原 - 电化学精制法。技术可行，需要突破技术问题
FR- 金属燃料	水法	
	干法	电化学精制法。技术可行，需要突破技术问题

二、建 议

1. 尽快启动干法后处理研究平台建设，加强干法后处理技术基础研究

针对 MOX 燃料，熔盐电解还原电解精炼流程是最有前景的技术，其中的熔盐电解精炼技术，又可用于快堆金属乏燃料的处理。掌握熔盐电解还原 - 电解精炼流程，不但可处理快堆 MOX 乏燃料，而且可处理金属乏燃料。但是，干法技术路线较多，针对熔盐相图、熔盐中主要裂片和锕系元素的电化学行为，国内外开展了大量的研究，但有关放射性裂片元素和锕系元素的工作不多，应该重点开展乏燃料中 60 多种元素的电化学系统研究。

2. 应在 2020 年前后完成干法后处理流程的中试规模验证

开展 MOX 乏燃料电解还原 - 电解精炼流程的工业化基础研究，重点解决首端、过程设备材料、连续操作、废盐回收、废物处理等问题，完成工业运行的稳定性、安全性和经济性评估，为快堆 MOX 燃料后处理选定技术路线。

参 考 文 献

胡赟，徐銤. 2008. 快堆中不同核燃料类型的长寿期性能评价. 核动力工程，29（1）：53-56.

徐銤. 1998. 快堆的燃料增殖. 高科技通讯，（10）：54-56.

Chair B R，Hoffman D C，Mtingwa R P. 2013. Report of advanced nuclear transformation technology subcommittee of the nuclear energy research advisory committee. Fast-reactor fuel reprocessing in the United Kingdom. IAEA-CN-36/66.

Koyama T，Iizuka M，Kondo N，et al. 1997. Electrodeposition of uranium in stirred liquid cadmium cathode. Journal of Nuclear Materials，247：2227-2231.

Megy J，et al. 1982a. Fast reactor fuel cycles. BNES，London，333-340.

Megy J, et al. 1982b. Status of fast reactor fuel reprocessing in France. Transactions of the American Nuclear Society, 40: 114-117.

Nicholls C M. 1958. The development of the BUTEX process for the industrial separation of plutonium from nuclear reactor fuels. Atomic Energy Research Establishment, Harwell, Berks.

Peka I, Rak V. 1967. Non-aqueous reprocessing of irradiated fuel. IAEA Vienna, 42 (4): 739-744.

Takeuchi M, Kato T, Hanada K, et al. 2005. Corrosion resistance of ceramic materials in pyrochemical reprocessing condition by using molten salt for spent nuclear oxide fuel. Journal of Physics and Chemistry of Solids, 66: 521-525.

第四章 快堆内循环研究[*]

第一节 快堆及发展历程概述

快堆是由快中子（平均能量达 0.1MeV 左右）产生可控裂变链式反应的反应堆，故名快中子反应堆，简称快堆（赵仁恺等，2001）。

早在 20 世纪 40 年代，美国的一批核科学家就知道了 ^{238}U 仅可由快中子引起裂变，快中子引起 ^{239}Pu 裂变时放出的中子数多于热中子引起裂变放出的中子，更多的二次中子就可以用来转换 ^{238}U 成为易裂变的 ^{239}Pu。为了证明快中子堆的增殖特性，E. 费米（E. Feimi）和 W. H. 金（W. H. Zinn）提出了建造快中子堆的可能性，美国于 1946 年和 1951 年相继建成了 Clementine 和 EBR-I。苏联的 А. И. 列蓬斯基院士也于 1949 年提出了快堆的概念，1950 年和 1951 年苏联提出研究用钠、钠钾合金、铅铋合金和氦气等作为快堆的冷却剂，结果在 1955 年建成 BR-1，在 1956 年建成 BR-2。几乎同时，英国在建成了两座快中子零功率装置 ZEPHYR（1954 年）和 ZEUS（1959 年）之后，又于 1959 年建成了 DFR 实验快堆。接着美国又于 1963 年、1964 年分别建成了 EBR-II 和 EFFBR。至此，上述建成的均属于第一代实验快堆，其特点是用金属燃料或合金燃料，同时试探用各种冷却剂。

快堆要有高的功率密度，因此最适合的冷却剂是液态钠，第一座钠冷快堆是苏联于 1959 年建成的 BR-5。20 世纪 60 年代以后，由单纯增殖研究而转向对经济性的要求，要将燃料燃耗提高到 100GW·d/t，因而发展了氧化物燃料堆芯，使用（Pu，U）O_2 装料，并使用液态钠作冷却剂。具有这一特征的实验快堆称为第二代实验快堆，这些快堆是：1967 年法国建成的 Rapsodie、1969 年苏联建成的 BOR-60、1977 年德国和日本分别建成的 KNK-II 和 Joyo、1985 年印度建成的 FBTR。

之后的原型堆和商用验证性快堆就是在第二代实验快堆的基础上发展起来的。这些快堆是：法国建成的 Phenix（凤凰）和 SPX-1（超凤凰）快堆、苏联建成的 BN-350 和 BN-600、英国建成的 PFR，以及日本建成的 Monju（文殊）快堆等。在建和即将建成的快堆有俄罗斯的 BN-800 和印度的 PFBR。中国的第一座

---

[*] 本章由喻宏撰写。

快堆 CEFR（中国实验快堆）也于 2010 年 7 月达到首次临界。

　　总结来看，国外快堆的发展几乎是与热中子反应堆的发展同期开始的。至 2015 年，美国、俄罗斯、法国、英国、日本、德国、印度总共建成过 21 座不同功率规模的快堆。多数为钠冷快堆，包括实验快堆、原型快堆和商业验证堆，总共积累了约 300 快堆·年的运行经验。实践证明，快堆是一种安全、可靠，并有良好经济前景的堆型。

　　快堆相比热堆主要有两个突出的特点，也是两个主要的优点，即增殖和嬗变。快堆增殖即通过核反应将天然铀中主要的 ^{238}U 转变成易裂变材料 ^{239}Pu；快堆嬗变主要指将一些长寿命的核素（包括 MA 和 LLFP）通过核反应转化成稳定的或短寿命的核素。本章主要研究快堆内循环中增殖和嬗变的特点和对提高铀资源利用率的影响，其中第一节是引言；第二节计算分析了工业钚在快堆堆芯多次循环时，燃料中主要的重核同位素的演化规律；第三节建立了快堆对提高 U 资源利用率作用的分析评估简化模型，对重要参数进行了敏感性分析，在简化模型下给出针对提出的铀资源 60% 利用率目标，指出在不同燃料燃耗深度和不同回收率情况下所需要的燃料循环次数，并且对实际快堆燃料循环进行计算，给出实际循环下的铀资源利用率结果；第四节分析了燃料中裂变产物含量对反应性及燃耗反应性损失的影响；第五节给出了快堆分别利用增殖和嬗变在内循环中的作用分析。

第二节　不同循环模式下堆芯核素演变和分布的计算分析

一、计算说明

　　选取 1000MWe 钠冷快堆电站 CFR1000 的堆芯作为参考堆芯（胡赟等，2012），其堆芯燃料初装量见表 4-1。

　　采用 ORIGEN2 和 MCNP 程序作为计算软件，采用三维模型真实地模拟快堆燃料多次循环过程，计算中只计算了堆芯区燃料的核数演变。快堆多次循环辐照计算的截面库采用程序中的 301、302、303 库。计算时分铀钚循环、铀钚及 MA 循环两种循环模式，铀钚循环模式计算了堆芯燃料经过 12 次循环后核素的变化情况；铀钚及 MA 循环模式计算了堆芯燃料经过 23 次循环后核素的变化情况，在每次循环辐照后衰变时间为 5a。同时，在铀钚循环模式下，还分别计算了在改变回收率、燃耗、增殖比的情况下燃料经过 12 次循环后核素的变化情况。每次循环计算时保持燃料中铈的成分与上次循环卸出的乏燃料经 5a 冷却后的铈的组成一致，同时新的燃料组成需要保证初始 k_{eff} 接近初次循环的 k_{eff}，而且在每次循环装料时要保持全堆重金属质量与初装堆芯质量一致。计算方案见表 4-2。

表 4-1 CFR1000 快堆堆芯燃料初装量

核素	装量 /t
^{235}U	0.15
^{238}U	48.64
^{238}Pu	0.05
^{239}Pu	2.05
^{240}Pu	0.78
^{241}Pu	0.39
^{242}Pu	0.16

表 4-2 快堆多次循环研究计算方案

方案	循环方式	燃料在堆内停留时间 /d	回收率	增殖比	回收铀的利用	MA 添加与否
C1	铀铈循环	480	铀铈 99.7%	1.2	全部利用	不添加
C2	铀铈及 MA 循环	480	铀铈 99.7%；MA99%	1.2	全部利用	燃料区添加质量分数为 5% 的 MA

二、计 算 结 果

铀铈循环模式下核素随循环次数的变化如表 4-3 所示。
铀铈及 MA 循环模式下核素随循环次数的变化如表 4-4 所示。

表 4-3　铀钚循环模式下经过 12 个循环后核素组成

（单位：g）

核素	第 1 次循环		第 2 次循环		第 3 次循环		第 4 次循环		第 5 次循环		第 6 次循环	
	辐照 480d	衰变 5a	辐照 480d	衰变 5a	辐照 480d	衰变 5a	辐照 480d	衰变 5a	辐照 480d	衰变 5a	辐照 480d	衰变 5a
^{234}U	3.81×10^2	1.74×10^3	1.80×10^3	2.70×10^3	2.58×10^3	3.19×10^3	2.96×10^3	3.39×10^3	3.10×10^3	3.42×10^3	3.13×10^3	3.38×10^3
^{235}U	1.11×10^5	1.12×10^5	8.88×10^4	8.92×10^4	7.22×10^4	7.26×10^4	5.98×10^4	6.02×10^4	5.04×10^4	5.08×10^4	4.31×10^4	4.35×10^4
^{236}U	8.22×10^3	8.68×10^3	1.46×10^4	1.51×10^4	1.93×10^4	1.98×10^4	2.27×10^4	2.32×10^4	2.53×10^4	2.58×10^4	2.72×10^4	2.77×10^4
^{238}U	4.70×10^7	4.70×10^7	4.69×10^7	4.69×10^7	4.69×10^7	4.69×10^7	4.69×10^7	4.69×10^7	4.69×10^7	4.69×10^7	4.69×10^7	4.69×10^7
^{237}Np	5.14×10^3	5.64×10^3	5.45×10^3	5.81×10^3	5.70×10^3	6.01×10^3	5.89×10^3	6.18×10^3	6.04×10^3	6.33×10^3	6.14×10^3	6.44×10^3
^{238}Pu	3.43×10^4	3.44×10^4	2.30×10^4	2.29×10^4	1.55×10^4	1.55×10^4	1.08×10^4	1.09×10^4	8.05×10^3	8.19×10^3	6.41×10^3	6.60×10^3
^{239}Pu	2.51×10^6	2.52×10^6	2.68×10^6	2.69×10^6	2.75×10^6	2.76×10^6	2.77×10^6	2.78×10^6	2.78×10^6	2.79×10^6	2.79×10^6	2.80×10^6
^{240}Pu	8.71×10^5	8.71×10^5	9.13×10^5	9.12×10^5	9.45×10^5	9.44×10^5	9.66×10^5	9.65×10^5	9.82×10^5	9.81×10^5	9.93×10^5	9.92×10^5
^{241}Pu	2.67×10^5	2.10×10^5	1.68×10^5	1.32×10^5	1.33×10^5	1.04×10^5	1.21×10^5	1.06×10^5	1.18×10^5	9.27×10^4	1.18×10^5	9.24×10^4
^{242}Pu	1.62×10^5	1.62×10^5	1.44×10^5	1.44×10^5	1.24×10^5	1.24×10^5	1.06×10^5	1.06×10^5	9.12×10^4	9.12×10^4	7.95×10^4	7.95×10^4
^{241}Am	1.64×10^4	7.32×10^4	9.18×10^3	4.49×10^4	6.54×10^3	3.48×10^4	5.62×10^3	3.13×10^4	5.35×10^3	3.04×10^4	5.29×10^3	3.03×10^4
^{243}Am	1.28×10^4	1.28×10^4	1.17×10^4	1.17×10^4	1.01×10^4	1.01×10^4	8.66×10^3	8.66×10^3	7.42×10^3	7.42×10^3	6.43×10^3	6.43×10^3
^{242}Cm	1.50×10^3	6.47×10^{-1}	8.18×10^2	3.52×10^{-1}	5.66×10^2	2.44×10^{-1}	4.80×10^2	2.07×10^{-1}	4.53×10^2	1.95×10^{-1}	4.47×10^2	1.93×10^{-1}
^{243}Cm	4.34×10^1	3.84×10^1	2.31×10^1	2.05×10^1	1.56×10^1	1.38×10^1	1.30×10^1	1.15×10^1	1.22×10^1	1.08×10^1	1.20×10^1	1.07×10^1
^{244}Cm	2.08×10^3	1.73×10^3	1.93×10^3	1.60×10^3	1.67×10^3	1.38×10^3	1.43×10^3	1.18×10^3	1.22×10^3	1.01×10^3	1.06×10^3	8.77×10^2
^{245}Cm	1.28×10^2	1.28×10^2	1.20×10^2	1.20×10^2	1.04×10^2	1.04×10^2	8.92×10^1	8.91×10^1	7.62×10^1	7.62×10^1	6.60×10^1	6.60×10^1

续表

核素	第7次循环		第8次循环		第9次循环		第10次循环		第11次循环		第12次循环	
	辐照480d	衰变5a	辐照480d	衰变5a	辐照480d	衰变5a	辐照480d	衰变5a	辐照480d	衰变5a	辐照480d	衰变5a
^{234}U	3.07×10^3	3.29×10^3	2.98×10^3	3.18×10^3	2.88×10^3	3.07×10^3	2.77×10^3	2.96×10^3	2.68×10^3	2.86×10^3	2.58×10^3	2.76×10^3
^{235}U	3.79×10^4	3.82×10^4	3.39×10^4	3.43×10^4	3.09×10^4	3.13×10^4	2.86×10^4	2.90×10^4	2.69×10^4	2.73×10^4	2.56×10^4	2.60×10^4
^{236}U	2.85×10^4	2.90×10^4	2.95×10^4	3.00×10^4	3.01×10^4	3.07×10^4	3.06×10^4	3.11×10^4	3.09×10^4	3.14×10^4	3.11×10^4	3.16×10^4
^{238}U	4.69×10^7	4.69×10^7	4.69×10^7	4.69×10^7	4.69×10^7	4.69×10^7	4.69×10^7	4.69×10^7	4.69×10^7	4.69×10^7	4.69×10^7	4.69×10^7
^{237}Np	6.23×10^3	6.53×10^3	6.30×10^3	6.60×10^3	6.32×10^3	6.62×10^3	6.35×10^3	6.65×10^3	6.38×10^3	6.69×10^3	6.40×10^3	6.71×10^3
^{238}Pu	5.47×10^3	5.69×10^3	4.93×10^3	5.18×10^3	4.62×10^3	4.88×10^3	4.44×10^3	4.72×10^3	4.35×10^3	4.63×10^3	4.30×10^3	4.59×10^3
^{239}Pu	2.79×10^6	2.80×10^6	2.79×10^6	2.80×10^6	2.79×10^6	2.80×10^6	2.79×10^6	2.80×10^6	2.79×10^6	2.80×10^6	2.79×10^6	2.80×10^6
^{240}Pu	1.00×10^6	1.00×10^6	1.01×10^6	1.01×10^6	1.01×10^6	1.01×10^6	1.02×10^6	1.02×10^6	1.02×10^6	1.02×10^6	1.02×10^6	1.02×10^6
^{241}Pu	1.18×10^5	9.28×10^4	1.19×10^5	9.35×10^4	1.20×10^5	9.40×10^4	1.20×10^5	9.45×10^4	1.21×10^5	9.48×10^4	1.21×10^5	9.51×10^4
^{242}Pu	7.04×10^4	7.04×10^4	6.34×10^4	6.34×10^4	5.79×10^4	5.79×10^4	5.38×10^4	5.38×10^4	5.06×10^4	5.06×10^4	4.81×10^4	4.81×10^4
^{241}Am	5.30×10^3	3.04×10^4	5.33×10^3	3.06×10^4	5.37×10^3	3.08×10^4	5.39×10^3	3.09×10^4	5.41×10^3	3.11×10^4	5.43×10^3	3.11×10^4
^{243}Am	5.67×10^3	5.67×10^3	5.06×10^3	5.06×10^3	4.60×10^3	4.60×10^3	4.24×10^3	4.24×10^3	3.97×10^3	3.97×10^3	3.76×10^3	3.76×10^3
^{242}Cm	4.48×10^2	1.93×10^{-1}	4.51×10^2	1.94×10^{-1}	4.54×10^2	1.96×10^{-1}	4.57×10^2	1.97×10^{-1}	4.58×10^2	1.98×10^{-1}	4.60×10^2	1.98×10^{-1}
^{243}Cm	1.21×10^1	1.07×10^1	1.21×10^1	1.07×10^1	1.22×10^1	1.08×10^1	1.23×10^1	1.09×10^1	1.23×10^1	1.09×10^1	1.24×10^1	1.10×10^1
^{244}Cm	9.31×10^2	7.71×10^2	8.30×10^2	6.87×10^2	7.52×10^2	6.23×10^2	6.93×10^2	5.74×10^2	6.46×10^2	5.35×10^2	6.10×10^2	5.05×10^2
^{245}Cm	5.80×10^1	5.80×10^1	5.16×10^1	5.16×10^1	4.68×10^1	4.68×10^1	4.31×10^1	4.31×10^1	4.01×10^1	4.01×10^1	3.78×10^1	3.78×10^1

表 4-4 铀钚及 MA 循环模式下经过 23 个循环后核素组成

（单位：g）

核素	第 1 次循环		第 2 次循环		第 3 次循环		第 4 次循环		第 5 次循环		第 6 次循环	
	辐照 480d	衰变 5a	辐照 480d	衰变 5a	辐照 480d	衰变 5a	辐照 480d	衰变 5a	辐照 480d	衰变 5a	辐照 480d	衰变 5a
^{234}U	1.04×10^3	7.98×10^3	9.07×10^3	1.88×10^4	1.93×10^4	3.05×10^4	3.00×10^4	4.19×10^4	4.04×10^4	5.26×10^4	5.01×10^4	6.24×10^4
^{235}U	1.12×10^5	1.12×10^5	9.15×10^4	9.18×10^4	7.67×10^4	7.71×10^4	6.60×10^4	6.64×10^4	5.85×10^4	5.88×10^4	5.33×10^4	5.36×10^4
^{236}U	7.34×10^3	7.80×10^3	1.33×10^4	1.37×10^4	1.78×10^4	1.83×10^4	2.14×10^4	2.19×10^4	2.43×10^4	2.47×10^4	2.66×10^4	2.71×10^4
^{238}U	4.61×10^7	4.61×10^7	4.60×10^7	4.60×10^7	4.60×10^7	4.60×10^7	4.59×10^7	4.59×10^7	4.59×10^7	4.59×10^7	4.59×10^7	4.59×10^7
^{236}Np	1.75×10^1	1.75×10^1	2.15×10^1	2.15×10^1	2.21×10^1	2.21×10^1	2.20×10^1	2.20×10^1	2.18×10^1	2.18×10^1	2.17×10^1	2.17×10^1
^{237}Np	3.35×10^5	3.37×10^5	2.96×10^5	2.98×10^5	2.81×10^5	2.83×10^5	2.75×10^5	2.76×10^5	2.72×10^5	2.74×10^5	2.71×10^5	2.73×10^5
^{238}Pu	1.62×10^5	1.78×10^5	2.33×10^5	2.49×10^5	2.71×10^5	2.85×10^5	2.89×10^5	3.03×10^5	2.98×10^5	3.10×10^5	3.01×10^5	3.13×10^5
^{239}Pu	2.49×10^6	2.50×10^6	2.62×10^6	2.63×10^6	2.67×10^6	2.68×10^6	2.68×10^6	2.69×10^6	2.69×10^6	2.70×10^6	2.69×10^6	2.70×10^6
^{240}Pu	8.74×10^5	8.87×10^5	8.99×10^5	9.14×10^5	9.09×10^5	9.26×10^5	9.14×10^5	9.31×10^5	9.18×10^5	9.36×10^5	9.20×10^5	9.38×10^5
^{241}Pu	2.80×10^5	2.20×10^5	1.72×10^5	1.35×10^5	1.28×10^5	1.01×10^5	1.11×10^5	8.73×10^4	1.05×10^5	8.24×10^4	1.02×10^5	8.05×10^4
^{242}Pu	1.77×10^5	1.77×10^5	1.68×10^5	1.68×10^5	1.55×10^5	1.55×10^5	1.41×10^5	1.41×10^5	1.28×10^5	1.28×10^5	1.18×10^5	1.18×10^5
^{241}Am	1.87×10^5	2.46×10^5	2.06×10^5	2.41×10^5	2.05×10^5	2.31×10^5	1.99×10^5	2.21×10^5	1.93×10^5	2.14×10^5	1.89×10^5	2.09×10^5
^{243}Am	1.26×10^5	1.26×10^5	1.22×10^5	1.22×10^5	1.22×10^5	1.22×10^5	1.22×10^5	1.22×10^5	1.22×10^5	1.22×10^5	1.22×10^5	1.22×10^5
^{242}Cm	2.32×10^4	9.96×10^0	2.57×10^4	1.10×10^1	2.57×10^4	1.10×10^1	2.50×10^4	1.08×10^1	2.43×10^4	1.04×10^1	2.38×10^4	1.02×10^1
^{243}Cm	1.22×10^3	1.08×10^3	1.67×10^3	1.48×10^3	1.91×10^3	1.69×10^3	2.01×10^3	1.78×10^3	2.03×10^3	1.79×10^3	2.02×10^3	1.79×10^3
^{244}Cm	7.93×10^4	6.55×10^4	8.95×10^4	7.39×10^4	9.73×10^4	8.04×10^4	1.03×10^5	8.50×10^4	1.07×10^5	8.82×10^4	1.09×10^5	9.02×10^4
^{245}Cm	1.13×10^4	1.13×10^4	1.76×10^4	1.76×10^4	2.25×10^4	2.25×10^4	2.61×10^4	2.61×10^4	2.88×10^4	2.88×10^4	3.07×10^4	3.07×10^4
^{246}Cm	1.04×10^3	1.04×10^3	1.90×10^3	1.90×10^3	3.01×10^3	3.01×10^3	4.25×10^3	4.25×10^3	5.54×10^3	5.53×10^3	6.82×10^3	6.81×10^3
^{247}Cm	3.14×10^1	3.14×10^1	7.82×10^1	7.82×10^1	1.46×10^2	1.46×10^2	2.34×10^2	2.34×10^2	3.38×10^2	3.39×10^2	4.53×10^2	4.54×10^2

续表

核素	第7次循环 辐照80d	第7次循环 衰变5a	第8次循环 辐照480d	第8次循环 衰变5a	第9次循环 辐照480d	第9次循环 衰变5a	第10次循环 辐照480d	第10次循环 衰变5a	第11次循环 辐照480d	第11次循环 衰变5a	第12次循环 辐照480d	第12次循环 衰变5a
^{234}U	5.90×10^4	7.13×10^4	6.70×10^4	7.93×10^4	7.42×10^4	8.65×10^4	8.07×10^4	9.30×10^4	8.66×10^4	9.88×10^4	9.19×10^4	1.04×10^5
^{235}U	4.98×10^4	5.02×10^4	4.76×10^4	4.80×10^4	4.64×10^4	4.68×10^4	4.59×10^4	4.63×10^4	4.59×10^4	4.63×10^4	4.62×10^4	4.66×10^4
^{236}U	2.85×10^4	2.90×10^4	3.02×10^4	3.06×10^4	3.16×10^4	3.21×10^4	3.30×10^4	3.34×10^4	3.42×10^4	3.47×10^4	3.53×10^4	3.58×10^4
^{238}U	4.59×10^7	4.59×10^7	4.59×10^7	4.59×10^7	4.59×10^7	4.59×10^7	4.59×10^7	4.59×10^7	4.59×10^7	4.59×10^7	4.59×10^7	4.59×10^7
^{236}Np	2.16×10^1	2.16×10^1	2.16×10^1	2.16×10^1	2.17×10^1	2.17×10^1	2.17×10^1	2.16×10^1	2.16×10^1	2.16×10^1	2.17×10^1	2.17×10^1
^{237}Np	2.71×10^5	2.73×10^5	2.71×10^5	2.73×10^5	2.72×10^5	2.73×10^5	2.72×10^5	2.74×10^5	2.72×10^5	2.74×10^5	2.73×10^5	2.74×10^5
^{238}Pu	3.02×10^5	3.13×10^5	3.02×10^5	3.13×10^5	3.02×10^5	3.13×10^5	3.02×10^5	3.12×10^5	3.01×10^5	3.12×10^5	3.01×10^5	3.12×10^5
^{239}Pu	2.69×10^6	2.70×10^6	2.69×10^6	2.69×10^6	2.69×10^6	2.70×10^6	2.69×10^6	2.70×10^6	2.69×10^6	2.70×10^6	2.69×10^6	2.69×10^6
^{240}Pu	9.21×10^5	9.39×10^5	9.21×10^5	9.39×10^5	9.23×10^5	9.41×10^5	9.23×10^5	9.42×10^5	9.24×10^5	9.42×10^5	9.24×10^5	9.42×10^5
^{241}Pu	1.02×10^5	7.99×10^4	1.01×10^5	7.97×10^4	1.01×10^5	7.97×10^4	1.01×10^5	7.97×10^4	1.02×10^5	7.99×10^4	1.02×10^5	7.98×10^4
^{242}Pu	1.10×10^5	1.10×10^5	1.03×10^5	1.03×10^5	9.78×10^4	9.79×10^4	9.37×10^4	9.37×10^4	9.06×10^4	9.06×10^4	8.80×10^4	8.80×10^4
^{241}Am	1.85×10^5	2.05×10^5	1.83×10^5	2.03×10^5	1.81×10^5	2.01×10^5	1.80×10^5	2.01×10^5	1.80×10^5	2.00×10^5	1.80×10^5	2.00×10^5
^{243}Am	1.21×10^5	1.21×10^5	1.20×10^5	1.20×10^5	1.19×10^5	1.19×10^5	1.18×10^5	1.18×10^5	1.17×10^5	1.17×10^5	1.16×10^5	1.16×10^5
^{242}Cm	2.34×10^4	1.00×10^1	2.31×10^4	9.93×10^0	2.29×10^4	9.84×10^0	2.28×10^4	9.79×10^0	2.27×10^4	9.75×10^0	2.27×10^4	9.74×10^0
^{243}Cm	2.00×10^3	1.77×10^3	1.98×10^3	1.75×10^3	1.96×10^3	1.74×10^3	1.95×10^3	1.72×10^3	1.94×10^3	1.72×10^3	1.93×10^3	1.71×10^3
^{244}Cm	1.11×10^5	9.14×10^4	1.11×10^5	9.19×10^4	1.11×10^5	9.21×10^4	1.11×10^5	9.20×10^4	1.11×10^5	9.17×10^4	1.11×10^5	9.14×10^4
^{245}Cm	3.20×10^4	3.20×10^4	3.29×10^4	3.29×10^4	3.35×10^4	3.35×10^4	3.38×10^4	3.38×10^4	3.40×10^4	3.40×10^4	3.40×10^4	3.40×10^4
^{246}Cm	8.05×10^3	8.04×10^3	9.22×10^3	9.21×10^3	1.03×10^4	1.03×10^4	1.13×10^4	1.13×10^4	1.22×10^4	1.22×10^4	1.30×10^4	1.30×10^4
^{247}Cm	5.74×10^2	5.74×10^2	6.97×10^2	6.97×10^2	8.17×10^2	8.17×10^2	9.33×10^2	9.33×10^2	1.04×10^3	1.04×10^3	1.14×10^3	1.14×10^3

续表

核素	第13次循环 辐照480d	第13次循环 衰变5a	第14次循环 辐照480d	第14次循环 衰变5a	第15次循环 辐照480d	第15次循环 衰变5a	第16次循环 辐照480d	第16次循环 衰变5a	第17次循环 辐照480d	第17次循环 衰变5a	第18次循环 辐照480d	第18次循环 衰变5a
^{234}U	9.67×10^{4}	1.09×10^{5}	1.01×10^{5}	1.13×10^{5}	1.05×10^{5}	1.17×10^{5}	1.08×10^{5}	1.21×10^{5}	1.12×10^{5}	1.24×10^{5}	1.14×10^{5}	1.27×10^{5}
^{235}U	4.68×10^{4}	4.72×10^{4}	4.75×10^{4}	4.79×10^{4}	4.83×10^{4}	4.87×10^{4}	4.91×10^{4}	4.95×10^{4}	5.00×10^{4}	5.04×10^{4}	5.08×10^{4}	5.12×10^{4}
^{236}U	3.65×10^{4}	3.70×10^{4}	3.76×10^{4}	3.80×10^{4}	3.86×10^{4}	3.91×10^{4}	3.97×10^{4}	4.02×10^{4}	4.07×10^{4}	4.12×10^{4}	4.17×10^{4}	4.22×10^{4}
^{238}U	4.59×10^{7}	4.59×10^{7}	4.59×10^{7}	4.59×10^{7}	4.59×10^{7}	4.59×10^{7}	4.59×10^{7}	4.59×10^{7}	4.59×10^{7}	4.59×10^{7}	4.59×10^{7}	4.59×10^{7}
^{236}Np	2.17×10^{1}	2.17×10^{1}	2.17×10^{1}	2.17×10^{1}	2.17×10^{1}	2.17×10^{1}	2.18×10^{1}	2.18×10^{1}	2.18×10^{1}	2.18×10^{1}	2.18×10^{1}	2.18×10^{1}
^{237}Np	2.73×10^{5}	2.75×10^{5}	2.73×10^{5}	2.75×10^{5}	2.74×10^{5}	2.75×10^{5}	2.74×10^{5}	2.76×10^{5}	2.74×10^{5}	2.76×10^{5}	2.74×10^{5}	2.76×10^{5}
^{238}Pu	3.01×10^{5}	3.11×10^{5}	3.01×10^{5}	3.12×10^{5}	3.01×10^{5}	3.12×10^{5}	3.01×10^{5}	3.12×10^{5}	3.01×10^{5}	3.12×10^{5}	3.02×10^{5}	3.12×10^{5}
^{239}Pu	2.68×10^{6}	2.69×10^{6}	2.69×10^{6}	2.69×10^{6}	2.69×10^{6}	2.69×10^{6}	2.68×10^{6}	2.69×10^{6}	2.68×10^{6}	2.69×10^{6}	2.69×10^{6}	2.69×10^{6}
^{240}Pu	9.24×10^{5}	9.42×10^{5}	9.24×10^{5}	9.42×10^{5}	9.24×10^{5}	9.42×10^{5}	9.23×10^{5}	9.42×10^{5}	9.24×10^{5}	9.42×10^{5}	9.24×10^{5}	9.42×10^{5}
^{241}Pu	1.01×10^{5}	7.98×10^{4}	1.02×10^{5}	7.98×10^{4}	1.02×10^{5}	7.98×10^{4}	1.02×10^{5}	7.98×10^{4}	1.02×10^{5}	7.98×10^{4}	1.02×10^{5}	7.98×10^{4}
^{242}Pu	8.59×10^{4}	8.60×10^{4}	8.44×10^{4}	8.45×10^{4}	8.33×10^{4}	8.33×10^{4}	8.23×10^{4}	8.23×10^{4}	8.16×10^{4}	8.16×10^{4}	8.10×10^{4}	8.10×10^{4}
^{241}Am	1.79×10^{5}	2.00×10^{5}	1.79×10^{5}	1.99×10^{5}	1.79×10^{5}	1.99×10^{5}	1.79×10^{5}	1.99×10^{5}	1.79×10^{5}	1.99×10^{5}	1.79×10^{5}	1.99×10^{5}
^{243}Am	1.16×10^{5}	1.16×10^{5}	1.15×10^{5}	1.15×10^{5}	1.14×10^{5}	1.14×10^{5}	1.14×10^{5}	1.14×10^{5}	1.14×10^{5}	1.14×10^{5}	1.13×10^{5}	1.13×10^{5}
^{242}Cm	2.26×10^{4}	9.73×10^{0}	2.26×10^{4}	9.72×10^{0}	2.26×10^{4}	9.72×10^{0}	2.26×10^{4}	9.72×10^{0}	2.26×10^{4}	9.71×10^{0}	2.26×10^{4}	9.71×10^{0}
^{243}Cm	1.93×10^{3}	1.71×10^{3}	1.93×10^{3}	1.71×10^{3}	1.92×10^{3}	1.70×10^{3}	1.92×10^{3}	1.70×10^{3}	1.92×10^{3}	1.70×10^{3}	1.92×10^{3}	1.70×10^{3}
^{244}Cm	1.10×10^{5}	9.10×10^{4}	1.10×10^{5}	9.07×10^{4}	1.09×10^{5}	9.04×10^{4}	1.09×10^{5}	9.01×10^{4}	1.09×10^{5}	8.98×10^{4}	1.08×10^{5}	8.96×10^{4}
^{245}Cm	3.40×10^{4}	3.40×10^{4}	3.39×10^{4}	3.39×10^{4}	3.39×10^{4}	3.38×10^{4}	3.38×10^{4}	3.37×10^{4}	3.37×10^{4}	3.37×10^{4}	3.36×10^{4}	3.36×10^{4}
^{246}Cm	1.37×10^{4}	1.37×10^{4}	1.44×10^{4}	1.43×10^{4}	1.49×10^{4}	1.49×10^{4}	1.54×10^{4}	1.54×10^{4}	1.59×10^{4}	1.59×10^{4}	1.63×10^{4}	1.62×10^{4}
^{247}Cm	1.24×10^{3}	1.24×10^{3}	1.32×10^{3}	1.32×10^{3}	1.40×10^{3}	1.40×10^{3}	1.47×10^{3}	1.47×10^{3}	1.53×10^{3}	1.53×10^{3}	1.58×10^{3}	1.58×10^{3}

续表

核素	第 19 次循环 辐照 480d	第 19 次循环 衰变 5a	第 20 次循环 辐照 480d	第 20 次循环 衰变 5a	第 21 次循环 辐照 480d	第 21 次循环 衰变 5a	第 22 次循环 辐照 480d	第 22 次循环 衰变 5a	第 23 次循环 辐照 480d	第 23 次循环 衰变 5a
^{234}U	1.17×10^5	1.29×10^5	1.19×10^5	1.32×10^5	1.22×10^5	1.34×10^5	1.23×10^5	1.36×10^5	1.25×10^5	1.37×10^5
^{235}U	5.16×10^4	5.20×10^4	5.24×10^4	5.28×10^4	5.32×10^4	5.36×10^4	5.39×10^4	5.43×10^4	5.46×10^4	5.50×10^4
^{236}U	4.27×10^4	4.32×10^4	4.37×10^4	4.42×10^4	4.47×10^4	4.52×10^4	4.56×10^4	4.61×10^4	4.66×10^4	4.71×10^4
^{238}U	4.59×10^7	4.59×10^7	4.59×10^7	4.59×10^7	4.59×10^7	4.59×10^7	4.59×10^7	4.59×10^7	4.59×10^7	4.59×10^7
^{236}Np	2.18×10^1	2.18×10^1	2.18×10^1	2.18×10^1	2.18×10^1	2.18×10^1	2.19×10^1	2.18×10^1	2.18×10^1	2.18×10^1
^{237}Np	2.75×10^5	2.76×10^5	2.75×10^5	2.76×10^5	2.75×10^5	2.76×10^5	2.75×10^5	2.77×10^5	2.75×10^5	2.77×10^5
^{238}Pu	3.02×10^5	3.12×10^5	3.02×10^5	3.12×10^5	3.02×10^5	3.12×10^5	3.02×10^5	3.12×10^5	3.02×10^5	3.12×10^5
^{239}Pu	2.69×10^6	2.69×10^6	2.68×10^6	2.69×10^6	2.69×10^6	2.69×10^6	2.68×10^6	2.69×10^6	2.68×10^6	2.69×10^6
^{240}Pu	9.23×10^5	9.41×10^5	9.22×10^5	9.40×10^5	9.22×10^5	9.40×10^5	9.22×10^5	9.40×10^5	9.22×10^5	9.40×10^5
^{241}Pu	1.01×10^5	7.98×10^4	1.01×10^5	7.97×10^4	1.01×10^5	7.97×10^4	1.01×10^5	7.97×10^4	1.01×10^5	7.97×10^4
^{242}Pu	8.05×10^4	8.06×10^4	8.02×10^4	8.02×10^4	7.99×10^4	7.99×10^4	7.97×10^4	7.97×10^4	7.95×10^4	7.95×10^4
^{241}Am	1.79×10^5	1.99×10^5	1.79×10^5	1.99×10^5	1.79×10^5	1.99×10^5	1.79×10^5	1.99×10^5	1.79×10^5	1.99×10^5
^{243}Am	1.13×10^5	1.13×10^5	1.13×10^5	1.13×10^5	1.13×10^5	1.13×10^5	1.13×10^5	1.12×10^5	1.12×10^5	1.12×10^5
^{242}Cm	2.26×10^4	9.71×10^0	2.26×10^4	9.71×10^0	2.26×10^4	9.71×10^0	2.26×10^4	9.70×10^0	2.26×10^4	9.70×10^0
^{243}Cm	1.92×10^3	1.70×10^3	1.92×10^3	1.70×10^3	1.92×10^3	1.70×10^3	1.92×10^3	1.70×10^3	1.92×10^3	1.70×10^3
^{244}Cm	1.08×10^5	8.94×10^4	1.08×10^5	8.92×10^4	1.08×10^5	8.91×10^4	1.08×10^5	8.90×10^4	1.08×10^5	8.89×10^4
^{245}Cm	3.35×10^4	3.35×10^4	3.34×10^4	3.34×10^4	3.34×10^4	3.33×10^4	3.33×10^4	3.33×10^4	3.33×10^4	3.32×10^4
^{246}Cm	1.66×10^4	1.66×10^4	1.69×10^4	1.69×10^4	1.72×10^4	1.72×10^4	1.74×10^4	1.74×10^4	1.76×10^4	1.76×10^4
^{247}Cm	1.63×10^3	1.63×10^3	1.68×10^3	1.68×10^3	1.71×10^3	1.71×10^3	1.75×10^3	1.75×10^3	1.78×10^3	1.78×10^3

三、结　论

在计算中只考虑了堆芯区燃料的循环。CFR1000 堆芯的增殖比大于 1，在铀钚循环模式或者铀钚及 MA 共同循环模式下，燃料进行多次循环，燃料中钚的成分能够达到平衡，其中易裂变钚的份额随着循环次数的增加而逐渐增加，最后趋于稳定。即从易裂变成分变化的角度看，初装料中的工业钚能够在 CFR1000 堆芯中实现多次循环。

不同循环模式下易裂变 Pu 的比例随循环周期的变化见表 4-5 和表 4-6。

表 4-5　铀钚循环模式下经过 12 个循环后易裂变钚的份额变化　　（单位：%）

循环次数	1	2	3	4	5	6
易裂变 Pu 份额 *	72.23	72.48	72.65	72.78	72.86	72.93
循环次数	7	8	9	10	11	12
易裂变 Pu 份额	72.95	72.97	73.00	73.02	73.04	73.05

*：$(^{239}Pu+^{241}Pu)/Pu$，表 4-6 同。

表 4-6　铀钚及 MA 循环模式下经过 23 个循环后易裂变钚的份额变化（单位：%）

循环次数	1	2	3	4	5	6	7	8
易裂变 Pu 份额	69.57	68.24	67.74	67.53	67.52	67.59	67.67	67.76
循环次数	9	10	11	12	13	14	15	16
易裂变 Pu 份额	67.83	67.90	67.94	67.98	68.01	68.03	68.05	68.07
循环次数	17	18	19	20	21	22	23	
易裂变 Pu 份额	68.07	68.09	68.10	68.11	68.12	68.12	68.13	

第三节　铀资源利用率分析

一、简化模型和参数敏感性分析

（一）简化模型描述

全球可经济开采的铀资源是有限的，因此对铀资源的高效利用是核能发展必须要解决的问题。增殖核燃料是快堆发展的原始驱动力，我国要大规模发展利用核能必须要考虑到快堆的发展，以保证核能的可持续利用。快堆可以将占天然 U 资源中 99% 以上的 ^{238}U 利用起来，这是核能界已经达成的共识。但是，U 资源在反应堆内循环一次，即便是快堆其利用率也是有限的。要想大幅度提高利用率，就必须将快堆乏燃料进行后处理，回收其中的有用材料，并再做成燃料返回到堆芯中再次进行辐照。在实际应用中，乏燃料后处理和燃料的再制造过程都会有一定的丢失率，也就是乏燃料中的 U 和 Pu 不能百分百地再利用。另外，考虑到一些具体的问题，回收的 U 和 Pu 也不能无限地在反应堆中循环下去。因此，综合上述因素，在考虑到一定的燃料回收率和一定的循环次数后，快堆对铀资源的利用率究竟能够达到多大，是我们需要探讨的问题。本节使用简化模型，研究快堆对铀资源的利用率问题，并分析一些相关参数（如后处理回收率、循环次数等）对铀资源利用率的影响趋势。

　　建立一个简单模型：一座快堆燃料的主要组成是 U（天然 U 或贫 U）和 Pu，假设 U 的初装料是 M_{U0}kg，易裂变材料的装料是 M_{f0}kg，堆芯的增殖比是 c，燃料的燃耗深度是 B（原子百分燃耗，下文中若不加特别说明，燃耗深度都使用原子百分燃耗，即 at%）；假设堆芯卸料进行后处理并制造成新的 MOX 燃料过程中的燃料回收率为 ε。从理论上来说，如果该堆芯的增殖比是 1，那么在一定周期内堆芯产生的易裂变材料量和消耗的易裂变材料量是相等的。如果后处理也是理想的百分百回收，那么这样的一个堆芯只需在循环初期向堆芯中加入一定量的天然 U 或贫 U，实际上整个堆芯更像是一个烧天然 U 或贫 U 的堆芯。但是，实际情况并非如此，燃料回收有一定的丢失率，因此增殖比必须达到一定临界值（比 1 稍大），反应堆才能达到仅需要添加 U 的状态。显然，该临界值与燃料回收率和具体堆芯装量有关。这里假定快堆已经达到这样的增殖比，且不考虑实际的 Pu 循环次数的限制，理论上来说堆芯只需添加 U 便可以不断循环下去。

　　另外，还需要确定的一个问题就是定义什么是“U 资源被利用”。很显然，快堆中直接裂变的 ^{235}U 和 ^{238}U（MOX 燃料堆芯中 ^{238}U 的直接裂变份额约为 13%）是对 U 资源的利用；而 ^{238}U 转换成 ^{239}Pu 后进一步裂变实际上也是对 U 资源的利用；在增殖比大于 1 的情况下，还有部分天然 U 转化成了 Pu，但没有被裂变掉，可以用作别的新的堆芯的装料而进一步利用。因此，这里定义广义上的 U 的利用，包括了裂变产生能量的部分和转化成 Pu 等待进一步利用的部分。更进一步地，忽略 U 俘获生产除易裂变 Pu 之外的损失，假设 U 要么裂变掉产生了能量，要么就转化成了新的易裂变材料，这样就可以使用 U 的消耗率来定义 U 资源额利用，其定义为

$$B_U = \frac{\Delta M_U}{M_{U0}} = \frac{\Delta M_U - M_1}{M_{U0}} \qquad (4\text{-}1)$$

式中，M_{U0} 是堆芯初装 U 量；M_{U1} 是循环末堆芯中的 U。

显然 B_U 与燃料燃耗 B 之间是相关但有差别的，如果增殖比是 1，那么这两个参数理论上是相等的。

这样就建立了快堆 U 资源利用率分析的初步模型。对于确定量（假设为 Mkg）的初装 U 来说，第一次循环利用了 MB_Ukg，经过回收、燃料再制造后剩下可利用的为 $M(1-B_U)\varepsilon$kg；第二次循环利用了 $M(1-B_U)\varepsilon B_U$kg，剩下可实际利用的为 $M(1-B_U)\varepsilon(1-B_U)\varepsilon$kg；如此循环下去，第 n 次循环利用了 $M(1-B_U)^{n-1}\varepsilon^{n-1}B_U$kg。

因此，循环 n 次后，对于初始确定 Mkg 的 U 来说，总的利用率为

$$U_n = \frac{M \cdot \sum\limits_{n=1,2,\cdots} (1-B_U)^{n-1}\varepsilon^{n-1}\cdot B_U}{M} = \frac{1-(1-B_U)^n\varepsilon^n}{1-(1-B_U)\varepsilon}\cdot B_U \qquad (4\text{-}2)$$

该模型下 n 次循环后 U 的利用率与单次循环 U 的消耗率和每次乏燃料后处理时燃料的回收再利用率有关。在实际的快中子增殖反应堆中，出现了另外一个实际问题，那就是堆芯活性区的 U 消耗率比增殖区的 U 消耗率要大得多。比如，在某大型快堆中堆芯活性区平均的 U 消耗率是 7.6%，而增殖区平均值为 3.3%。利用式（4-2），假设回收利用率为 97%，分别计算活性区和增殖区的燃料多次循环的利用率情况，见图 4-1。U 消耗率不同会影响到再循环的次数，因此 U 的利用率也大为不同（此种情况下，活性区理论上的 U 利用率是 73%，增殖区仅为 53%）。

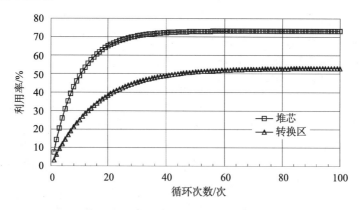

图 4-1　快堆中堆芯活性区和增殖区 U 多次循环后的利用率
注：假定回收率 $\varepsilon = 97\%$

为了综合考虑活性区和增殖区燃料中 U 消耗速度的不同，这里引入全堆平

均的 U 消耗率，其定义为全堆整体的 U 的消耗量除以 U 的总初装量，包括活性区和增殖区的。另外，与全堆平均 U 消耗率相对应的，引入全堆平均燃耗深度，定义为对应包括活性区和增殖区所有重金属装量一起的全堆平均燃耗。令 $\overline{B_U}$ 和 $\overline{B}$ 分别表示全堆平均 U 消耗率和全堆平均燃耗深度，则 $\overline{B}$ 与堆芯燃料和增殖区平均燃耗深度之间的关系，以及 $\overline{B_U}$ 与 $\overline{B}$ 之间的关系可以分别表示成式（4-3）和式（4-4）。

$$\overline{B} = \frac{P_c T_c + P_b T_b}{M_{c0} + M_{b0}} \times \frac{1}{\tau} = B_c \times \frac{M_{c0}}{M_{b0} + M_{c0}} + B_b \times \frac{M_{b0}}{M_{b0} + M_{c0}} \qquad （4-3）$$

式中，P_c 和 P_b 分别是活性区和增殖区功率；T_c 和 T_b 分别是燃料组件和增殖区组件的堆内停留时间；B_c 为堆芯活性区燃料平均燃耗深度；B_b 为增殖区材料平均燃耗深度；M_{c0} 和 M_{b0} 分别为活性区和增殖区重金属初装量；τ 为不同燃耗单位之间的转换系数，约为 9.36（即每 MW·d/kg 重金属对应的原子百分燃耗）。

$$\overline{B_U} = \frac{(c-1)\Delta m_f + \Delta m_{f,b}}{M_{U0}} = \overline{B} \times \frac{(c-1)\pi(1+\alpha_1)+1}{\alpha_2} \qquad （4-4）$$

式中，c 为堆芯增殖比；Δm_f 和 $\Delta m_{f,b}$ 分别表示堆内一次循环消耗的易裂变材料量和裂变掉的易裂变材料量；M_{U0} 表示全堆总的包括增殖区的 U 初装量；$\overline{B}$ 是式（4-3）中定义的包括增殖区装载在内的全堆平均燃耗；α_1 表示的是易裂变材料的俘获裂变比；α_2 表示全堆（包括堆芯活性区和增殖区）初装载中 U 在重金属中所占的质量份额。式（4-4）考虑了 U 的两个主要消耗方面，一是裂变掉的（包括直接裂变的和转换成易裂变材料后裂变的），二是循环末易裂变材料的增殖增益。

通过引入全堆的平均 U 消耗率，可以将堆芯活性区和增殖区综合在一起来考虑全堆的 U 资源利用效率。这样将全堆看成是一个黑盒子系统，在转换比大于 1 的情况下，送入反应堆的是 U，反应堆输出的是能量和增殖出来的易裂变材料，便于估计该系统对 U 资源的利用率。建立这样一个黑盒子模型尽管是理想化的，但是从评估快中子增殖堆对 U 资源的利用率以及对相关参数进行敏感性分析的角度来看是合适的。

（二）铀资源利用率及敏感性分析

可利用前节所建计算模型［式（4-1）～式（4-4）］对快中子增殖堆对 U 资源的利用率能够达到多少，以及利用率与相关参数的敏感性进行分析。其中使用的某些与具体堆芯相关的参数使用百万千瓦钠冷快堆 CFR1000 的设计计算结果。

1. 燃料燃耗深度对 U 资源利用率的影响

上述模型中使用的是 U 消耗率这个参数，没有直接使用燃料燃耗深度，主要是考虑到 U 除了裂变产生能量外，还有部分 U 转换成了易裂变材料，这部分 U 实际也被利用了。尤其是在快堆增殖区中，装载了比堆芯还要多的 U，但是燃料燃耗深度又非常低，必须使用 U 消耗率来反映 U 的利用。尽管如此，联立式（4-3）和式（4-4）可以看出，燃料的燃耗深度对 U 的消耗率有很大的影响，燃料燃耗深度越大全堆平均 U 消耗率也越大。一次循环的 U 消耗率越大则燃料需要后处理再循环的次数也越小，可以提高 U 资源利用率。

式（4-3）和式（4-4）中，若以 CFR1000 堆芯为参考堆芯，$B_c \approx 6.5\text{at}\%$，$B_b \approx 0.3\text{at}\%$，$\dfrac{M_{c0}}{M_{b0}+M_{c0}} \approx 32.6\%$，$\dfrac{M_{b0}}{M_{b0}+M_{c0}} \approx 67.4\%$，增殖比 c 约为 1.2，对应 ^{239}Pu 的平均俘获裂变比 $\alpha_1 \approx 0.294$，$\alpha_2 \approx 93.6\%$。假设燃料后处理利用率分别为 97% 和 99%，不同燃料燃耗深度下多次循环后 U 资源利用率情况分别见图 4-2 和图 4-3。

CFR1000 堆芯燃料的平均燃耗深度约为 6.5at%，在简化模型框架下可以看出，在这个燃耗深度下，如果再循环回收利用率仅为 97%，那么无限次循环后的理论极限 U 利用率仅能达到约 54%；在 97% 回收率前提下，如果燃料平均燃耗深度分别加深至 10at%、15at% 和 20at%，要达到 60% U 利用率，分别需要循环 35 次、17 次和 11 次，计算结果见图 4-2。如果后处理回收利用率提高至 99%，燃料平均燃耗深度 6.5at%、10at%、15at% 和 20at% 情况下，U 利用率达到 60% 所需要的循环次数要求有明显下降，分别约为 34 次、21 次、13 次和 10 次，具体见图 4-3。

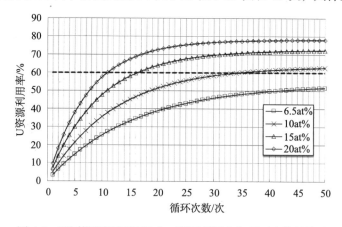

图 4-2　不同燃料燃耗深度时 U 资源利用率与循环次数的关系

注：回收率 97%

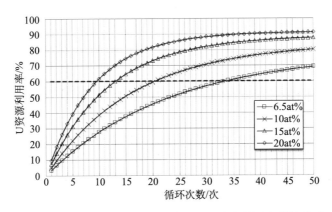

图 4-3 不同燃料燃耗深度时 U 资源利用率与循环次数的关系

注：回收率 99%

2. 燃料后处理及再制造过程的回收利用率对 U 资源利用率的影响

在确定燃料燃耗深度情况下，后处理回收率对 U 资源利用率的影响见图 4-4，其中燃料燃耗深度假设为 10at%。可以看出，如果回收率仅为 95%，即便是无限循环下去也达不到 60% 的利用率；如果回收率分别增加到 97%、99% 和 99.9%，达到 60%U 资源利用率的目标分别需要循环 35 次、20 次和 19 次。

回收率对 U 资源利用率影响在开始的几次循环里影响比较小，但在循环次数增加以后会对利用率有明显的影响，回收率越高 U 资源的利用率越高。从图 4-4 的结果可以看出，在前 5 次循环中，回收率的影响很小，在 5 次以后的循环中回收率的重要影响才逐渐体现。因此，仅仅从 U 资源利用的角度看，如果燃料循环次数受其他技术方面的影响只能进行有限的几次，仅提高后处理回收率对提高 U 资源利用率的作用有限。

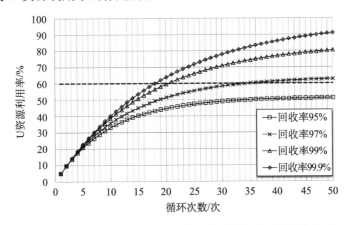

图 4-4 不同后处理回收率时 U 资源利用率与循环次数的关系

注：燃料平均燃耗 10at%

3. 快堆增殖比对 U 资源利用率的影响

提高增殖比可以增加 U 资源利用率，因为此模型认为 U 转化成为易裂变材料后就是被利用了。另外，前面也提到过，堆芯增殖比必须大到除去再循环的损失之后能够维持反应堆中易裂变材料的平衡，这样理论上 U 才能不断在反应堆中循环，这是模型建立的基本假设。图 4-5 给出了燃料平均燃耗为 10at%、回收率为 99% 时，不同增殖比情况下 U 资源利用率与循环次数的关系。可以看出，只要 U 能够循环起来，提高增殖比对提高利用率作用有限。当然，增殖比提高后能够减少倍增时间，这对快速提高装机容量有显著作用。

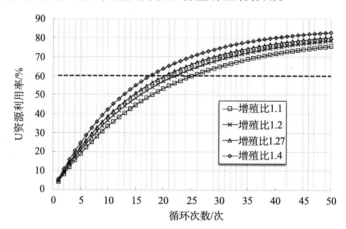

图 4-5 不同增殖比下 U 资源利用率和循环次数的关系
注：回收率 99%

（三）60% 铀资源利用率所需循环次数

简化模型下，针对 U 资源 60% 的利用率目标，在不同燃料燃耗深度和不同回收率情况下所需要的循环次数见表 4-7。

表 4-7 不同回收率下不同燃料平均燃耗深度时 U 资源利用率达到 60% 需要的循环次数对比

回收率	平均燃料燃耗深度			
	6.5at%	10at%	15at%	20at%
回收率 97%	—*	35	17	11
回收率 99%	34	21	13	10
回收率 99.9%	28	19	12	9

*代表此种情况下，无限循环的理论值低于 60%。

二、实际燃料循环的铀资源利用率分析

使用与简化模型中相同的铀资源利用率定义，但采用三维堆芯计算模型真实地模拟快堆多次燃料循环过程，准确计算燃料燃耗成分变化，计算分析快中子增殖堆对 U 资源利用率能够达到多少。参考堆芯仍选择 CFR1000 堆芯。

主要计算方案见表 4-8。每次循环计算时同样保持燃料中钚的成分与上次循环卸出的乏燃料并经 5a 冷却后的钚的组成一致，同时新的燃料组成需要保证初始 k_{eff} 接近初次循环的 k_{eff}，而且在每次循环装料时要保持全堆重金属质量与初装堆芯质量一致。因需进行大量堆芯和燃耗计算，仅对 C2 方案进行了 23 次换料模拟，对其余方案进行了 11 次换料模拟。

表 4-8　快堆多次循环研究计算方案

方案	循环方式	燃料在堆内停留时间 /d	回收率	增殖比	回收铀的利用	MA 添加与否
C1	铀钚循环	480	铀钚 99.7%	1.2	全部利用	不添加
C2	铀钚及 MA 循环	480	铀钚 99.7%；MA99%	1.2	全部利用	堆芯区添加 5% 的 MA
C1-1	铀钚循环	480	铀钚 95.0%	1.2	全部利用	不添加
C1-2	铀钚循环	320	铀钚 99.7%	1.2	全部利用	不添加
C1-3	铀钚循环	480	铀钚 99.7%	1.4	全部利用	不添加

1. 不同循环方式下的铀资源利用率

方案 C1 为铀钚循环方式，方案 C2 为铀钚及 MA 循环方式，两种循环方式下实际的铀资源利用率计算结果见图 4-6。

由图 4-6 可知，铀钚循环或铀钚及 MA 循环方式下，铀资源利用率随着循环次数而增加。且铀钚及 MA 共同循环情况下增长更快，所能达到的铀资源利用率更高，在循环 22 次之后，铀资源利用率达到 45% 左右。而在铀钚循环方式下，循环 10 次之后，铀资源利用率达到 25% 左右。同时，通过比较简化模型计算结果，可以看出两种模型下铀资源利用率变化趋势一致，但简化模型由于使用简化参数且没有考虑乏燃料冷却过程的成分变化，其结果略有高估。

2. 利用率与相关参数的敏感性分析

在方案 C1 的基础上，方案 C1-1 改变了燃料回收率，方案 C1-2 通过改变燃料在堆内停留时间来改变燃耗，方案 C1-3 改变了增殖比。四种方案的铀资源利用率见图 4-7。

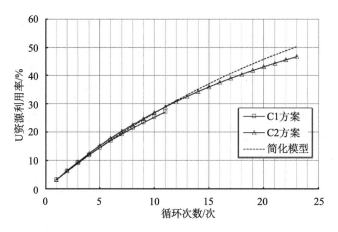

图 4-6　实际计算模型得到的铀资源利用率与循环次数的关系
注：C1 模式下仅计算到循环 11 次

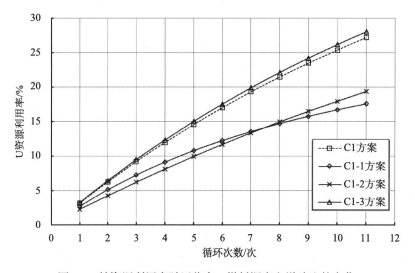

图 4-7　铀资源利用率随回收率、燃耗深度和增殖比的变化

从图 4-7 可知，改变回收率、燃耗深度和增殖比均对铀资源利用率产生一定的影响，且随着循环次数的增加也越明显。相对来说，燃料回收率和燃耗深度对铀资源利用率影响较大，增殖比影响较小，与简化模型的结论一致。

三、结　　论

总结来看，在相关参数中，对 U 资源利用率影响最大的是燃料、增殖区材料的燃耗深度和后处理及燃料再制造过程中的燃料回收再利用率。提高燃料或增殖区燃耗深度可以增加单次循环的 U 资源利用率，减少再循环次数，自然可以提高 U 资源利用率。提高后处理回收率，可以减少该过程中的燃料损失，也能提高 U 资源利用率。尤其是在燃料燃耗深度较低的情况下，由于要求的循环次数多，提高燃料回收利用率能够显著提高 U 资源利用率。值得注意的是，在一开始的有限几次循环（小于 5 次）里，仅提高回收率对提高 U 资源利用率作用有限。

另外，需要再次强调的是，反应堆增殖比必须达到一定值（比 1 稍大），以便在考虑实际后处理过程中的燃料丢失后，仍有足够的易裂变材料使得铀能够循环起来。

第四节　快堆燃料对其中裂变产物含量限制要求的计算分析

考虑燃料中含一定量裂变产物对反应性及燃耗反应性损失的影响，选择大型快堆为参考堆芯，假设在初始燃料装料重金属中加入一定量的 FP，计算由于裂变产物引入对反应性的影响。计算使用 CITATION 程序（Fowler et al.，1971）对堆芯进行三维计算，精细截面库使用 NVitamin-C 库，其中裂变产物使用单组伪裂变产物，分为铀系和钚系两组。计算两种方案，结果分别为燃料重金属中含 2% 和 5% 的裂变产物。计算结果见表 4-9，其中初始 k_{eff} 对应初态堆芯，燃耗反应性损失指平衡态一个循环周期（160d）的反应性损失。

表 4-9 结果表明，燃料中加入少量裂变产物后，对初始剩余反应性有比较小的影响，每加入 1% 的裂变产物会有约 0.17% 的初态反应性损失。裂变产物的加入对燃耗反应性损失影响非常小，加入少量裂变产物后燃耗反应性损失略微增加。事实上在标准的参考堆芯中，裂变产物累积所造成的反应性损失只占总燃耗反应性损失中的很小部分，计算表明约为 12.7%。燃耗反应性损失主要还是由于易裂变材料的燃耗损失引起的。

表 4-9　燃料中加入裂变产物对初始 k_{eff} 和燃耗反应性损失的影响

项目	参考堆芯	燃料中含 2%FP	燃料中含 5%FP
初始 k_{eff}	1.085 356	1.081 312	1.075 378
燃耗反应性损失（$\Delta k/k$）/%	3.615	3.632	3.655

实际上，快堆中基本没有裂变产物的中毒效应，主要是因为裂变产物的吸收截面在快堆主要能区下降非常显著（图 4-8），由于裂变产物积累而引起的中子寄

生俘获也是比较小的，所以不会对反应性造成太大的影响。

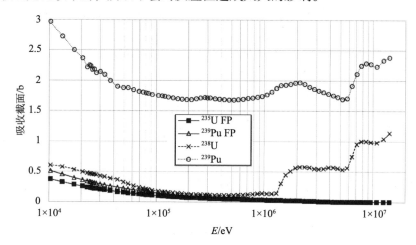

图 4-8　　^{235}U 和 ^{239}Pu 单组伪裂变产物吸收截面与 ^{238}U 吸收截面在钠冷快堆主要能区的对比

注：数据摘自 NVitamin-C 库

第五节　快堆分别利用增殖和嬗变
在内循环中的作用分析

一、快堆增殖

在 20 世纪 40 年代早期，人们发现同位素 ^{233}U、^{235}U 和 ^{239}Pu 的原子核在遭受任何能量的中子轰击时都能够发生核裂变反应，这些同位素称为易裂变同位素。同时，人们也发现 ^{232}Th 和 ^{238}U 的原子核只有在遭受高能中子的轰击时才能够发生核裂变反应，把它们称为可裂变同位素。易裂变同位素对维持中子链式裂变反应是必不可少的。非常遗憾的是，自然界唯一存在的易裂变同位素 ^{235}U 在天然铀中只占很小的比例（0.7%），天然铀中剩下的 99.3% 基本（还含少量 ^{234}U）都是 ^{238}U。

为了最大限度地发挥铀资源的作用，人们很快认识到必须设法找到一条途径，将天然铀中剩余的 99.3% 的潜在资源也利用起来。庆幸的是，^{238}U 和 ^{232}Th 在俘获一个中子后，经过几次衰变，可以转换成相应的易裂变同位素，这个物理过程可以表示成图 4-9。因此，也把 ^{238}U 和 ^{232}Th 称为可转换核素。如果从可转换同位素里可以产生比链式反应中消耗的还要多的易裂变同位素，人们就有可能

利用丰富的可转换同位素去生产更多的易裂变材料。先期的研究已经证明，这个
过程是可能的，并把这个过程命名为"增殖"。

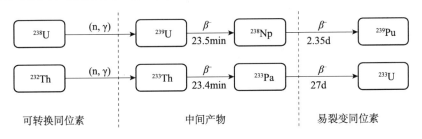

图 4-9　可转换同位素的增殖过程

　　快堆中易裂变同位素吸收中子发生裂变反应，裂变产生大量的裂变中子，这
些中子除了维持堆芯的链式裂变反应外还有剩余。剩余的中子可以用来将可转换
同位素转换成易裂变材料。剩余中子的多少直接影响到增殖的效果，快堆之所以
有比较好的增殖能力主要得益于易裂变核素的有效裂变中子数 η[①] 随入射中子能
量的增加而增加（图 4-10）。在增殖快堆中，随着反应堆的运行，由可转换同位
素生产出来的易裂变材料会比消耗掉的易裂变材料还要多。通常使用增殖比的概
念来衡量快堆增殖能力的大小。增殖比指反应堆在两次换料之间产生的易裂变材
料质量与消耗的易裂变材料质量的比。也可以定义成易裂变材料的产生率与消耗
率的比值。

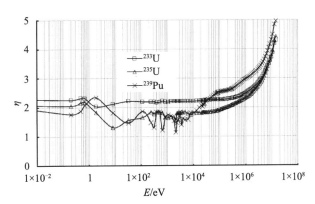

图 4-10　不同易裂变核素有效裂变中子数 η 随入射中子能量的变化

注：数据摘自 NVitamin-C 库

　　假设一座增殖快堆的热功率为 P，设计的增殖比为 c，那么这样一座快堆每
运行 1d 能够净生产多少易裂变材料呢？

　　首先，该电站每运行 1d 所要消耗的易裂变材料量为

[①] η 指每吸收一个中子后平均释放的中子数。

$$\Delta m_f = 4.484 \times 10^{-6} \times P \times A \times (1-\alpha) \text{ kg/d} \qquad (4\text{-}5)$$

则每运行 1d 能够净生产的易裂变材料为

$$\Delta m_p = \Delta m_f \times (c-1) = 4.484 \times 10^{-6} \times P \times A \times (1-\alpha) \times (c-1) \text{ kg/d} \qquad (4\text{-}6)$$

式中，P 是反应堆热功率，单位为 MW；A 是消耗的易裂变材料的原子量；α 是易裂变核的俘获裂变比；c 是反应堆的增殖比。

如果主要的易裂变材料是 ^{239}Pu，那么 $A=239$，$\alpha \approx 0.294$，则一个循环周期 T 内净生产的易裂变材料总量是 $1.387 \times 10^{-3} \times PT(c-1)$ kg。以百万千瓦 CFR1000 反应堆为例，额定热功率约 2500MW，循环长度为 160d，增殖比约为 1.2，一个循环净生产的易裂变材料约为 111.0kg。当然，堆芯规模再增大、增殖比再提高的情况下，燃料增殖能力还可加大，如 Waltar 和 Reynolds（1991）将 MOX 燃料大型增殖快堆增殖比设计为 1.39，其热功率为 3300MW，循环周期为 1a。则此情况下，一个循环净生产易裂变材料绝对量大大增加，可达约 651.6kg。增殖快堆如果使用金属燃料，那么能够实现比氧化物燃料更高的增殖比，达到更好的增殖效果。

二、快堆嬗变

从广义上来说，"嬗变"（transmutation）是指核素通过核反应转换成别的核素的过程，如式（4-7）表示的就是通过辐射俘获的方式 ^{237}Np 嬗变成 ^{238}Pu 及 ^{99}Tc 嬗变成 ^{100}Ru 的过程。多种粒子都可以引起原子核的嬗变，但中子作为嬗变粒子是最为可行的（张玉山，1997），其理由有三：①中子是中性粒子，它不像带电粒子那样由于电离损失而局限在局部空间中迁移，因此可以和大量的长寿命核素的原子核相作用；②中子核反应截面比较大（相对于其他粒子核反应），特别是在热能和超热区；③在现有的反应堆及将来可提供中子场的装置（加速器驱动次临界堆及聚变裂变混合堆）中，可以达到高中子通量密度 $[10^{13} \sim 10^{15}\text{n/}(\text{cm}^2 \cdot \text{s})]$，这对嬗变是有利的。

$$^{237}\text{Np}+\text{n} \xrightarrow{(\text{n, }\gamma)} {}^{238}\text{Np} \xrightarrow{\beta^-,\, 2.12\text{d}} {}^{238}\text{Pu}$$
$$^{99}\text{Tc}+\text{n} \xrightarrow{(\text{n, }\gamma)} {}^{100}\text{Tc} \xrightarrow{\beta^-,\, 17\text{s}} {}^{100}\text{Ru} \qquad (4\text{-}7)$$

具体到核废物的处理，所谓的嬗变就是指将一些长寿命的核素（包括 MA 和 LLFP）通过核反应转化成稳定的或短寿命的核素。

另外，对于锕系核素，常规意义上的嬗变既包括了辐射俘获反应的消失，也包括了裂变反应的消失。但是，俘获反应的产物（包括其衰变后的产物）通常仍旧是锕系核素，只有裂变或焚毁（incineration）才能使之转换成短寿命或者稳定的核素。对于 LLFP，俘获反应是唯一的嬗变方式。

热中子堆、快中子堆、加速器驱动次临界堆和聚变裂变混合堆都可用于嬗变，但基于热堆和快堆的嬗变装置最现实。快堆作为嬗变装置主要的优点包括：①快中子谱（图4-11）更有利于 MA 核素的裂变，而裂变意味着能产生更多中子，中子经济性提高；②如前文所述，快堆中有较多的剩余中子，剩余中子既可以用来增殖，也可以用来嬗变废物；③快谱下裂变反应概率增加，发生辐射俘获反应的概率下降，因此嬗变过程中产生的更高序数锕系核素相对较少，高序数锕系核素产物会导致燃料的衰变热、γ 和中子出射率都大大增加，尤其是中子出射源强。

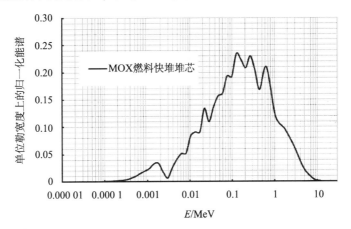

图 4-11　MOX 燃料大型钠冷快堆堆芯中子能谱

这里以大型快堆为参考堆芯，在燃料中分别添加少量压水堆产生的 Np、Am 和 Cm，分析不同添加量情况下的嬗变效果。主要使用嬗变率和嬗变比消耗两个量来比较不同方案的嬗变效果，各自定义如下：

$$嬗变率=\frac{MA初始质量-MA终了质量}{MA初始质量}$$
$$嬗变比消耗=\frac{MA初始质量-MA终了质量}{反应堆能量产出}$$

（4-8）

计算方案包括 Np、Am 和 Cm 三种元素分别以 2.5% 和 5% 的份额加入燃料中，而具体添加某个元素时，它的同位素组成取压水堆燃耗 35 000MW·d/t、冷却 5a 的乏燃料中的 MA 组成数据，具体见周培德（2000）的统计。堆芯稳态及燃耗计算使用 CITATION 程序，其使用的精细群微观截面库为 NVitamin-C171 群库，少群截面加工使用 PASC-1 程序系统（Wang et al.，1988；方邦城等，2006）。

结果表明，在堆芯燃料中均匀添加等量的 Np、Am 或 Cm 后，Np 的嬗变效果最好，Am 次之，Cm 最差。嬗变消耗中，裂变所占份额最高的是 Cm，然后是 Np，最少的是 Am。从支持比（快堆嬗变掉的 MA 是相同能量产出情况下压水堆生产 MA 量的几倍）角度来看，在 2.5% 添加的情况下，Cm 的嬗变支持比最大，接着是 Am 和 Np。支持比的大小，除了与嬗变总量有关，还与压水堆产生量有关。压水堆中产生的 MA 主要是 Np 和 Am，Cm 的量较小，因此等量添加的情况下 Cm 嬗变支持比最大。表 4-10～表 4-12 分别给出了参考堆芯对 Np、Am 和 Cm 在 2.5% 和 5.0% 添加量情况下的嬗变效果。2.5% 添加，在乏料燃耗深度约 70.0MW·d/kg 时，Np、Am 和 Cm 的嬗变率分别为 33.7%、30.0% 和 18.8%。

此处给出的是 Np、Am 和 Cm 分别添加的情况，如果考虑混合添加的情况，即将 Np、Am 和 Cm 按一定比例混合添加，其混合比例依照压水堆一定燃耗下乏燃料的 MA 组成。研究表明（胡赟，2009），参考堆芯中混合添加模式下，2.5% 添加量，燃耗同样达到约 70.0MW·d/kg 时 MA 嬗变率为 21.5%，整体 MA 嬗变支持比约为 4。另外，标准不添加 MA 的参考堆芯中，随燃耗加深，MA 质量逐步累积，累积速度约为 9.7kg/（GW·t·a）（胡赟，2009）。

表 4-10　Np 在快堆中均匀嬗变

项目	燃料重金属中 Np 质量含量	
	2.5%	5.0%
燃料平均燃耗 /（MW·d/kg）	约 70.0	—
初装载量 /kg	316.1	632.2
嬗变质量 /kg	106.5	208.8
裂变质量 /kg	31.1（29.2%）*	61.2（29.3%）
嬗变率 /%	33.7	33.0
裂变率 /%	9.8	9.7
嬗变比消耗 /［kg/（GW·t·a）］	39.0	76.5
压水堆产生速度 /［kg/（GW·t·a）］	约 3.7	—
嬗变支持比	10.5	20.7

＊表示括号内为裂变质量占总体嬗变质量中的份额，表 4-10～表 4-12 同。

表 4-11　Am 在快堆中均匀嬗变

项目	燃料重金属中 Am 质量含量	
	2.5%	5.0%
燃料平均燃耗 /（MW·d/kg）	约 70.0	—
初装载量 /kg	316.2	632.4
嬗变质量 /kg	94.9	205.7
裂变质量 /kg	18.4（19.4%）	36.2（17.6%）
嬗变率 /%	30.0	32.5
裂变率 /%	5.8	5.7
嬗变比消耗 /［kg/（GW·t·a）］	34.8	75.4
压水堆产生速度 /［kg/（GW·t·a）］	约 2.5	—
嬗变支持比	13.7	29.8

表 4-12　Cm 在快堆中均匀嬗变

项目	燃料重金属中 Cm 质量含量	
	2.5%	5.0%
燃料平均燃耗 /（MW·d/kg）	约 70.0	—
初装载量 /kg	316.1	632.3
嬗变质量 /kg	59.3	117.9
裂变质量 /kg	45.4（76.6%）	87.3（74.0%）
嬗变率 /%	18.8	18.7
裂变率 /%	14.4	13.8
嬗变比消耗 /［kg/（GW·t·a）］	21.7	43.2
压水堆产生速度 /［kg/（GW·t·a）］	约 0.356	—
嬗变支持比	61.0	121.0

第六节　结论和建议

　　快堆中富余中子较多，可以灵活地用来增殖核燃料或嬗变核废物。对于增殖，利用快堆可以将天然铀中 99% 以上的 ^{238}U 利用起来，有效地提高铀资源利用率。同时，计算也表明，由于燃料的增殖效果，压水堆乏燃料 Pu 在快堆中循环不会引起其品质的显著降低，理论上可以在快堆中进行多次循环。快堆乏燃料后处理后进行多次循环的话能够实现 60% 的铀资源利用率目标，而仅使用热堆的话铀资源利用率不会超过 1%。对于嬗变长寿命废物，利用快堆中的富余中子能够有效地嬗变镎、镅和锔等长寿命的锕系核素。

　　利用快堆增殖和嬗变的特性，发展快堆技术并建立起包括后处理和燃料再制造环节的核能封闭燃料循环体系，既可以充分利用铀资源，又可以将核能发展中产生的长寿命锕系核素和长寿命裂变产物嬗变成可永久处置的短寿命放射性核素，真正实现核能的可持续发展。

　　快堆技术既可以增殖燃料，也可以嬗变长寿命核废物，对于我国核能的可持续发展非常重要。若选定核能作为长期基础能源发展，我国应制定保证核能可持续发展的策略，尽早规划发展快堆技术和燃料后处理及制造技术，最终实现我国基于快堆技术的核能闭式燃料循环体系。

参 考 文 献

方邦城，唐忠樑，赵金坤 . 2006. PASC-1 程序系统各模块功能介绍及其输入（卡）中文说明合订本 . 北京：中国原子能科学研究院 .

胡赟. 2009. 钠冷快堆嬗变研究. 清华大学博士学位论文.

胡赟, 等. 2012. 百万千瓦级商用示范快堆电站概念设计文件. 堆芯中子物理, 110112JKA00WL10GFA.

张玉山. 1997. 长寿命核废物嬗变处理的研究综述. 原子核物理评论, 14 (4): 251-258.

赵仁恺, 阮可强, 石定寰. 2001. 八六三计划能源技术领域研究工作进展 (1986-2000). 北京: 原子能出版社.

周培德. 2000. MOX 燃料模块快堆嬗变研究. 中国原子能科学研究院博士学位论文.

Waltar A E, Reynolds A B. 1991. 钠冷快增殖堆. 苏著亭, 叶长源, 阎凤文, 等译. 北京: 原子能出版社.

Fowler T B, Vondy D R, Cunningham G W. 1971. Nuclear reactor core analysis code: CITATION. ORNL-TM-2469, Rev. 2.

Wang Y Q, Oppe J, de Haas J B M, et al. 1988. The petten AMPX/SCALE code system PASC-1 for reactor neutronics calculation. ECN-89-005.

第五章 快堆燃料制造技术[*]

第一节 快堆 MOX 燃料制造技术

一、国内外快堆 MOX 燃料发展情况

（一）国外发展现状

2008 年，国际原子能机构前主席巴拉迪认为，世界核电发展所面临的关键问题有核安全、核防护、乏燃料管理、核不扩散、技术创新、核基础设施和公众理解。

核燃料循环的重点目标是要研究解决提高铀资源的利用率和确保核燃料利用的清洁化问题。铀资源利用和核废物处置等问题如不能妥善解决，将严重制约核能的可持续发展。目前，核燃料循环主要有两种方式，即一次通过开式循环和后处理闭式循环。一次通过开式循环是指核电站卸出的乏燃料不再进行回收的直接永久地质处置。后处理闭式循环是将核电站卸出的乏燃料在后处理厂进行铀、钚分离，然后制成铀、钚混合氧化物（U，Pu）O_2 即 MOX 燃料，再将 MOX 燃料入堆循环利用。

除美国等少数国家对乏燃料采取一次性通过外，其他国家都计划进行后处理。但美国走了一段弯路，目前面临要处置 5 万多 t 库存乏燃料的巨大压力，所以研发先进核燃料循环技术以大幅度减少核废物体积将是美国今后的一个重要目标。2010 年 3 月 3 日，美国宣布尤卡山处置库计划被正式撤销终止，这个自 1982 年以来总计投入了 100 亿美元的长期地质处置库方式被证明"不是一个方案"。可见，采取一次通过的核燃料循环路线，将有价值的乏燃料弃之不用而进行永久地质处置，不仅浪费资源，而且待处置的核废物体积庞大，放射性太强，绝非明智之举。

根据西方国家核燃料循环的发展经验，凡是走核燃料闭式循环路线的国家，进行 MOX 燃料工业研发和应用的三个必要条件是：第一，轻水堆或其他堆核电站总装机容量已达到 1000 万 kW，卸出的乏燃料累积量持续增加，钚利用可以

---

[*] 本章由尹邦跃、周培德撰写。

形成一定工业规模；第二，建成 400 ～ 800t/a 乏燃料后处理厂（指核电自主开发的国家），可为 MOX 燃料生产提供源源不断的 PuO₂ 原料；第三，建成与后处理厂规模相匹配、厂址相毗邻的 MOX 燃料厂，尽量缩短 PuO₂ 粉末的库存时间，最好在 6 个月内制成 MOX 燃料，并在 2a 内入堆使用。

　　MOX 燃料厂是核燃料闭式循环中使用上游后处理厂钚料并为下游压水堆和快堆核电站用户提供 MOX 燃料的重要中间环节。发展 MOX 燃料可大幅度提高铀资源的利用率。压水堆 MOX 燃料的铀资源利用率只有 1% 左右，而快堆 MOX 燃料的铀资源利用率可提高 60 ～ 70 倍（顾忠茂，2003；王乃陶，1998；张先业，1995）。快堆具有独特的燃料增殖和嬗变功能，钚在快堆中的回收利用几乎不受循环次数的限制，是 MOX 燃料应用的首选方案（王乃陶，1998；张先业，1995；夏琼英，1987；郑华铃，1986；刘定钦，1992）。快堆 MOX 燃料必须与压水堆 UO₂ 燃料匹配、协调发展，如图 5-1 所示。我国后处理产业尚未形成工业生产能力，这直接制约了 MOX 燃料的研发和工业应用，后处理和 MOX 燃料均是核燃料闭式循环中的薄弱环节。

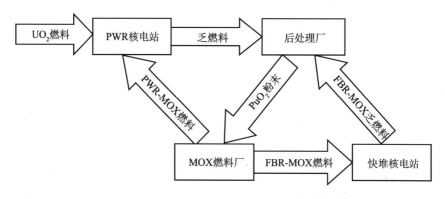

图 5-1　快堆 MOX 燃料、压水堆 MOX 燃料与后处理厂的相互关系

　　铀是不可再生的有限宝贵资源，核电大规模、可持续发展必须建立与之相匹配的核燃料循环体系和供应保障体系。一座百万千瓦级压水堆核电站每年换料需要天然铀约 160t，运行 60a 共需要天然铀约 1 万 t。目前全世界运行中的核电机组有 442 座，总装机容量为 370GW，需要消耗天然铀约 7.99 万 t/a。目前全世界已探明的开采成本低于 160 美元 /kg 的天然铀资源约 450 万 t。2005 年全世界实际消耗天然铀 7.762 万 t，而实际供应量仅为 4.652 万 t，40% 的缺口暂时由库存料、核武器退役高浓缩铀、贫铀再浓缩等途径弥补。随着核电在全世界复苏，国际铀资源供应紧张现象加剧必将刺激铀价持续上升。1987 年国际著名专家预测全世界的铀供应将在 2020 ～ 2030 年达到顶点，现在看来这一天可能要提前到来。

　　发展 MOX 燃料有利于减小乏燃料和钚的储存量，降低核废物体积和放射性，保护环境，提高核电的安全性和经济性。一座百万千瓦级压水堆核电站产生乏燃料约 25t/a，这些乏燃料可提取钚约 250kg/a。目前，全世界每年卸出的乏燃料约为 1.05 万 t，已累计卸出乏燃料 28.2 万 t，其中约 9 万 t 进行了后处理，其余的乏燃料存放在储存设施中。截止到 2003 年，全世界已分离的民用钚库存量达到 238t，在乏燃料中尚未分离的民用钚为 1325～1340t；核武器拆卸钚 102.5t。目前美国的乏燃料积累量已达到 5 万多 t，每年卸出乏燃料多达 2000t。

核电站产生的乏燃料中包含 Pu、Np、Am、Cm 等次锕系核素和长寿命裂变产物，它们构成了对地球环境主要的长期放射性危害。如果采取后处理闭式方式，将乏燃料中的 U、Pu 提取出来制成 MOX 燃料再循环利用，则 7 盒 UO_2 乏燃料组件经后处理可制成 1 盒 MOX 组件和一些玻璃固化高放废物，其结果是使核废物处置的体积和数量降低到原来的 1/5，放射性降低到原来的 1/10。而且，快堆在 Np、Am、Cm 等次锕系核素嬗变方面具有压水堆无可比拟的优势（OECD/NEA，1999；OECD/NEA，2002；IAEA，2004）。

钚的储存费用非常昂贵，20 世纪 80 年代西方国家估计钚的储存费用约为 1 美元/g（Pu）。$^{241}Pu \to ^{241}Am$ 衰变的半衰期为 14.4a，如果钚的储存时间过长而不及时加以利用，^{241}Pu 将发生衰变，这不仅导致钚的能量利用价值大大降低，而且生成的 ^{241}Am 具有 γ 放射性，要求 MOX 燃料元件制造必须进行严格的屏蔽防护，或者先进行化学除 Am，但化学除 Am 的费用非常昂贵。1989 年西方国家的估算表明，化学除 Am 的费用约为 20 美元/g（Pu）。比利时 MOX 燃料厂要求钚中的 ^{241}Am 含量不超过 0.3%。德国专家认为长期储存钚不仅是不安全的，而且是不经济的，最合理、安全、经济的做法是将乏燃料后处理提取的工业钚在 2a 之内制成 MOX 燃料元件（郑华铃，1986），这就要求 MOX 燃料制造厂必须在后处理厂建成后 2a 之内投入生产，并且已制成的 MOX 燃料最好在 2a 内入堆使用。

发展 MOX 燃料可促进快堆和后处理技术的快速发展。国际上 MOX 燃料技术研究始于 20 世纪 50～60 年代，美国、比利时、法国等国早期分别在 ANL、BN 和 Cadarache 实验室内掌握了 MOX 燃料制造技术。1962 年，法国 CFCa 燃料厂就开始小规模研制快堆 MOX 燃料。法国、美国率先分别于 1970 年、1971 年在 Rapsodie、SEFOR 实验快堆内考验了 MOX 燃料组件。据统计，截止到 20 世纪 80 年代末，大多数建成的快中子堆都成功地使用了 MOX 燃料。1986 年国际著名专家预测 2025 年左右可能实现快堆商业化应用。国际上已有 20 多座快堆的设计建造经验和 300 堆·年的快堆运行经验。快堆每前进一步，都伴随着快堆 MOX 燃料设计、制造和辐照试验技术的进步。法国、俄罗斯、日本的后处理、快堆和快堆 MOX 燃料技术处于世界前列，近年来印度、韩国等国家也在积极发展快堆 MOX 燃料。目前影响快堆 MOX 燃料发展的主要因素是快堆核电站数量少，经济性不佳。

自 20 世纪 80 年代中期之后，由于担心快堆会增加核扩散风险，在美国的政治影响下，多国快堆计划被停止，为了消耗掉因计划发展快堆 MOX 燃料而储存的大量钚，多国被迫转向轻水堆 MOX 燃料的研发和商业应用。目前，全世界已有 2000 多盒 MOX 燃料组件在法国、德国和比利时等国家的 33 座压水堆和沸水堆中考验，共有 40 座轻水堆获得了使用 MOX 燃料的许可证，装载了 30% 或更高比例的 MOX 燃料，平均燃耗达到 35 ～ 40GW·d/t。在欧洲商用压水堆中辐照的 MOX 燃料单棒的平均燃耗达到了 52GW·d/t，在试验组件中最高达到了 60GW·d/t。截止到 2012 年，全世界已经累计生产 2000 多 t 轻水堆 MOX 燃料。2002 年统计表明，国际上 MOX 燃料实际应用比例占全部核燃料的约 2%；2010 年这一比例达到 5%。预计 2020 ～ 2030 年 MOX 燃料将在压水堆核电站中获得一定规模的应用。

值得注意的是，俄罗斯、日本和印度一直坚持发展快堆 MOX 燃料。至今有 4 个国家，即法国、俄罗斯、日本和印度的快堆尚在运行之中。英国、美国和德国都曾发展过快堆和快堆 MOX 燃料，但后来有关设施先后关闭。最近，法国 Phenix 快堆和日本 Monju 快堆又相继重新启动运行，俄罗斯已决定在商业快堆中循环利用钚，美国也启动了先进嬗变快堆（ABR）和相关嬗变 MOX 燃料的研究。全世界有 20 多个快中子堆装载了 MOX 燃料，最高燃耗已达到 13at%。目前，全世界有 7 个国家制定了快堆开发计划路线图，普遍预计商用快堆将于 2040 年前投入运行。例如，法国 50MWe ASTRID 原型快堆设计预计于 2020 年建成运行，商用快堆预计于 2040 年投入运行；俄罗斯 880MWe BN-800 示范快堆已经于 2016 年建成运行，1220MWe BN-1200 示范快堆预计于 2020 年建成运行，到 2030 年将建成 3 座商用快堆；日本 500 ～ 750MWe 示范快堆预计于 2025 年建成运行，1500MWe 商用快堆预计于 2050 年投入运行；印度到 2023 年计划建成 6 座实用快堆，2030 年后 1000MWe 金属燃料的商用快堆建成运行；韩国 600MWe 金属燃料增殖示范快堆预计于 2028 年建成运行，1200MWe 商用快堆计划于 2040 年建成运行；美国正在设计 600MWe 焚烧快堆，预计商用快堆于 2050 年建成运行。

表 5-1 列出了世界上先后建造和运行的 MOX 燃料厂概况。国外 MOX 燃料厂一般都经历了从小型实验室逐渐过渡到中试厂、扩大工厂、大规模工厂等几个不同发展阶段。截止到 2006 年，全世界共建造了约 24 座 MOX 燃料厂，其中轻水堆 MOX 燃料厂和快堆 MOX 燃料厂各 12 座。不包括德国已关闭的 2 座 MOX 燃料厂，共有 12 座 MOX 燃料厂取得了生产许可证。目前全世界范围内仅有法国 MELOX 厂具有工业规模生产 MOX 燃料的能力，截止到 2012 年已经累计生产 2000t 轻水堆 MOX 燃料。

表 5-1　世界各国 MOX 燃料厂概况

国家	工厂	运行者	生产时间	产能/(t/a)	投资经费	产品	工艺
比利时	BN-Dessel	Belgonucleaire	1973 年取证	40	1500 万欧元	LWR 棒	MIMAS
	FBFC Int'l	FBFC	1987 年取证	120	改造	MOX 组件	组件组装
	BN-P1	FBFC	1991 年	40	1.5 亿欧元	FBR 棒	MIMAS
法国	CFCa	Cogema	1962 年取证	10	—	FBR 组件	COCA
	CFCa	Cogema	1989 年取证	40	—	PWR 组件	MIMAS
	MELOX	Cogema	1995 年取证	120	10 亿欧元	PWR 组件	A-MIMAS
德国	Hanua	Siemens	1972 年	20	—	LWR 组件	OCOM
	Hanua	Siemens	1990 年	120	10 亿马克	PWR 组件	
英国	MDF	BNFL	1994 年取证	8	—	PWR 组件	SBR
	SMP	BNFL	2003 年取证	120	7.5 亿欧元	PWR 组件	
美国	5 个小型	—	1966 年	10	—	FBR 组件	—
	MFFF	SRS	建设中	70	48 亿美元	PWR 组件	MIMAS
日本	PFFF	JNC	1972 年取证	10	—	ATR 组件	微波脱硝/传统制粒
	PFPF	JNC	1988 年取证	5	—	FBR 组件	
	JMOX	JNC	建设中	130	18 亿美元	BWR 组件	MIMAS
苏联（俄罗斯）	Paket	Mayak	1986 年取证	0.3	—	FBR 组件	传统制粒
	ERC	RIAR	1981 年取证	1	—	FBR 组件	振动密实
	DEMOX	MCC	建设中	30	10 亿美元	FBR 组件	COCA
印度	AFFF	BARC	1994 年取证	18	—	BWR 组件	传统制粒
	—	BARC	2010 年	100	—	FBR 组件	

　　美国早期曾建造了 5 个小规模的 MOX 燃料厂，生产总量为 50 ~ 70t/a，但运行至 1976 年时，由于后处理厂被美国政府无限期关闭并最终被拆除，MOX 燃料生产也被迫停止。虽然美国早期选择核废物直接永久处置的一次通过循环，但实际上美国一直采取"双轨"路线。2005 年 3 月 31 日，美国核管理委员会（NRC）批准在商用反应堆首次采用 MOX 燃料运行成功后，计划在萨瓦纳河场区投资 48 亿美元建造一座年产 70t MOX 燃料的 MFFF 厂，用以处置其 34t 武器拆卸钚，每年消耗钚约 3.5t，原计划 2016 年建成投产，但预算超支，进度严重拖延。

　　2005 年 5 月，美国用 140kg 武器钚在法国帮助下制成 4 盒 MOX 燃料组件，已在美国卡托巴核电厂进行辐照。2008 年 5 月辐照 2 个换料周期后检验发现，MOX 燃料组件的导向管变长值超过预期值，目前已经卸出反应堆，可见 MOX 燃料的研发和应用不是一帆风顺的。2006 年美国决定建造一座专用于嬗变高放废物的 600MWe 先进嬗变快堆，并计划研制和应用嬗变 MOX 燃料。美国规划到 2019 年至少有 2 座反应堆换装 MOX 燃料，设计目标燃耗达到 20at%，剩余锕系元素或长寿命裂变产物将在快堆或 ADS 中烧掉。2010 年 3 月，美国先进燃料循环倡议指出，在美国建造多个大型处置场是不现实的，因此，美国政府宣布尤卡山处置库计划将被终止，这可能推动美国后处理和 MOX 燃料技术的重新发展。

法国是最早将 MOX 燃料用于压水堆和快堆的国家之一。早在 1962 年，法国 CFCa 燃料工厂就开始小规模研制快堆 MOX 燃料，先后建造了两条快堆 MOX 燃料研制生产线。1985 年法国电力集团公司（EDF）为了在其总装机容量为 900 万 kW 的压水堆核电站中装载 MOX 燃料，将一条快堆 MOX 燃料生产线改造成压水堆 MOX 燃料生产线，并于 1990 年投产。还将另一条快堆 MOX 燃料生产线改造成可生产快堆或轻水堆 MOX 燃料的双用途燃料工厂。MOX 组件的组装在比利时德塞尔的 FBFC 国际燃料工厂或法国马库的 MELOX 燃料工厂进行。1991 年其开始耗资 10 亿欧元建设自动化的 100t/a MELOX 燃料工厂，1995 年建成投产。截止到 2004 年，法国 MELOX 和 COGEMA 的卡达哈希工厂已累计将 26t 钚用于制造约 1230t MOX 燃料。2003 年法国电力集团公司申请放松对其使用 MOX 燃料的某些限制条件，以便通过增加 LWR-MOX 燃料的钚含量（由 7.08% 增加到 8.65%）和提高燃耗水平来处置不断增加的库存钚。目前法国正在考虑发展第四代快堆设计的后处理方案，预计于 2020 年建成符合第四代核电站指标的原型快堆，届时快堆 MOX 燃料又将迎来一个新的发展高潮。

比利时从 1959 年起开始进行实验室小规模的 MOX 燃料研究，1963 年研制出世界上第一个 MOX 燃料元件，并进入摩尔实验室的 BR3 压水堆辐照考验。1969～1973 年，比利时核子公司在德塞尔建成第一座 40t/a 的 MOX 燃料示范工厂（BN-Dessel），首次采用微细化主混合（MIMAS）工艺生产压水堆 MOX 燃料芯块。20 世纪 70 年代，比利时与德国、法国、新西兰等国家合作研发快堆 MOX 燃料。1968～1989 年，比利时为欧洲 SNR-300 原型快堆生产了首炉 40% MOX 燃料。1981～1988 年，由于美国政治原因，快堆工程和快堆 MOX 燃料被迫停止，比利时开始转向 LWR-MOX 燃料的研制和生产。1987 年，比利时与法国合作在两国边界建成一座 120～200t/a 的法比国际燃料厂（FBFC），将在别处生产的 MOX 燃料单棒运输至该厂，专门进行压水堆 MOX 燃料组件的组装。法国和比利时开发的 MIMAS 工艺是闻名于世的，至今仍被许多国家的 MOX 燃料工厂所采用。1987～1995 年，比利时与法国合作设计了压水堆 MOX 燃料厂（P1）；2006 年，比利时开展 40～100t/a 模块化 MOX 燃料厂（Fleximox）设计，但二者均未实际建造。1986 ～ 2006 年，比利时 BN 公司 P0 MOX 燃料厂累计生产各类 MOX 燃料 660t，平均每年生产 MOX 燃料约 33t，MOX 燃料生产技术成熟可靠。2005 年 12 月 22 日，比利时决定关闭 P0 MOX 燃料厂；2006 年 8 月停止所有 MOX 燃料生产；2009 年 3 月开始拆除，2014 年完成了拆除、退役、去污等所有工作。

英国原子能管理局（UKAEA）曾于 1970 ～ 1988 年在现已被拆卸的塞拉菲尔德工厂生产了 13t 快堆 MOX 燃料。20 世纪 90 年代初，UKAEA 代理英国核燃料有限公司（BNFL）又在塞拉菲尔德建起了一座 MOX 燃料示范工厂（MDF）。随后，MDF 与 UKAEA 合并成 BNFL。1999 年 9 月，BNFL 在为日本生产 MOX 燃料时，因为质量偏差控制问题而出现纠纷，随后 MDF 工厂被关闭。2003 年，英国又投资 7.5 亿欧元建成了一座 MOX 燃料年产量达 120t 的 SMP 工厂。英国发明的简短无黏结剂（SBR）工艺在裂变气体释放率性能指标方面已经远远优于 MIMAS 工艺，但据报道 SMP 工厂采用了大量不成熟的技术，导致经过多次技术改造后，到 2008 年仍然无法进行正常生产。

德国西门子公司于 1972 年建成哈瑙 MOX 燃料工厂并投入运行，可生产快堆 MOX 和轻水堆 MOX 燃料。1987 ～ 1991 年，其轻水堆 MOX 燃料的有效生产能力为 20 ～ 25t/a。由于 1991 年 6 月 19 日的一次污染事故，该厂被德国政府关闭。但该厂的运行经验和 MOX 燃料制造技术在今天仍然是有借鉴意义的。不久后，德国又在同一厂址投资 10 亿马克建造了一座年产 120t 的 MOX 燃料厂，遗憾的是由于绿党的反对，该厂一直未取得运行许可证，2003 年也被迫拆散零卖。

苏联于 20 世纪 70 年代建成了 3 个快堆 MOX 燃料制造厂，它们是 Granat、Paket（芯块法）和 RIAR（振动密实法）。即使在 20 世纪 80 年代的发展低潮时期，其也一直没有停止快堆和 MOX 燃料的研究，目前更是加快了发展，而且不打算在其压水堆中广泛应用 MOX 燃料。正在建设一座 30t/a MOX 燃料的 DEMOX 中试厂，计划 2015 年建成投产，采用直接混合工艺（COCA）为 BN-600 快堆和 4 座 VVER-1000 反应堆生产 MOX 燃料。俄罗斯已决定在商业快堆中循环利用钚，并计划再建 3 座类似的商业快堆，还宣布计划在今后 10 年内共建造 10 座采用闭式燃料循环体系的新型快中子反应堆。

日本原 JNC 首先在 PFDF 工厂进行了几年的实验室规模的 MOX 燃料研究（该厂目前还在科研运行之中）。1972 年建造了含有两条 MOX 燃料生产线的 PFFF 工厂，其中一条生产先进热堆 ATR-MOX 燃料，另一条生产快堆 MOX 燃料，但该厂于 1987 年被关闭。1988 年，日本又建成了一条全自动化的 PFPF 燃料工厂，其 MOX 燃料生产能力足以供应 Joyo 和 Monju 两个快堆。2002 年年底，日本轻水堆开始换装英国和比利时为其加工的 MOX 燃料。2004 年决定投资 8 亿欧元建造一座年产 130t MOX 燃料的 JMOX 工厂，但由于后来修改了设计，提高了抗震标准，正式开工建设时间从 2007 年 10 月推迟至 2010 年 10 月，原计划 2016 年建成投产也未能按时完成，工程造价已经提高到 1900 亿日元（约 18 亿美元）。2005 年，日本核燃料循环研究院分别用 3 种方法制备了不同的快堆 MOX 燃料芯块，芯块最高考验燃耗为 144GW·d/kg M。研究发现，当燃耗小于 70GW·d/kg M 时，随着燃耗增大，快堆 MOX 燃料的裂变气体释放率逐渐增加，而裂变气体主要储存在大的气孔内，因此改进芯块的微观组织，可以减少裂变气体释放。但当快堆燃耗接近 100GW·d/kg M 时，裂变气体释放率高达 80%，而与燃耗、芯块制造工艺和微观组织等因素无关，说明此时裂变气体储存能力很低，这一点要引起快堆 MOX 燃料组件设计者的关注。1991 年日本 Monju 快堆建成运行，1995 年因二回路钠泄漏事故停止运行，经过国内外核能机构 15 年的调查和修复，其于 2010 年 5 月 6 日重新启动，2017 年最终决定退役。2010 年日本原计划在 16～18 个核电站使用 MOX 燃料，但 2010 年 3 月 11 日的福岛事故使日本 48 个在役反应堆停堆，且重启进展缓慢。

印度于 1994 年在 Tarapur 建造了一座 18t/a 沸水堆 MOX 燃料工厂（AFFF）。印度一直坚持发展快堆和 MOX 燃料，几年前就开始建造一座 100t/a 快堆 MOX 燃料工厂，以便为 2020 年前计划建造运行的 5 座快堆电站提供 MOX 燃料。印度原型快堆推迟临界的一个重要原因是其 MOX 燃料研发遇到了困难。

国际上将 MOX 燃料的发展趋势分成以下三个阶段。

第一阶段（30 多年前到当前）：建成工业规模的后处理厂，掌握 MOX 燃料的设计、制造和试验技术，将 MOX 燃料在一些国家的轻水堆核电站中循环利用。目前压水堆 MOX 燃料的应用技术已经成熟，并且证明其燃料管理方式与 UO_2 燃料类似。

第二阶段（当前到 2030 年）：开发出改进型、环境友好、安全方便的后处理工艺，以及 MOX 燃料制造工艺和新型反应堆，使 MOX 燃料在较多国家得到推广应用，以减少后处理厂日益增长的库存钚。

第三阶段（2030 年之后）：MOX 燃料应用显示出良好的安全可靠性，因而被广大公众所接受，并进一步降低 MOX 燃料制造成本和堆芯运行成本，显示出良好的经济性。

（二）国内发展现状

我国已选择核燃料闭式循环战略路线，坚持走核电自主化建设道路，并且我国核电已经进入快速发展阶段，要求核燃料循环后处理和 MOX 燃料技术紧跟而上。我国压水堆核电站正在大规模发展，原规划到 2020 年核电总装机容量将达到 4000 万 kW。如果 2020 年后我国 4000 万 kW 核电机组全部投入运行，每年换料将需要天然铀约 6400t；在运行发电 60a 的全寿期内，累计需要天然铀约 40 万 t，缺口较大。为了完成国家制定的 2020 年减少碳排放 40%～45% 的目标，2010 年 3 月提出进一步将 2020 年核电总装机容量增加至 8000 万 kW，天然铀的缺口将会更大，所以发展 MOX 燃料是弥补天然铀不足的一个必然选择。

2010 年年初 50t/a 后处理中试厂已经开展热试验，目前正在进行中试厂的改造，2017 年达到年处理 90t 乏燃料的能力。到 2020 年，我国核电站每年卸出乏燃料总量将是目前的 8 倍，乏燃料的储存和后处理均面临很大压力。目前我国正在实施 200t/a 后处理厂的工程设计和建设，计划于 2025 年左右建成；并规划于 2035 年左右建成 800t/a 后处理大厂。为了缩短后处理厂生产的工业钚的储存时间和降低储存成本，必须尽快制定和实施 MOX 燃料的总体发展规划，提前考虑 MOX 燃料的应用方向及其与后处理厂的接口方案问题，加快推进后处理与 MOX 燃料的研发进度。

2010 年 7 月 21 日中国实验快堆已经实现首次临界运行试验，目前由于没有国产 MOX 燃料，不得不再从俄罗斯进口 2～3 炉 ^{235}U 富集度为 64.4% 的高浓 UO_2 燃料，以维持实验快堆的运行，并支持国产 MOX 燃料和材料的辐照考验。在目前的新形势下，2014 年 2 月国家制定了快堆重大专项工程发展规划实施方案，规划我国首座示范快堆（CFR600）核电站将于 2023 年建成并投入运行，并确定了 CFR600 首炉燃料采用国产 MOX 燃料。为此，要求我国在 2025 年前建成工业规模的 200t/a 后处理厂，2019 年前建成 20t/a 快堆 MOX 燃料生产线。这既使我国后处理和快堆 MOX 燃料迎来了新的发展机遇，也对我国工业规模后处理厂和 MOX 燃料的技术研发和能力建设提出了挑战。

我国 500kg/a MOX 燃料芯块实验线已经于 2013 年紧邻后处理中试厂建成，并于 2014 年 8 月底首次研制出了实验快堆 MOX 燃料芯块。计划 2018 年建成配套的 MOX 燃料单棒和组件实验线，该实验线是我国 MOX 燃料研发的重要平台。20t/a MOX 燃料生产线的工程设计科研和工程建设项目正在抓紧实施之中。实验快堆和示范快堆的 MOX 燃料研发必须同步推进，计划于 2019 年年初让实验快堆和示范快堆 MOX 燃料考验组件进入 CEFR 辐照考验，这样才能确保示范快堆重大工程节点目标的顺利实现。

MOX 燃料是不同于传统 UO_2 燃料的新型燃料，制造难度极大，国际上在 MOX 燃料组件研制和 MOX 燃料厂建设过程中也走了不少弯路。MOX 燃料组件由 MOX 燃料芯块、单棒和组件组成。MOX 燃料芯块制造技术是 MOX 燃料研发和应用的核心技术。尽快掌握快堆 MOX 燃料组件设计和制造关键技术，并打通辐照考验和辐照后性能检验、安全评审等一整套技术环节，才能最终实现快堆 MOX 燃料的安全和经济应用。

1987 年，国家科学技术委员会批准了 863 计划能源技术领域快堆燃料研究课题。由中核四〇四有限公司、中国原子能科学研究院和中国核动力研究设计院合作开展 MOX 芯块研制、金属型含钚燃料研究、低密度 UO_2 芯块制备、重结构辐照实验及 MOX 乏燃料后处理研究。用化学共沉淀法（AUPuC）研制出 81 个 MOX 芯块。

"九五"期间，中国原子能科学研究院初步开展了中国实验快堆（CEFR）和秦山核电站分别采用 MOX 燃料的堆芯设计和随堆辐照考验的可行性研究，原核工业第五研究设计院（现为中国核电工程有限公司郑州分公司）初步进行了年产 500kg MOX 燃料制造厂的工程概念设计，中核四〇四有限公司初步开展了 MOX 燃料制造工艺流程的概念设计。

"十五"期间，国防科学技术工业委员会批准了核能开发科研项目——MOX 燃料元件技术研究，由中国原子能科学研究院、核工业第五研究设计院和中核四〇四有限公司共同承担，发挥厂院结合的优势进行联合攻关。总目标为：建立年产 500kg 的 MOX 燃料组件研制实验室，开展 MOX 燃料元件的设计及堆芯换料管理研究，最终掌握 MOX 燃料组件制造技术，提高铀资源利用率，实现我国核燃料闭式循环战略。我国已经开展了 MOX 燃料组件设计和芯块制造技术研究，自主研发了 WINMSD4 和 NVitamin-C 程序，完成了从 UO_2 堆芯到 MOX 堆芯的方案设计，达到了国外 20 世纪 90 年代的水平；开展了压水堆 MOX 燃料元件分析程序 METERO-1.5 和快堆 MOX 燃料元件性能分析程序 BEHAVE-SST 的应用开发和计算分析，完成了 CEFR-MOX 燃料和小棒束辐照考验装置初步设计，完成了秦山一期压水堆 MOX 燃料设计；基本建成了厂房面积约 $1200m^2$、设计产量 500kg/a 的 MOX 燃料芯块制造实验线，通过模拟 MOX 燃料芯块的制造工艺和性能检测研究，获取了大量初步实验数据。

为加快快堆 MOX 燃料制造技术的发展，2010 年 9 月中核集团重大科技专项 / 前沿技术批复了"快堆 MOX 燃料元件技术研究"项目，开展 MOX 芯块实验线改造完善、单棒和组件实验线设计、实验快堆 MOX 芯块小批量生产工艺等研究。

"十二五"期间，国防科技工业局批复了"中国实验快堆 MOX 燃料单棒和组件制造技术研究"核能开发项目，研究目标是：掌握中国实验快堆 MOX 燃料芯块小批量制造技术，研制出累计 10 000 个合格的中国实验快堆 MOX 燃料芯块，制定芯块工艺规范；开展模拟 MOX 单棒和模拟组件研制实验，初步掌握 MOX 单棒和组件的制造工艺技术；并研制出 6 台套非标关键设备和 1 台快堆 MOX 燃料组件运输容器。到 2013 年已经完成了 MOX 芯块实验线的改造完善、工艺设备联动调试和 MOX 燃料模拟芯块工艺实验。到 2014 年 8 月底已经开展了含工业钚料的实验快堆 MOX 燃料芯块研制热试，首次研制出了 MOX 燃料芯块样品，并计划至 2017 年 12 月累计研制出 10 000 个合格的实验快堆和示范快堆 MOX 燃料芯块。

"MOX 燃料组件制造科研实验线核能配套工程项目"建议书已批复立项，计划于 2017 年年底建成完整的 MOX 燃料芯块（已建成）、单棒和组件制造科研实验线，具有小批量生产能力，成为我国 MOX 燃料科研的重要研发平台，具备中国实验快堆 MOX 燃料组件生产供料和示范快堆 MOX 燃料考验组件研制能力。

MOX 燃料在国外已经研究和应用近 40a 了，但由于我国 MOX 燃料研究比国外晚了约 30a，基础薄弱，我国尚没有 MOX 燃料产品，在很多关键技术方面都缺乏技术和经验，这与国外发达水平和我国快堆发展对 MOX 燃料的需求之间存在很大差距。由于快堆是属于非常核心的核能战略技术，又与敏感的钚牵连在一起，因此，美欧等西方国家或地区对我国快堆 MOX 燃料组件的设计、制造、质量检测、辐照试验等关键技术实行严格的保密封锁。2009 年，比利时开始实施其 40t/a MOX 燃料厂的拆除退役。2010 年 10 月 6 日，中国与比利时签订了《关于 MOX 燃料合作的框架协议》，但从 2016 年的最新谈判结果看，引进比利时 MOX 燃料制造技术并不是一帆风顺。

二、快堆 MOX 燃料组件的设计

快堆 MOX 燃料的特殊性在于其材料要承受远高于热中子堆的负荷，突出表现在快中子堆的中子通量比热中子堆高约 30 倍，快中子注量高约 50 倍，燃耗深度高 2 ～ 3 倍，比功率高 3 ～ 5 倍，功率密度高 5 倍多，包壳温度高约 300℃。因此，与压水堆 MOX 燃料相比，快堆 MOX 燃料设计具有以下特点：PuO_2 含量高，一般为 20% ～ 40%，具有高能量中子谱（压水堆 MOX 燃料中 PuO_2 含量一般为 5% ～ 10%）。≤ 90%TD 低密度的实心圆柱体燃料芯块，或高密度（95%TD）的中空环形圆柱体燃料芯块，以抑制高燃耗下燃料肿胀而导致燃料棒外径增大。采用轴向转换区贫 UO_2 芯块，以实现钚的增殖。燃料棒设计了 0.4 ～ 1m 的较长气腔，以容纳更多的在高燃耗和高温下产生的裂变气体。为了保证燃料中心温度低于熔点和具有更高的能量密度，快堆燃料棒必须设计得很细，燃料芯块外径为 5.05mm，内径为 1.6mm，高度为 6.5 ～ 9.0mm；芯块表面不经加工和干燥（压水堆 MOX 燃料芯块为实心圆柱体，外径为 8.43mm，需研磨加工，并在 350℃以上温度进行真空干燥）。燃料棒束紧密排列在不锈钢制的六角形组件盒内，以尽量减小冷却剂的慢化作用；棒表面螺旋绕制的绕丝提供了 0.6 ～ 2mm 的小间隙和钠流孔道（压水堆 MOX 燃料棒表面无螺旋绕丝）。实验快堆和示范快堆分别采用 316Ti 和 15-15Ti 奥氏体不锈钢作为包壳结构材料，与钠在高温下具有较好的相容性（压水堆 MOX 燃料为锆合金包壳），包壳外径

6mm、厚度0.4mm，芯块装管时易污染，燃料运行工况极严，这些使得制造技术复杂，难度增大。快堆具有很高的冷却剂传热速度，一般≥200℃/min（压水堆约10℃/min）。

热功率为65MW的中国实验快堆（CEFR）是按MOX燃料设计的，年换料量约500kg MOX燃料芯块。CEFR堆芯的设计有相当大的灵活性。根据初步设计计算，MOX燃料的成分有多种选择，例如：方案一，UO_2-29.4%PuO_2，^{235}U富集度为36%；方案二，UO_2-31.8%PuO_2，^{235}U富集度为19.5%；方案三，UO_2-25%PuO_2，^{235}U富集度为45%。CEFR一炉燃料需要80盒MOX组件（共424kg重金属），每盒组件包括61根MOX单棒，每根单棒内装填约87g MOX芯块。CEFR-MOX芯块尺寸初步设计为内径1.6mm、外径5.05mm、高度6.5～9mm，每个MOX芯块重量平均约为1.7g（其中含钚约0.5g）。因此，每根CEFR-MOX单棒内含约60个MOX芯块，其中含钚约30g。

中国实验快堆设计一年运行4个周期共计320d，规划其燃料由UO_2燃料逐步过渡到部分装载MOX燃料和全堆芯装载MOX燃料。从俄罗斯进口的首炉高浓UO_2燃料组件有89盒，CEFR首炉装载约79盒燃料组件，因此只有约10盒燃料组件的富余，仅能满足CEFR第一运行周期和第二运行周期的需求。在满功率工况下运行一个周期共计80d后，就需要更换部分燃料组件。

CEFR-MOX燃料棒束以三角形栅元紧密排列在316Ti不锈钢制的六角形组件盒内，以尽量减小冷却剂的慢化作用；棒表面螺旋绕制的绕丝提供了间隙约为1mm的钠冷却剂通道；采用316Ti奥氏体钢作为包壳结构材料，与芯块和钠在高温下具有良好的相容性；由于包壳尺寸细小（一般外径6mm、厚度0.4mm、长度1.35m），而且燃料运行工况极苛刻，包壳管的制造技术复杂，难度增大。

在"十五"核能开发科研项目——MOX燃料元件技术研究中，按照任务书要求，中国原子能科学研究院仅完成了CEFR-MOX和PWR-MOX燃料芯块的设计，以及单棒的初步设计，尚未开展MOX燃料组件设计。在中俄实验快堆合作项目中，俄罗斯仅向中国提供了CEFR高浓UO_2燃料组件设计程序，并未提供MOX燃料组件设计程序。我国尚没有成熟可靠的快堆MOX燃料组件性能分析程序，快堆MOX燃料组件设计、堆芯设计和辐照试验分析缺乏必要的计算手段，而且缺乏设计验证用的国产MOX燃料辐照性能数据，这些都将严重影响我国快堆技术的发展。

三、MOX燃料厂与后处理厂的接口方案

目前，我国正在制定大型后处理厂和MOX燃料厂的发展规划，迫切需要研

究确定工业规模 MOX 燃料厂与商用后处理厂的尾端工艺接口方案，尤其要在试验验证的基础上慎重选择铀、钚不分离后处理工艺，避免走弯路，为后处理厂和 MOX 燃料厂设计建设提供技术支持。

（一）MOX 燃料的应用方向战略选择

MOX 燃料应用方向对后处理厂钚产品形式、后处理厂与 MOX 燃料厂之间的规模、进度接口等提出了不同的要求，需要提前研究和规划，做出战略选择。目前国际上 MOX 燃料的应用方向主要是压水堆和快堆核电站，欧洲和日本也将 MOX 燃料用于沸水堆，且目前还在研究用于重水堆。MOX 燃料在热堆上的应用是不得已而为之的暂时过渡，不是严格意义上的闭式循环。在快堆核电站应用 MOX 燃料，可实现燃料增殖，大大提高铀资源利用率，并且焚烧工业钚和次锕系元素的效率要高得多。MOX 燃料应用于快堆核电站是实现核燃料闭式循环的最重要途径，是将来的主要发展方向。开展 MOX 燃料应用方向研究可为 MOX 燃料应用规划提供决策依据，为后处理大厂和 MOX 燃料厂建设提供技术支持。

（二）后处理厂与 MOX 燃料厂的进度匹配

多数专家认为，反应堆与燃料的研发要同步进行，燃料研发最好适当提前开展。后处理厂生产的工业钚最好及时用于制造 MOX 燃料，减少钚的储存量和储存时间，可大大提高钚的利用价值、降低钚的管理成本和防止核扩散，这就要求研究后处理厂与 MOX 燃料厂在进度匹配上实现最优化。

长期储存大量钚是不安全和不经济的，最合理、安全、经济的做法是乏燃料后处理之后 2a 内将 PuO_2 制成 MOX 燃料元件（郑华铃，1986），这就要求 MOX 燃料制造厂必须在后处理厂建成后 2a 内投入生产，并且已制成的 MOX 燃料最好在 2a 内入堆使用。

（三）铀、钚不分离后处理工艺对 MOX 燃料制造工艺的影响

制定后处理大厂的设计建设方案存在较大风险，需提前开展后处理厂钚产品形式与 MOX 燃料厂接口研究。传统后处理厂的尾端钚产品一般为 PuO_2 粉末，用 PuO_2 粉末制造 MOX 燃料具有储存和运输简单方便经济、易调整 MOX 燃料的钚含量、易调整 ^{235}U 富集度、MOX 燃料制造技术成熟等优点。

将铀、钚不分离后处理厂产品（U，Pu）O_2 固溶体粉末用于工业规模制造 MOX 燃料，它的优点是铀、钚同位素分布可以达到宏观和微观上的高度均匀，铀、钚混合萃取和混合转化有利于防止核扩散，这种理念和技术无疑都是先进

的。但是，用（U，Pu）O_2 固溶体粉末制造的 MOX 燃料还没有获得辐照考验数据。法国将 UO_2 粉末原料制造工艺由早期的 AUC 改为 ADU 和 IDR 时，都必须经过堆内辐照考验验证，把辐照后性能检验结果作为调整 MOX 芯块制造工艺的科学依据，而不是仅仅依靠理论推测。英国 SMP MOX 燃料厂因采用不成熟工艺而出现返料比例高、最后导致停产等严重问题。这是由于 MOX 燃料制造工艺的问题，还是后处理工艺接口的问题，需要深入研究。可以肯定的是，铀、钚不分离后处理工艺将对 MOX 燃料制造工艺、返料、MOX 乏燃料后处理溶解率等造成影响。这个问题应该引起国内后处理专家的高度重视和深入思考。

铀、钚不分离后处理技术还可能存在 MOX 燃料生产时 PuO_2 含量和 ^{235}U 富集度（固溶体粉末中的铀属于堆后铀）调整灵活性差、综合成本高等缺点，其经济性有待综合分析。技术成熟可靠性、经济性、建设规模和进度匹配都是影响 MOX 燃料厂与后处理厂能否顺利衔接的重要因素。

如果以硝酸钚溶液的方式储存，将占用大量的容器和空间，储存和运输既不安全，也不经济，因此，还是以储存 PuO_2 或（U，Pu）O_2 粉末为主要方式。铀、钚不分离后处理工艺要么不得不根据具体应用对象而分别设计（$U_{0.95}$，$Pu_{0.05}$）O_2、（$U_{0.9}$，$Pu_{0.1}$）O_2、（$U_{0.8}$，$Pu_{0.2}$）O_2、（$U_{0.7}$，$Pu_{0.3}$）O_2 等多个复杂接口，这是很不经济的做法；要么只设计一个接口，即一种（$U_{0.5}$，$Pu_{0.5}$）O_2 粉末产品，用于制造 MOX 燃料时再添加 UO_2 粉末，以灵活调整 MOX 燃料的成分。但是，后处理厂（$U_{0.5}$，$Pu_{0.5}$）O_2 粉末产品中的铀是堆后铀，^{235}U 富集度很难改变，而制造实验快堆 MOX 燃料需要使用 ^{235}U 富集度为 36%～45% 的高浓缩铀，制造示范快堆 MOX 燃料使用贫铀，则这种固溶体铀钚混合粉末难以满足要求或需要更改堆芯设计。

后处理厂与 MOX 燃料厂的技术接口，涉及面广，可借鉴的资料少。要从不同反应堆类型对 MOX 燃料的不同要求、接口的可靠性、安全性、经济性多角度进行分析论证，提出符合国情和满足法规要求的接口方案。

（四）草酸钚的煅烧温度优化

工业 PuO_2 与武器级 PuO_2 的性能要求是不同的。根据草酸钚的热重（TG）曲线可知，草酸钚在 400℃ 即可发生分解反应，但 PuO_2 粉末结晶不充分，O/M 比太低，可能会残留少量碳杂质，易吸潮，性能不稳定。用这种 PuO_2 粉末制造 MOX 燃料时也会导致 MOX 芯块的性能不稳定，碳会影响 MOX 芯块的烧结致密化。德国在研究 AUPuC 工艺时也发现如果重铀酸铵和氢氧化钚共沉淀的煅烧温度过低，会使 MOX 芯块的性能不稳定，而将煅烧温度提高至 800℃ 以上时，MOX 芯块的性能则会变得稳定（MacLeod and Geoffrey，1993）。如果商用后处理厂不考虑这一特殊要求，还是一成不变地采用军用后处理厂的老套经验，则不得不在MOX燃料厂进料口增加PuO$_2$粉末高温煅烧处理设施，这将增加风险和成本。

（五）钚容器的容积设计和分装

PuO$_2$粉末设计采用复杂的双盖密封容器储存，即使在手套箱内暂时存放PuO$_2$粉末，也必须进行可靠的密封保存。在MOX芯块线进料口的密封屏蔽热室内，要开展钚容器的切割、粉末称重、粉末分装、α去污等严格操作。如果钚容器设计的装料重量不与MOX燃料线的日均操作量匹配，例如，钚容器设计装料为2kg，而MOX燃料线的日平均需求量仅为375g，每天暂存在手套箱内的PuO$_2$粉末增多，将对生产管理、生产线剂量控制、核材料衡算等带来影响，而且要对钚容器反复进行焊接密封和切割分装的复杂操作，增加了辐射风险和生产成本。这个问题应该引起后处理专家的重视。

（六）MOX燃料制造工艺与MOX乏燃料硝酸溶解率的关系

MOX燃料厂的钚料和从反应堆卸出的MOX乏燃料都与后处理有紧密关系。根据国外多年研究经验，MOX芯块的微观组织和钚分布均匀性直接影响MOX乏燃料的硝酸溶解率，而这主要取决于MOX芯块制造工艺。如果MOX燃料制造厂不考虑这一问题，将增加MOX乏燃料的后处理溶解难度。早期采用一步直接混合工艺时，MOX芯块由三种不同钚含量的相结构组成，硝酸溶解率仅为70%～80%，经分析发现是因为局部富钚颗粒内的钚含量超过40%而加大了溶解难度；后来德国采用优化共磨工艺，改善了钚分布均匀性，使MOX芯块的硝酸溶解率提高到99%～99.9%（张先业，1996）；比利时和法国采用两步混合MIMAS工艺，富钚颗粒尺寸减小，且富钚颗粒内的钚含量降低，溶解率提高到99.9%；德国采用化学共沉淀工艺，形成高度均匀的（U，Pu）O$_2$固溶体，溶解率高达99.9%～99.99%（王乃陶，1998）。

四、快堆MOX燃料组件制造工艺流程

1. 工艺流程

MOX燃料组件由MOX燃料芯块、单棒和组件组成。MOX燃料芯块制造技术是MOX燃料研发和应用的核心。图5-2是MOX燃料芯块、单棒和组件的制造工艺流程示意图。

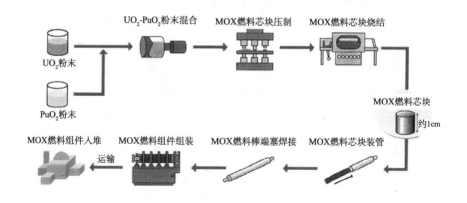

图 5-2　MOX 燃料组件制造工艺流程

MOX 燃料芯块一般采用粉末冶金工艺制造，主要包括 UO_2 和 PuO_2 粉末球磨混合、造粒、压制成型、高温烧结、磨削等工艺过程。设计研制关键工艺设备、提高铀钚同位素分布均匀性、控制 O/M 比等是制造 MOX 燃料芯块的关键技术。如果铀、钚同位素分布不均匀，会造成反应堆燃料局部功率峰，并严重影响 MOX 乏燃料后处理时的硝酸溶解率达标。

MOX 单棒的制造工艺过程与 UO_2 单棒相似，但必须在专门的有严格密封和屏蔽措施的手套箱内进行，关键技术是确保燃料棒焊接的密封性以防止 α 污染、确保棒内钚同位素分布均匀等。MOX 组件的制造工艺过程与 UO_2 几乎完全相同，但必须加强屏蔽防护，可以借鉴实验快堆 B_4C 屏蔽组件的制造经验。

MOX 燃料是不同于传统 UO_2 燃料的新型燃料，制造难度极大，国际上在 MOX 燃料元件研制和 MOX 燃料厂建设过程中也走了不少弯路。一方面，^{241}Pu、^{241}Am 具有很强的 α、γ、中子辐射危害，以及 ^{240}Pu 具有自发裂变特性而可能引起临界安全问题，使辐射防护、专用设备研制及维修、Pu 和 MOX 燃料的储存运输等难度极大地增加；另一方面，MOX 燃料具有不同于 UO_2 燃料的物理、化学和中子特性，增加了燃料设计、堆芯设计、制造工艺、性能检测和辐照试验等方面的难度。

CEFR-MOX 燃料的 PuO_2 含量为 25%，屏蔽防护和临界安全问题非常突出；快堆 MOX 芯块不研磨，燃料棒包壳细小，装管时包壳管口和表面易被 α 污染，燃料运行工况极严，这些使得制造技术复杂，难度增大。

MOX 燃料厂的设计建造要求极高，投资费用也很大，且风险也较高。国外 MOX 燃料工厂的发展一般都经历了从每次投料几百克到几千克、几十千克、几百千克的循序渐进的不同发展阶段，对抵抗地震、飞机撞击、火灾等破坏有非常严格的要求。

从安全考虑出发，国外的普遍做法和经验是先开展模拟 MOX 燃料芯块和模拟单棒制造技术研究，在验证了实验装置的可靠性和实验线屏蔽防护要求，并基本掌握了关键技术之后，再投入钚料进行真实 MOX 燃料芯块和单棒制造实验。工业钚的一次操作量应逐步增大，积累操作工业钚的经验。这样可以降低操作工业钚的风险和研究成本，加快研发进度。西方国家甚至曾经经历了"模拟 MOX 芯块→军用钚 MOX 芯块→工业钚 MOX 芯块"的循序渐进的发展阶段。

2. MOX 芯块工艺

我国没有批量生产流动性较好的 AUC 粉末，制造 MOX 燃料芯块的 UO_2 原料粉末可以选择湿法 ADU 和干法 IDR 粉末，但必须增加造粒工艺。PuO_2 原料粉末可以选择后处理中试厂的纯 PuO_2 粉末和后处理大厂的（U，Pu）O_2 固溶体混合粉末。不同来源和批次的原料粉末具有不同的物理、化学和核性能，需要对 MOX 燃料芯块的制造工艺进行不同的调整和验证，原料还可能影响 MOX 燃料的堆内使用性能。

MOX 燃料混合粉末制备工艺可分为机械混合法（俗称干法）和化学共沉淀法（俗称湿法）。化学共沉淀法可获得较好的产品均匀度，并形成固溶体粉末，被德国、日本、俄罗斯等国致力开发并用于 LWR-MOX 燃料的试制生产，但因产生较多废液而难以实现工业化生产。机械混合法最早被用于制造 PuO_2 含量较高、均匀混合较易的 FBR-MOX 燃料，后来经过改进，形成两步混合法即 MIMAS 工艺，又用于生产 PuO_2 含量较低、均匀混合难度大的 LWR-MOX 燃料。其工艺比较成熟，已达到工业生产规模。至今快堆 MOX 燃料粉末仍然采用一步直接混合球磨法制备，要求严格控制富钚颗粒尺寸及其钚含量。

为了获得 MOX 燃料中钚同位素和晶粒组织双重的均匀度，以避免堆内辐照中产生局部功率峰，同时为了提高 MOX 乏燃料在后处理时的硝酸溶解度，许多国家相继研究了如何提高机械混合法 MOX 粉末的铀钚分布均匀度，如图 5-3 所示。制备钚分布均匀的 LWR-MOX 燃料的技术经验很值得快堆 MOX 燃料借鉴。例如，比利时、法国创造了两步混合的 MIMAS 工艺，取代了原来一步混合的 COCA 工艺；德国发明了优化共磨（OCOM）工艺。为了减小富钚颗粒尺寸，并尽量缩短制造流程以利于操作者的剂量防护，降低成本，英国成功研制了简短无黏结剂（SBR）工艺，最大富钚颗粒仅为 $35\mu m$，钚分布均匀性更好，在同样辐照燃耗下，SBR-MOX 燃料的裂变气体释放率小于 MIMAS-MOX 燃料。俄罗斯发明了 ABC-150 高效磁力混合机，只需混合几分钟就可以获得非常均匀的 MOX 燃料粉末。日本重点研究 U、Pu 硝酸溶液的微波加热脱硝工艺，快速制备出 MOX 固溶体粉末。德国独创了三碳酸铀钚酰铵共沉淀（AUPuC）法，制备出均匀、高活性的 MOX 固溶体粉末。印度仍然使用常规机械混合法。

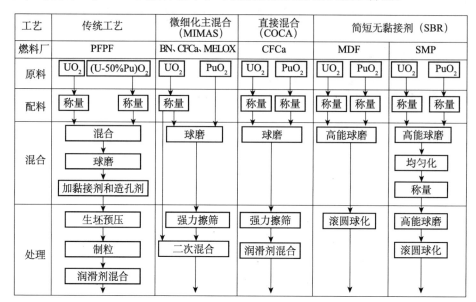

工艺	传统工艺		微细化主混合（MIMAS）		直接混合（COCA）		简短无黏接剂（SBR）			
燃料厂	PFPF		BN、CFCa、MELOX		CFCa		MDF		SMP	
原料	UO_2	$(U-50\%Pu)O_2$	UO_2	PuO_2	UO_2	PuO_2	UO_2	PuO_2	UO_2	PuO_2
配料	称量	称量	称量		称量	称量	称量	称量	称量	称量
混合	混合 球磨 加黏接剂和造孔剂		球磨		球磨		高能球磨		高能球磨 均匀化 称量	
处理	生坯预压 制粒 润滑剂混合		强力擦筛 二次混合		强力擦筛 润滑剂混合		滚圆球化		高能球磨 滚圆球化	

图 5-3　国际上几种主要的芯块制备工艺流程

通常各国压水堆 MOX 燃料芯块制造是参考法国的 MIMAS 两步混合工艺，而快堆 MOX 燃料芯块制造是参考英国的 SBR 一步混合工艺，如果以（U，Pu）O_2 固溶体粉末为原料，也必须采用两步混合工艺。国外从来不公开其 MOX 芯块和单棒的制造工艺关键设备及质量检测标准方法。

一般认为，共沉淀法具有混料均匀，压制前无须造粒，可烧结成均匀单相固溶体及乏燃料溶解性好等优点。而机械混合法的工艺简短，废液量少，经过努力也可制得性能与共沉淀法相当的 MOX 燃料芯块。英国、法国、比利时建成的 40t/a 中等规模和 120t/a 大型 MOX 燃料制造厂均采用机械混合法。

1997 年美国阿拉莫斯国家实验室（LANL）利用武器级钚和贫铀（ADU-UO_2），采用 MIMAS 工艺研制出了 11 根 PWR-MOX 燃料辐照考验棒。MOX 芯块成分为 UO_2-5%PuO_2。原设计要求任何一个横截面上大于 400μm 的富钚颗粒百分比不超过 1.5%，后来为了进一步减少裂变气体释放，改进了粉末球磨工艺，将最大富钚颗粒尺寸减少至 100μm，使钚分布更加均匀。

3. MOX 单棒和组件工艺

MOX 单棒制造工艺主要包括 MOX 芯块装管和去污、不锈钢包壳管加工、不锈钢绕丝加工和绕丝焊接、焊接强度和密封性检测、上下端塞焊接、燃料棒充氦气和氦检漏、MOX 燃料棒内铀钚同位素分布均匀性检测、芯块与芯块间隙检测等。MOX 燃料组件的制造工艺与 UO$_2$ 组件相似，但必须对 MOX 单棒严格去污后在相对干净的监督区内进行组装。

我国选择与法国、德国、日本等国家相同的芯块装管和机械混合法技术路线。CEFR 是我国与俄罗斯合作设计、自主建造的第一个快堆，俄罗斯只提供高浓 UO$_2$ 燃料组件的设计技术，不提供 MOX 燃料组件的设计和制造技术。目前俄罗斯快堆使用的 MOX 燃料大部分是采用振动密实法生产的，因此，我国必须进行快堆 MOX 燃料组件的自主设计和研发，并且通过 CEFR 堆内辐照考验和辐照后性能检验，取得一批重要的 MOX 燃料和结构材料辐照性能数据，进一步完善快堆 MOX 燃料组件的设计和制造技术，使 CEFR 尽快过渡到全堆芯装载 MOX 燃料运行。

五、快堆 MOX 燃料制造关键科学技术问题

1. MOX 燃料单棒和组件性能分析技术

开发 MOX 燃料单棒性能分析程序和组件变形程序的主要难点在于物理模型的建立、程序编制开发和程序验证，其是集计算程序、设计分析和辐照性能数据验证等于一体的系统研究。由于快堆 MOX 燃料含 20%～30% 的 Pu，辐照燃耗高，必须对 MOX 燃料组件的堆内辐照行为和性能、燃料安全等进行计算分析，并将计算研究结果用于支持对入堆辐照试验的安全评审。要自主开发快堆 MOX 燃料单棒设计程序和进行性能分析，将研究结果与国外进行交流和比对验证。

2. MOX 芯块烧结工艺

设计要求快堆 MOX 燃料的 O/M 比小于 2.00，要求在强还原性气氛中烧结，但是在强还原气氛中烧结 MOX 芯块的密度较低。在外圆不研磨的情况下，依靠控制压制成型尺寸和烧结收缩率来精确控制 MOX 芯块的外径，以便能直接装管，但工艺难度很大，废品率较高。因此，快堆 MOX 芯块的烧结工艺难度较大，MOX 芯块烧结工艺是本项目的关键技术之一，需要优化烧结温度、升温速率、气氛氧势、保温时间等烧结工艺参数。而开展快堆 MOX 燃料芯块的烧结动力学、烧结致密化机理和 O/M 比控制机理研究可为烧结工艺优化研究提供理论指导。此外，MOX 燃料芯块高温烧结炉是一个非常关键的工艺设备，其设计要求和制造难度要远高于 UO$_2$ 芯块烧结炉，主要是辐射屏蔽防护、钚气溶胶密封和过滤、发热体和炉膛材料的使用寿命、设备维护维修等。

3. 芯块返料回收再利用技术

返料回收再利用是决定 MOX 燃料生产是否能正常运行的关键，日本的 MOX 燃料厂就因为废品回收处理和利用问题没有解决而导致不能正常运行。通过制造工艺优化，尽可能减少返料量。对于物理不合格料的回收再利用，采用高温氧化煅烧＋机械破碎或直接机械破碎、球磨的方法进行处理，再按一定比例添加到正料中，探索科学的工艺制度，实现返料回收利用，减轻废品库存压力。

4. MOX 燃料单棒上端塞焊接工艺

在 MOX 燃料单棒上端塞与包壳管的环缝焊接过程中，由于不锈钢包壳非常细小，薄壁不锈钢包壳焊接易出现热裂纹、氧化、变形等问题。而且包壳内已经装入 MOX 芯块，对于如何既保证焊接密封性质量，又避免单棒表面被 α 污染，防止气溶胶泄漏到手套箱外，上端塞焊接是关键技术之一。燃料棒充氦之后的上端塞堵孔焊接工艺也面临同样的技术难题。

5. MOX 燃料单棒内同位素和芯块间隙自动化无损检测技术

采用有源法 γ 扫描探测 MOX 燃料棒内铀钚同位素和芯块间隙。

6. MOX 燃料辐照考验和辐照后检验技术

采用专门设计的辐照容器和 2at%、4at%、6at% 燃耗逐渐增加的辐照试验方法，在 CEFR 辐照考验 MOX 燃料组件。在专门热室内进行破坏性检验，对 MOX 燃料辐照性能进行评价，再反馈优化和固化快堆 MOX 燃料组件的设计参数和制造工艺。

第二节　快堆 U-Pu-Zr 金属燃料制造技术

一、一体化快堆金属燃料循环

金属燃料具有热导率与热容较高、燃料密度较高、中子能谱较硬、合金燃料密度高，能够实现很高的增殖比（金属燃料为 1.24，氧化物燃料为 1.05），且制造工艺简单的特点。20 世纪 40 ～ 70 年代设计建造的第一代实验快堆普遍使用金属燃料。

图 5-4 是一体化快堆金属燃料循环体系图，它是从快堆 MOX 乏燃料干法后

处理提取金属 U、Pu、MA 出发，建成包括 U-Pu-Zr 金属燃料制造厂、商用快堆核电站、干法后处理厂的一体化快堆金属燃料循环体系。U-Zr、U-Pu-Zr 合金分别被用作快堆转换区增殖燃料和驱动燃料。

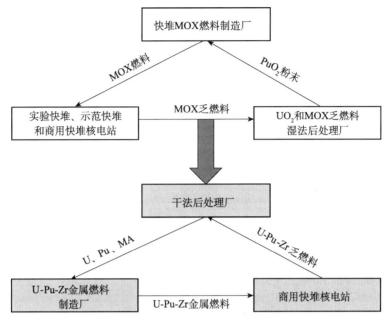

图 5-4　快堆金属燃料循环体系

二、国内外快堆金属燃料发展情况

实际操作经验表明，早期设计的快堆金属燃料存在较大问题：辐照肿胀严重，燃料与包壳化学相互作用严重，这制约了燃耗和冷却剂出口温度的提高。

1951 年临界的美国 EBR-I 反应堆，Mark I 型燃料是未合金化的高浓金属铀；Mark II 型燃料是 U-2Zr 合金，以达到细化 α 相晶粒、改善尺寸稳定性的目的。欧洲 DFR 反应堆中使用了经过 β 淬火的 U-0.1Cr 合金燃料，但即使在 0.1% 的低燃耗下依然可以观测到燃料包壳机械相互作用（FCMI）。α 相铀合金的辐照性能较差，在 DFR 中 Mark IIA 至 Mark IIIC 型燃料元件使用 γ 相 U-9Mo 合金燃料，轻易达到了 2.5at% ～ 3.0at% 的燃耗。

20 世纪 60 年代末，快堆追求的目标是高增殖比，高燃耗，经济效益好。由于纯 Pu 或 U-Pu 合金熔点较低，易与不锈钢包壳发生反应形成低熔点共晶体，无法将 Pu 加入到铀合金中作驱动材料，这使快堆提高铀资源利用率的初衷难以实现。1964 年临界的美国阿贡国家实验室 EBR-II 型示范快堆采用 U-5Fs 合金燃料

（Fs 为裂变产物，成分为 95%U、2.4%Mo、1.9%Ru、0.3%Rh、0.2%Pd、0.1%Zr、0.1%Nb），干法后处理工艺成功实现了自持闭式燃料循环，至 1969 年共生产了 38 000 余根 U-5Fs 燃料棒。对共约 35 000 根辐照燃料棒进行了干法后处理，重新制成金属燃料入堆循环使用。裂变产物可固溶在 U-5Fs 合金的 γ 相中，Mark Ⅰ 型燃料元件的燃耗上限为 1.2at%，改进型 Mark ⅠA 燃料元件可以实现 3at% 的燃耗，有效密度为 75% ~ 85%TD。

1970 年，美国阿贡国家实验室发展了使用 U-5Fs 合金的 Mark Ⅱ 型燃料元件和使用 U-10Zr 合金的 Mark Ⅲ 型燃料元件，有效密度为 75%TD，在 EBR-Ⅱ 中辐照燃耗可以达到 10at%。20 世纪 70 年代，MOX 燃料制造技术已相对成熟，大部分国家的金属燃料发展处于停滞状态，只有美国阿贡国家实验室从未中断金属燃料的研究。1970 ~ 1980 年，在 EBR-Ⅱ 中辐照了 MOX 燃料。1978 年设计快中子通量试验装置（FFTF），并于 1982 ~ 1992 年运行，1993 年关闭。

20 世纪 80 年代，研究发现，加入 Mo、Ti、Cr、Zr 等元素能提高 U-Pu 合金的固相线温度，显著改善 U-Pu 合金与不锈钢包壳之间的化学相容性。U-Pu-Ti 合金在 650℃ 会发生包壳脆化。1983 年，美国提出一体化快堆（IFR）概念，选择金属燃料，但必须解决 22at% 高燃耗下 U-Pu-Zr 金属燃料与包壳的化学相容性（FCCI）问题。1984 年，美国阿贡国家实验室开始 IFR 概念设计，采用池式钠冷反应堆、U-Pu-Zr 合金燃料、高温电解精炼干法后处理，回收的 U-Pu 合金重新制成燃料使用，闭式循环工艺紧凑，显著提高了快堆的经济性。一体化快堆由于金属燃料本身的高热导率与高热容，具有良好的固有安全性。

1985 ~ 1992 年，美国阿贡国家实验室在 EBR-Ⅱ 上开始辐照 U-Pu-Zr 金属燃料（U-10Zr、U-8Pu-10Zr、U-19Pu-10Zr），芯体尺寸一般设计为 $\Phi4.34mm \times 343mm$，用 D9 奥氏体不锈钢作包壳，燃耗达到 18.4at%；用 HT-9 马氏体不锈钢作包壳，最高燃耗达到 20at%（约 200MW·d/kg M，$2 \times 10^{23} n/cm^2$），而且未发生包壳破损（Walters，1999）。

1992 年，出于防止核扩散考虑，美国政府取消了 IFR 计划；1994 年 EBR-Ⅱ 也被关闭。IFR 的核心技术是快堆核电站设计、金属燃料制造和干法后处理工艺，它保证了一体化快堆所具有的一系列优良性能。IFR 技术被用于处理美国能源部的乏燃料。

进入 21 世纪，美国提出的 ALMR（advanced liquid metal reactor）、ABR（advanced burner reactor）、Gen Ⅳ 中的 SFR（sodium fast reactor）及 ADS（accelerator driven transmutation system），日本提出的 4S（super-safe, small and simple）等概念设计中均使用了 U-Pu-Zr（U-TRU-Zr）金属燃料。欧洲、韩国也提出了类似的概念设计，显示出对快堆金属燃料发展的重视。2006 年，IFR 技术成为全球核能合作伙伴计划的一部分，得以重新启动，2009 年变更为先进燃料循环倡议，

EBR-Ⅱ退役改造后将作为先进燃料循环倡议的一个重要研究设施。美国还计划在未来新建一座 300MWe 的 EBR-Ⅲ。已经在 ATR 内对 U-TRU-Zr（如 U-Pu-Zr-Np-Am）金属燃料进行了嬗变试验。将来要建一座 600MWe 一体化 ABR（含 MA 的氧化物嬗变燃料需要 1000 ～ 1500MWe 快堆），使 Am、Cm、Np 等长寿命锕系元素的能量得到有效利用，降低废料放射性水平，减少放射性废物处置体积和成本，形成资源利用、经济效益和环境保护的统一。

日本制定了快堆金属燃料计划，U-Zr 合金燃料已实现工业规模生产，U-Pu-Zr 燃料研制达到小规模试制生产水平，6 根 U-Pu-Zr 金属棒已经在 Joyo 快堆辐照考验。日本 Tokai 核燃料工业公司研发了 20kg 级工程规模喷射铸造设备，U-Pu-Zr 合金大尺寸产品为 Φ6mm×400mm。2005 年，日本提出快堆 U-Pu-Zr 金属燃料芯体的设计性能指标：化学成分 Pu 的质量分数为 20.0%±1.0%，Zr 的质量分数为 10.0%±1.0%，O < 1000ppm；直径为 Φ（5.05±0.05）mm（考虑到加工余量，喷射铸造直径 Φ6mm）；长度为（200±1）mm（辐照考验小样品）或 400mm（产品）；密度为 15.3 ～ 16.1g/cm³；垂直度为使金属燃料芯体通过一个 Φ5.5mm×200mm 规管。

目前，法国积极与美国、日本合作研究快堆金属燃料，尤其是嬗变金属燃料。

印度已经研制出 U-2Zr 合金燃料棒，包壳选择 Zr 合金和 T91 钢。直径为 6mm 和 10mm，长度为 300 ～ 350mm。制造 U-Pu-Zr 金属燃料的装置正在安装调试之中。

20 世纪 90 年代初，我国开展了 U-10Zr 合金的制备工艺初步研究，研制出了 5mm×150mm 的合金样品。目前正在规划行波堆 U-Zr 金属燃料的研发。

图 5-5 展示了世界快堆和金属燃料研究 70 年发展历程。

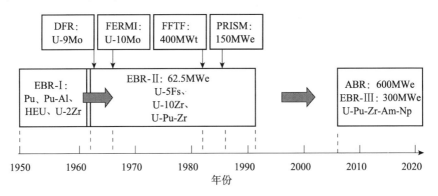

图 5-5　世界快堆和金属燃料研究 70 年发展历程

三、快堆金属燃料制造工艺流程

图 5-6 是 U-Pu-Zr 金属燃料元件制造工艺流程图。主要包括 U-Pu-Zr 合金熔炼、热处理、加工、燃料单棒制造、组件组装、性能检测和质量控制等。

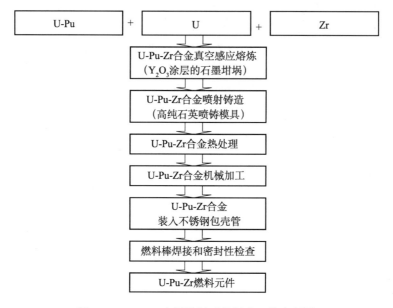

图 5-6　U-Pu-Zr 金属燃料元件制造工艺流程图

关键设备包括：（真空）感应熔炼炉、陶瓷涂层石墨坩埚；喷射或重力铸造炉、石英模具；U-Pu-Zr 合金热处理炉；U-Pu-Zr 合金机械加工车床、磨床等；金属燃料棒焊接、无损检验设备。

关键工艺技术包括：中间合金配制、元素均匀化、杂质控制、真空感应熔炼或气体保护感应熔炼工艺。

配套条件：快堆金属燃料一体化实验室及 500m² 大型热室，主要包括快堆、乏燃料干法后处理和高放废物处理处置实验室，以及合金熔炼、金属燃料元件制造、性能检测实验室等。

四、快堆金属燃料制造关键科学技术问题

1. U-Pu-Zr 合金相变研究及金属燃料元件设计

合金成分对金属燃料增殖比的影响：随着 Zr 含量的增加，金属燃料增殖比

逐渐减小。

U-Pu-Zr合金相图计算：Pu的热力学数据是开展U-Pu-Zr合金相图计算的重要输入参数；随Zr含量增加，金属燃料固相线温度提高，可提高燃料使用温度；随Pu含量增加，金属燃料固相线温度降低。一般设计Pu ≤ 20%。U-Pu-Zr合金的相结构变化非常复杂。

2. 燃料与包壳化学相互作用

燃料与包壳化学相互作用导致燃料组分和裂变产物向包壳一侧扩散，与Ni、Fe、Cr反应形成金属间化合物和低熔点共晶体，减少包壳的有效厚度，降低包壳的刚度和强度；同时，包壳组分向燃料一侧扩散，能降低燃料的固相线温度，与U、Pu反应形成低熔点共晶体。

一般设计Na出口温度不大于550℃，在反应堆失流并叠加应急停堆系统失灵的极端情况下，实际Na出口温度最高可达650℃。当共晶体熔点不大于650℃时，存在包壳局部熔化破损的风险。

3. 燃料热导率、热膨胀系数等热物理性能

Pu、Zr含量对U-Pu-Zr合金的热物理性能有很大影响，但美国、日本等国家实行严格保密，不公开报道。

4. 燃料芯体熔炼铸造、管材挤压等加工性能

随Zr含量增加和热处理工艺变化，金属燃料的加工难度增大。一般设计Zr含量为10%，尽量提高γ-U相含量。

5. 铁素体不锈钢包壳的中子辐照肿胀、脆化、高温蠕变等科学问题

奥氏体、铁素体等包壳类型对金属燃料与包壳化学的相互作用有显著影响。燃料组分中的U向包壳扩散，形成（U，Zr）$_6$Fe等低熔点共晶体，耗蚀包壳。Pu扩散进入包壳内部最深，形成（U，Pu，Zr）$_6$Fe等低熔点共晶体。La系元素（如Nd）向燃料与包壳界面扩散、积聚，向包壳内部扩散，与Fe、Ni、Cr反应形成Nd$_3$Ni等熔点更低的金属间化合物，加快包壳的腐蚀。包壳中的Fe、Ni等组分向燃料扩散，形成（U，Zr，Pu）Fe$_2$等低熔点共晶体，耗蚀包壳。其中，Fe对低熔点共晶体形成的作用最大，Ni起促进作用；Cr只在燃料/包壳界面富集，不进入燃料内部；燃料固相线温度降低。据报道，U-19Pu-10Zr金属燃料，D9奥氏体不锈钢包壳，辐照燃耗11.3at%，Fe、Ni扩散进入包壳的最大深度可达175μm。对于相同U-Pu-Zr金属燃料，辐照后D9奥氏体不锈钢包壳的耗蚀远远大于HT-9铁素体不锈钢包壳。从FCCI看，不含Ni的铁素体不锈钢是金属燃

料包壳的必然选择。

温度和燃耗对燃料与包壳相互作用也有显著影响。一般快堆设计 Na 出口温度不大于 550℃，在反应堆失流并叠加应急停堆系统失灵的极端情况下，Na 出口温度仅上升至不大于 650℃，远低于燃料与包壳反应形成共晶体的熔点，安全裕度较大。在 600℃时，HT-9 铁素体包壳与燃料的化学相容性比 D9 奥氏体钢好。但 HT-9 在 EBR-Ⅱ 内进行 660℃辐照，不是很满意。解决方法是：在 HT-9 钢内壁涂敷 V、Zr 扩散阻挡层；研发先进包壳材料，如第四代反应堆高温包壳 T91、ODS 钢具有比 HT-9 钢更好的高温蠕变强度，在 700℃下燃料与包壳具有很好的化学相容性。

美国 EBR-Ⅱ 设计燃耗为 10at%，实际能达到 20at% 以上。HT-9 包壳获得了 340℃、19at% 的堆内辐照性能数据。嬗变金属燃料的燃耗最高达到 38at%。

第三节　ADS 燃料制造技术

研究初步表明，装载（Th，TRU）O_2 钍基燃料的 ADS，对不分离镎的超铀核素的嬗变效果较好，且在燃耗过程中其反应性和质子流强度波动较小；装载（U，TRU）O_2 铀基燃料的 ADS 具有更安全的多普勒效应和缓发中子份额。总体来看，如果需要长时间安全嬗变超铀核素，装载钍基燃料会取得更好的效果（OECD/NEA，2002；IAEA，2004）。因此，（Th，TRU）O_2 将成为 ADS 嬗变燃料的主要候选对象。

（Th，TRU）O_2 燃料的制造与（U，Pu）O_2 即 MOX 燃料的制造工艺相似，其芯块和单棒的制造必须在专门设计建造的密封屏蔽防护手套箱内进行操作。特别是当高毒性的 AmO_2 含量较高时，必须进行远距离自动化操作；且由于 AmO_2 的蒸汽压较高，在 1450℃以上温度烧结时极易挥发，需要开发含 AmO_2 燃料的低温烧结工艺。

第四节　我国快堆燃料发展规划建议

与西方国家不同，目前我国的实际国情是工业钚数量非常有限，用快堆实现燃料增殖是目前我国追求的一个重要目标。我国快堆发展制定了"实验快堆→示范快堆→大型商用快堆"三步走发展战略。相应地，需要同步制定和实施快堆燃料发展规划。CEFR 堆芯是按 MOX 燃料设计的，每年需要 MOX 燃料 0.5t，包壳为 316Ti 不锈钢。由于目前没有国产 MOX 燃料，首炉燃料不得不使用富集度为 64.4% 的俄罗斯进口高浓 UO_2 燃料。而且累计需要三炉高浓 UO_2 燃料开展 CEFR 运行试验，并且借机完成国产 MOX 燃料和结构材料的辐照考验。如果 CEFR 长期使用 UO_2 燃料，不能验证其设计指标、运行性能和独特的燃料增殖功能，则会影响我国快堆发展规划的实施。2010 年 7 月 21 日已经实现首次临界的中国实验快堆初装燃料为高浓 UO_2 燃料，规划于 2017 年建成完整的 500kg/a MOX 燃料芯块、单棒和组件实验线，至 2019 年完成 CEFR-MOX 燃料组件辐照考验，之后过渡到全堆芯装载 MOX 燃料组件。

与俄罗斯合作的中国示范快堆核电站预设计合同已经完成。示范快堆国家重大专项工程项目正在积极实施之中。规划于 2023 年建成 CFR600 示范快堆核电站，要在 2022 年完成 CFR600 首炉国产 MOX 燃料的生产。目前迫切需要完成大量的快堆 MOX 燃料生产线工程设计验证、关键设备设计验证、MOX 燃料组件制造和辐照试验等科研工作。

规划于 2035 年左右自主建成大型商用快堆核电站，其燃料由 MOX 燃料逐步转换为 U-Pu-Zr 金属燃料。快堆 U-Pu-Zr 金属燃料具有增殖比高、后处理流程简单、安全性好、处置长寿命锕系核素方便、可组成一体化快堆核电站的特点，是未来商用快堆燃料的必然选择。但是，快堆 U-Pu-Zr 金属燃料的研制技术和安全防护难度很大，而且与 MOX 燃料、商用快堆和干法后处理密不可分，三者缺一不可。U-Pu-Zr 金属燃料生产线要与干法后处理厂一体化配套建设。建议从以下几个方面着手。

1. 尽快制定和实施快堆 MOX 燃料的总体发展规划

MOX 燃料技术是一项高度敏感、高难度的新技术，按照国外发展经验，MOX 燃料元件从实验室研究到工业化生产应用至少需要 15a 的时间。要瞄准目标不放松，自主创新并掌握核心技术，同时积极开展对外技术交流与合作，少走弯路。要充分认识 MOX 燃料技术研发的艰巨性和复杂性，做好总体发展规划和方案论证，避免出现重大失误。还要处理好科研与应用之间的关系。

我国快堆 MOX 燃料研究目标：以实现我国核燃料闭式循环、提高铀资源利用率、提高 MOX 燃料应用安全性和经济性为最终目标，按照科学规划、分步实施的原则，开展 MOX 燃料组件设计和制造技术研究，掌握中国实验快堆和示范快堆 MOX 燃料组件设计、堆芯设计和验证，以及压水堆核电站 MOX 燃料组件的设计技术；利用 500kg/a MOX 燃料芯块、单棒和组件实验线平台，掌握实验快堆和示范快堆 MOX 燃料芯块、单棒和组件制造的关键技术，研制出有工艺代表性、可供辐照考验的 CEFR-MOX 燃料芯块、单棒和组件，为

2020 年 CEFR 堆芯换料提供国产 MOX 燃料组件，为 2021 年初步掌握示范快堆 MOX 燃料组件的设计、制造、辐照试验和应用技术打下基础；为 2019 年建成 20t/a 工业规模的 MOX 燃料厂做好技术和人才储备。

图 5-7 是我国快堆 MOX 燃料研发建议规划目标和进度示意图。重要节点目标包括：① 2017 年，建成完整的 500kg/a MOX 燃料芯块、单棒和组件实验线；②利用 MOX 燃料实验线，2018 年研制出辐照考验用的 CEFR-MOX 燃料芯块、单棒和组件；③利用 MOX 燃料实验线，于 2019 年研制出示范快堆 MOX 燃料考验组件；④ 2019 年建成 20t/a MOX 燃料厂，2020 年完成设备和工艺调试，具备示范快堆 MOX 燃料组件生产条件；⑤ 2022 年 10 月，完成示范快堆首炉 MOX 燃料组件的生产和运输。

研究内容	2015 年	2016 年	2017 年	2018 年	2019 年	2020 年	2021 年	2022 年	2023 年
实验快堆和示范快堆 MOX 燃料辐照考验组件研制		设计分析，制造工艺研究，MOX 考验组件研制			运输				
实验快堆和示范快堆 MOX 燃料组件辐照考验			入堆辐照安全评审		辐照考验、出堆冷却				
实验快堆和示范快堆 MOX 燃料组件辐照后检验						实验快堆	示范快堆	性能评估	
实验快堆 MOX 燃料组件批量生产技术研究					81 盒 MOX 燃料组件批量化生产、运输				
实验快堆全堆芯装载 MOX 燃料运行验证		实验快堆堆芯改造		全堆芯 MOX 换料方案设计		安全分析	1/3 换料	全堆芯换料	
示范快堆 MOX 燃料组件生产线建设	设计施工图、建造许可证		施工建设		设备安装、调试		首炉 MOX 燃料生产		

图 5-7　我国快堆 MOX 燃料研发建议规划目标和进度示意图

2. 研讨快堆 U-Pu-Zr 金属燃料的总体发展规划

快堆金属燃料代表了未来快堆核电站燃料的最终发展方向，开展 U-Zr 和 U-Pu-Zr 金属燃料研究是重要的前瞻性、基础性工作。金属燃料的研制难度比 MOX 燃料还要大，研制周期一般为 15 ～ 20a，国际合作困难，我国基础又比较薄弱，需要提前规划相关基础科研和应用技术开发。

图 5-8 是我国 U-Pu-Zr 金属燃料研发建议规划目标和进度示意图。重要节点目标包括：① 2035 年，全面建成集干法后处理、U-Pu-Zr 合金熔炼加工、燃料制造和性能检测、废物处理处置等于一体的 $500m^2$ 大型热室；② 2031 年，U-Pu-Zr 金属燃料入堆辐照；③ 2035 年之后，大型商用快堆核电站建成，并逐步由使用 MOX 燃料过渡到使用 U-Pu-Zr 金属燃料。

研究内容	2015年	2016年	2017年	2018年	2019年	2020年	2021年	2022年	2023年	2024年	2025年	2026年	2027年	2028年	2029年	2030年	2031年	2032年	2033年	2034年	2035年	2036年	2037年	2038年	2039年	2040年
大型商用快堆核电站建设													工程设计、验证			大型商用快堆核电站工程建设								运行		
干法后处理厂建设							工程设计、验证					干法后处理厂工程建设								干法后处理生产						
U-Zr金属燃料科研		考验组件研制、辐照考验					辐照后检验、性能评估																			
U-Pu-Zr金属燃料生产线建设							堆芯设计方案评审					金属燃料生产线工程建设				金属燃料考验组件研制、辐照考验					金属燃料辐照后检验、性能评估					

图 5-8　我国 U-Pu-Zr 金属燃料研发建议规划目标和进度示意图

3. 同步加快推进快堆和快堆 MOX 燃料研发进度

由于新型核燃料的研发难度大、时间长，核燃料研发要先于反应堆设计建设开展，至少核燃料研发要与反应堆设计建设同步启动。MOX 燃料在我国还是空白。快堆是近期我国 MOX 燃料的最重要用户，需求明确，时间紧迫。要充分认识当前开展快堆 MOX 燃料技术研发的重要性和紧迫性，尽快组织实施相关科研项目。在目前新形势和新任务下，要尽快固化示范快堆 MOX 燃料组件的设计参数，同步研究并掌握实验快堆和示范快堆 MOX 燃料组件制造关键技术，推动后处理工业钚在快堆中的工业应用，走通核燃料闭式循环路线，这是我国核工业当前面临的紧迫任务。

后处理厂建设进度是制约快堆 MOX 燃料发展的主要环节，要加快 50t/a 后处理中试厂的改造和生产进度，为 2020 ～ 2022 年示范快堆首炉 MOX 燃料组件生产提供足够数量的工业钚。并要积极推动 200t/a 后处理厂工程设计建设进度，为示范快堆每年换料的 MOX 燃料组件生产提供足够量的工业钚。

4. 整合核燃料循环领域研发力量，提高我国自主创新能力

法国经历了 2009 年年底阿联酋阿布扎比核电项目投标失败后（被韩国中标），萨科齐总统任命法国电力集团公司（EDF）前董事长弗朗索瓦·鲁斯利领衔的班子，就整合法国核电产业、强化国际竞争力撰写专题报告。2010 年 8 月初，法国政府决定由 EDF 担当领导法国核电产业进军国际市场的重任，从而结束了 EDF 与 AREVA 这两大集团之间关于法国核电领导权的争夺。

我国目前核电企业面临的形势与法国类似，研发资源分散，应该吸取法国的教训，突破体制约束，重视整合核燃料循环领域研发力量，提高我国自主创新能力。要通过 500kg/a MOX 燃料组件实验线的建设和中国实验快堆 MOX 燃料组件

的研制实践，培养一支高素质的 MOX 燃料设计、研究、生产和管理等方面的专门人才；建立 MOX 燃料组件研制的专用工艺和测试设施，建成研究平台，重视基础研究，掌握关键工艺和检测技术，提高自主创新能力，为 MOX 燃料组件研制和生产提供强有力的技术支撑。

5. 积极寻找国际合作，提高我国快堆燃料研发和生产水平

由于 MOX 燃料涉及敏感的钚料和前沿核心技术，美欧等西方国家或地区对我国快堆 MOX 燃料元件的设计、制造、质量检测、辐照试验等关键技术实行严格的保密封锁。2004 年，我国错过了引进德国 MOX 燃料厂的良机，要充分吸取教训。目前，只有比利时、法国和俄罗斯有与我国开展 MOX 燃料合作的可能。2009 年 3 月，比利时开始拆除 P0 MOX 燃料厂设施，今后不再从事 MOX 燃料研发和生产，才开始愿意向中国转让其 MOX 燃料制造技术和部分关键设备。2010 年 10 月 6 日，中国与比利时签订了《关于 MOX 燃料合作的框架协议》，但从 2016 年的最新谈判结果看，引进比利时 MOX 燃料制造技术并不是一帆风顺。建议我国继续加强与比利时的合作交流，以提高我国 MOX 燃料研发和生产水平。

参 考 文 献

顾忠茂 . 2003. 钚的利用与核裂变能的可持续发展 . 核科学与工程，23（2）：178-183.

刘定钦 . 1992. 混合氧化物燃料应用前景及核燃料循环战略 . 核动力工程，13（3）：45-49.

王乃陶 . 1998. 动力堆乏燃料后处理厂钚产品与 MOX 元件制造的接口问题 . 原子能科学技术，32（S1）：23-25.

夏琼英 . 1987. 快堆燃料及钚转化进展 . 核动力工程，8（1）：49-55.

张先业 . 1995. Pu 的利用和处置 . 原子能科学技术，29（5）：390-396.

张先业 . 1996. U-Pu 混合氧化物燃料发展状况 . 原子能科学技术，30（5）：475-482.

郑华铃 . 1986. 在轻水堆中返循环使用铀、钚 . 核动力工程，7（2）：39-48.

IAEA. 2004. Implications of partitioning and transmutation in radioactive waste management. Technical reports series No. 435. Vienna, Austria：IAEA.

MacLeod H M, Geoffrey Y. 1993. Development of mixed-oxide fuel manufacture in the United Kingdom and the influence of fuel characteristics on irradiation performance. Nuclear Technology，102：3-17.

OECD/NEA. 1999. Status and Assessment Report on Actinide and Fission Product Partitioning and Transmutation. Paris：OECD/NEA.

OECD/NEA. 2002. Accelerator-driven Systems（ADS）and Fast Reactors（FR）in Advanced Nuclear Fuel Cycles. Paris：OECD/NEA.

Walters L C. 1999. Thirty years of fuels and materials information from EBR-II. Journal of Nuclear Materials，270：39-48.

第六章　快堆及其燃料循环技术经济性*

本章对快堆及其燃料循环的技术经济性进行初步分析，就经济性分析的对象和范围、技术经济分析模型、经济性初步研究分析结果、其他经济性因素考验等作简要介绍。

第一节　快堆及其燃料循环概述

燃料循环原则上是指核燃料从矿物开采到最终放射性废物处置的全过程，主要包括三大环节。核燃料在核反应堆中使用前的工业过程一般称为核燃料循环前段，包括铀矿开采、加工冶炼、浓缩和核燃料组件加工制造；反应堆环节，核燃料在反应堆中使用，获取核能并产生新的易裂变核素等；从反应堆卸出的核燃料（称为乏燃料）的处理和处置过程一般称为核燃料循环后段，包括乏燃料的中间储存、乏燃料的后处理和放射性废物的处理、处置等过程。

反应堆是核燃料循环的中心环节。热堆是目前国际上广泛应用的堆型，由于热堆中易裂变核素裂变反应的中子产额小（图 6-1），由 ^{238}U 俘获中子而转换出的易裂变核素数量小于反应堆自身消耗的易裂变核素数量，通常转换比只有约 0.6。快堆堆芯中的中子能量高，易裂变核素的裂变中子产额大，有更多的中子可用于 ^{238}U 俘获，可实现核燃料的增殖。

典型的燃料循环方式有一次通过循环、闭式燃料循环，闭式循环又分为半闭式燃料循环和完全闭式燃料循环。一次通过循环对反应堆的乏燃料不进行处理，暂存和整备后最终直接在地质处置库中永久处置。半闭式燃料循环要对乏燃料进行处理，回收铀和钚，对回收的铀进行复用，而对回收的钚可在压水堆中进行复用，或暂时储存着，未来可提供给快堆使用。闭式燃料循环要对乏燃料进行后处理，回收铀、钚和其他主要的锕系元素，并进行复用。快堆及其燃料循环是闭式循环，涉及回收铀、钚及次锕系元素的循环利用。快堆及其燃料循环的组成示意图见图 6-2，系统组成涉及快堆以及围绕快堆的燃料循环后段环节。由图 6-2 可见，在外部来料方面主要有铀浓缩厂的尾料贫铀，以及压水堆乏燃料后处理厂的

＊　本章由周培德、杨勇、刘琳、陆道纲、王静、艾佳、王艺萍撰写。

回收铀、工业钚和 MA 等产品。本章介绍的技术经济性仅限于图 6-2 所示的关联内容。

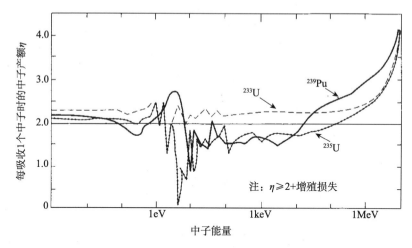

图 6-1 易裂变核素每次裂变的中子产额随入射中子能量的变化曲线

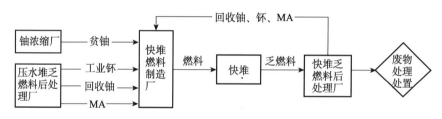

图 6-2 快堆及其燃料循环的组成示意图

燃料类型决定了后处理工艺路线。快堆的燃料主要包括 MOX 燃料（混合氧化铀钚燃料）、金属燃料两种主要类型，此外还有氮化物燃料、碳化物燃料等可选方案。燃料类型不同，后处理的方式也不同，因此，燃料及其后处理的技术路线与技术经济性密切相关。早期的快堆选择金属燃料，它的优点是核特性好、能谱硬、增殖比大、与液态金属钠具有良好的相容性。金属燃料可采用铸造的方式加工，制造简单、费用低。但在早期使用中发现它在辐照下肿胀严重，短时间内燃料棒包壳就可能破裂。辐照肿胀问题限制了金属燃料的许用燃耗水平，仅能达到 3% 的燃耗深度，而高燃耗是提高经济性的重要手段。因此，在 20 世纪 60 年代中期之后，快堆燃料主要转向了氧化物燃料，暂时放弃了金属燃料。如果采用金属燃料，拟采用干法后处理工艺技术路线。

氧化物燃料由于抗辐照能力较好，在压水堆中得到广泛使用，积累了大量使用经验。氧化物燃料快堆的增殖能力也较高，20 世纪 60 年代末 70 年代初，世界上多个国家的快堆采用氧化物燃料。氧化物燃料的乏燃料一般采用水法后处理工艺技术路线。水法萃取流程是目前达到了工程规模、经济实用的后处理流程，比较典型的是 Purex 流程，将反应堆乏燃料元件经过适当的预处理转化为硝酸溶液，然后采用有机溶剂（常用磷酸三丁酯的煤油溶液）进行萃取分离，以达到回收核燃料的目的。水法后处理工艺一般会受到燃料燃耗深度、乏燃料中易裂变核素的剩余水平等因素制约。目前，采用水法后处理工艺处理快堆氧化物乏燃料还处于研发阶段，尚无工程规模应用实践。

当前，国际上金属燃料的研发取得了重要进展。通过改进燃料棒设计及燃料成分设计等，提高金属燃料的辐照稳定性和燃耗水平。金属燃料快堆不仅有更高的增殖比，在安全上也有一些有利因素，如更大的负反馈反应性等。另外，金属燃料制造工艺相对简单，且金属燃料适合干法后处理，因此便于设计和建造燃料制造、反应堆、后处理等一体化的快堆。从燃料循环经济性角度来看，这可能是比较有利的技术方案。

干法后处理对于处理高燃耗乏燃料，特别是快堆乏燃料具有明显的优势，是当前一个重要的研究方向。干法后处理工艺流程有多种，较典型的是电解精炼流程，电解精炼流程可以回收乏燃料中的铀、其他锕系元素及裂变产物等有用组分。图 6-3 是美国在研发的电解精炼流程的示意图，阳极是一个装有乏燃料元件短段的吊篮；有两种不同的阴极，一种阴极是固体钢棒，用于收集铀，另一种是液态镉阴极，收集其他锕系元素。

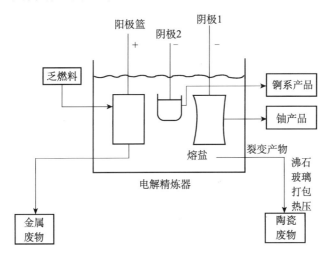

图 6-3　电解精炼的示意图

快堆及其燃料循环技术经济性分析是一个比较复杂的课题。本章仅结合图 6-2 所示范围，基于快堆燃料及其后处理的主要技术路线，对技术经济性进行初步分析。

第二节　技术经济分析模型

快堆及其燃料循环的经济性分析应基于燃料流、原料/中间产品价格、设施建造和运行成本等来开展。如图 6-2 所示，作为原料/中间产品的有贫铀、工业钚、回收铀、MA 等，要考虑的设施有后处理厂、快堆、燃料制造厂等。原料/中间产品价格既可直接给出，也可根据其生产设施的相关成本来计算。

一、燃料流模型

反应堆选用不同的燃料，将对应不同的乏燃料后处理工艺，相应的燃料流也会有明显差别。高繁星的博士论文《核燃料循环系统静态分析》给出了一次通过、压水堆一次循环后回收钚再进入快堆、金属燃料快堆、增殖比约为 1.0 的快堆等八种燃料循环情景，每产生 1TW·h 电力所需的燃料流数据。参考其论文并结合国内一些快堆堆芯设计方案，压水堆一次通过燃料循环、采用 MOX 燃料快堆的燃料循环、采用金属燃料快堆的燃料循环的燃料流分别见图 6-4～图 6-6。

图 6-4　压水堆一次通过燃料循环的燃料流

注：每 GWe·a，5% 燃耗

图 6-5　MOX 燃料快堆燃料循环的燃料流

注：每 GWe·a

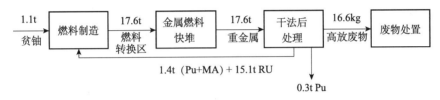

图 6-6　采用金属燃料的快堆闭式循环的燃料流
注：每 GWe·a

对于压水堆一次通过燃料循环，每生产 1GWe·a 的电能，需要消耗天然铀 143t，产生 127t 贫铀和含有 14.6t 重金属的乏燃料。

图 6-5 是早期阶段快堆的燃料循环燃料流的一个例子。用来自压水堆乏燃料后处理厂的工业钚与来自铀浓缩厂的尾料贫铀混合制造快堆混合氧化铀钚燃料，约 180t 压水堆乏燃料经后处理产生 1.6t 工业钚，与 5t 贫铀混合制成 MOX 燃料，同时用约 11t 贫铀制造燃料组件轴向转换区燃料及径向转换区燃料。快堆的乏燃料由于具有易裂变核素比例高、燃耗深、放射性强等特点，传统的水法 Purex 流程处理快堆乏燃料的难度大。因此，在快堆尚未大规模发展的情况下，卸出的 MOX 乏燃料采用暂存的中间储存方式。待快堆形成规模后，快堆的乏燃料采用与压水堆乏燃料配比的方式用水法后处理，或直接用干法后处理，形成闭式燃料循环。

在上述快堆闭式燃料循环燃料流例子中，快堆每产生 GWe·a 的电能所需要的燃料量（含贫铀）为 17.6t 燃料，绝大部分为循环中回收的燃料，每次循环仅需从外部补充 1.1t 贫铀。每次循环中，后处理产生 0.8t 裂变产物，16.6kg 的高放废物。因金属燃料快堆具有更高的增殖比，除满足自身循环所需的钚外，还可向其他反应堆提供 300kg 的钚。

二、发电成本计算模型

快堆及其燃料循环的经济性可用发电成本来表征。不管是热堆核电站，还是快堆核电站，其发电成本计算模型可简述为：发电成本由项目建设投资、运行和维护（O&M）成本、燃料循环成本和去污及退役（D&D）成本四部分组成。各部分成本的分项构成见表 6-1（田里等，2000；IAEA，2014；国家能源局，2010）。

表 6-1　发电成本组成部分

成本项	分项构成
项目建设投资	工程费用（含前期准备工程、核岛工程、常规岛工程、BOP 工程等费用）
	工程其他费用
	特殊项目
	n/m 首炉核燃料费（如 2/3 炉核燃料费）
	基本预备费
	价差预备费
	建设期利息
	铺底流动资金
	建设期可抵扣的增值税
O&M 成本	材料费
	工资及福利费
	大修理费
	财务费用
燃料循环成本	铀矿采冶
	铀转化
	铀浓缩
	加工制造
	后处理
	运输与储存
	地质处置
D&D 成本	去污和退役成本

因此，反应堆的功率水平、设计寿命、可用率、折旧率、利率和税率等都是决定发电成本的因素。

可用平准化发电成本来表示单位发电成本，计算公式为

$$C = \frac{\sum_{t=t_0}^{t_0+n-1} \dfrac{\mathrm{CI}_t + \mathrm{OM}_t + F_t + \mathrm{DD}_t}{(1+r)^{(t-t_0)}}}{\sum_{t=t_0}^{t_0+n-1} \dfrac{P_t \times 8760 \times \mathrm{Lf}_t}{(1+r)^{(t-t_0)}}}$$

式中，CI_t 是 t 年的项目建设投资；OM_t 是 t 年的 O&M 费用；F_t 是 t 年的燃料循环费用；DD_t 是 t 年的 D&D 费用；P_t 是电站的额定功率；Lf_t 是 t 年的负荷因子；r 是贴现率；n 是电站的经济运行期，单位为 a；t_0 是基准年，以电站运行的第一年为基准年。

如考虑燃料循环的全部环节，燃料循环费用 F_t 的构成及计算公式见表 6-2。

对于图 6-2 所示范围的快堆及其燃料循环系统，其燃料循环成本可按表 6-3 所示构成和公式计算。

表 6-2 燃料循环费用构成及计算公式

费用组成	计算公式
铀矿采冶	$F_U = M_f f_U P_U (1+r)^{t-t_b}$ 式中，$M_f = M_p [(e_p - e_t) / (e_f - e_t)]$ $f_U = (1 + l_C)(1 + l_E)(1 + l_F)$
铀转化	$F_C = M_f f_C P_C (1+r)^{t-t_b}$ 式中，$f_C = (1 + l_C)(1 + l_E)(1 + l_F)$
铀浓缩	$F_E = SWU f_E P_E (1+r)^{t-t_b}$ 式中， $SWU = M_p V_p + M_t V_t - M_f V_f$ $M_t = M_f - M_p$ $V_x = (2e_x - 1) \ln[e_x / (1 - e_x)]$ $f_E = (1 + l_E)(1 + l_F)$
加工制造	$F_F = M_p f_F P_F (1+r)^{t-t_b}$ 式中，$f_F = (1 + l_F)$
后处理	$F_{PP} = M_{PP} f_{PP} P_{PP} (1+r)^{t-t_b}$
运输与储存	$F_{TS} = M_{TS} f_{TS} P_{TS} (1+r)^{t-t_b}$ 式中，$f_{TS} = (1 + l_{TS})$
长期处置	$F_D = M_D f_D P_D (1+r)^{t-t_b}$ 式中，$f_D = (1 + l_D)$

注：①式中，F_x 是燃料循环各环节的成本费用；M_x 是相应环节的物料的质量；f_x 是物料损失率；P_x 是物料单位价格；t 是时间；t_b 是基准年；l_x 是物料损失；e_x 是 ^{235}U 的质量分数；x 分别代替 f、p 或 t。

②U= 天然铀，C= 转化，E= 浓缩，F= 元件制备，TS= 运输与储存，D= 地层、地质处置，f= 天然铀原料（^{235}U 丰度 0.71%），p= 铀燃料产品，t= 贫化铀。

表 6-3 快堆的燃料循环费用构成及计算公式

费用组成	计算公式
回收铀、工业钚费用	$F_1(t) = P_U G_U(t)(1+r)^{t-t_b} + P_{Pu} G_{Pu}(t)(1+r)^{t-t_b}$
燃料元件制造费用	$F_5(t) = P_M G_M(t)(1+r)^{t-t_b} + P_{MZ} G_Z(t)(1+r)^{t-t_b}$
燃料元件运输费用	$F_6(t) = P_Y [G_M(t) + G_Z(t)](1+r)^{t-t_b}$
乏燃料暂存费用	$F_7(t) = P_C G_C(t)(1+r)^{t-t_b}$
乏燃料后处理费用	$F_8(t) = P_{CM} G_{CM}(t)(1+r)^{t-t_b} + P_{CZ} G_{CZ}(t)(1+r)^{t-t_b}$
剩余回收钚的价值	$F_9(t) = C_{Pu} G_{Pu}(1+r)^{t-t_b}$
高放废液固化费用	$F_{10}(t) = P_G G_G(t)(1+r)^{t-t_b}$
废物永久处置费用	$F_{11}(t) = P_D G_G(t)(1+r)^{t-t_b}$
燃料循环的总费用	$F(t) = F_1(t) + F_5(t) + F_6(t) + F_7(t) + F_8(t) - F_9(t) + F_{10}(t) + F_{11}(t)$

注：式中，P_U 是回收铀价格；P_{Pu} 是工业钚价格；P_M 是活性区燃料制造价格；P_{MZ} 是增殖区燃料制造价格；P_Y 是燃料运输价格；P_C 是乏燃料暂存价格；P_{CM} 是活性区乏燃料后处理价格；P_{CZ} 是增殖区乏燃料后处理价格；P_G 是高放废液固化价格；P_D 是废物永久处置价格；G_x 是相应环节中的实际物料量。

三、模型参数取值

由于原料价格、快堆电站投资成本、燃料制造成本、后处理费用和地质处置费用等的不确定性或没有足够代表性的数据，目前对于表 6-1 所示的每一项费用给出确切的数值还不现实。因此，参考经济合作与发展组织核能署（OECD/NEA）的相关成果（OECD/NEA，1994，2006），以及先进燃料循环成本基础的研究（Shropshire et al.，2009；Economic Analysis Working Group，2009），相关费用的单位成本的范围如表 6-4 所示（注：已折算成 2015 年的美元值来表示，按基准年增加 3% 的比例来换算）。参考值指的是现阶段最具可能性的单位成本，低值表示成本的下限，高值表示成本的上限。麻省理工学院（2003 年）的研究报告（《核能的未来》）中也给出了有关燃料循环经济性计算的输入参数和计算例子。显然，由于目前国际上尚没有形成规模的快堆闭式燃料循环应用实践，相关成本参数数据的离散度大或取值范围宽，这将导致快堆及其燃料循环的经济性分析结果的不确定性较大。

表 6-4 建设成本和核燃料循环成本等的参数值

条目		单位	低值	参考值	高值
建设成本	SFR（钠冷快堆）	美元 /kWe	1 967	5 903	8 855

续表

条目			单位	低值	参考值	高值
O&M 成本（按建造成本的取费比率）			%	3	5	6
核燃料循环		天然铀	美元 /kg U	42	199	488
		铀转换	美元 /kg U	7	14	17
		铀浓缩	美元 /SWU	131	180	209
	燃料制备	UO$_2$ 燃料	美元 /kg 重金属	260	312	390
		MOX 燃料	美元 /kg 重金属	2 596	4 154	5 192
	后处理	压水堆乏燃料（Purex）	美元 /kg 重金属	794	908	1 021
		压水堆乏燃料（干法）	美元 /kg 重金属	461	1 384	2 306
	干法处理和制备	快堆金属燃料制备及其乏燃料干法后处理	美元 /kg 重金属	3 245	6 491	9 736
		增殖层燃料制备和后处理	美元 /kg 重金属	1 623	3 245	4 868
	长期储存	贫铀	美元 /kg 重金属	5	6	7
		堆后铀（回收铀）	美元 /kg 重金属	2	3	44
		UO$_2$ 乏燃料	美元 /kg 重金属	163	181	210
		MOX 乏燃料	美元 /kg 重金属	226	315	839
		（衰变热较大期间的）储存	美元 /kg 重金属	12 667	20 256	31 509
		高放废物	美元 /m^3	88 644	132 966	221 709
	包装、整备	UO$_2$ 乏燃料	美元 /kg 重金属	21	41	72
		MOX 乏燃料	美元 /kg 重金属	41	82	144
		高放废物	美元 /m^3	20 569	41 137	82 274
	地质处置费用		美元 /m^3	20 569	41 137	82 274
退役费用（按建造成本的取费率）			%	9	17	23

第三节 经济性初步分析

一、已有研究情况

世界上钠冷快堆的经济性在不断提高，主要体现在建造成本不断下降，与压水堆电站建造成本的差距在缩小。国外原型快堆和示范快堆的建造成本都比较高（徐銤，2008；核能博物馆，2002）。20 世纪 90 年代初建成的 1200MWe 超凤凰快堆（SPX-1）达到了商业电站功率规模，但因是单堆，又是首座，建造成本中计入大量科研费和设计验证费，作为商用堆例子的 SPX-1 的建造成本也较高。国外研究表明，快堆电站经济性提高的潜力较大。根据评估，由法国、英国、德国三国联合设计的 1500MWe 商用快堆电站如果系列推广建造，其发电成本可与先进压水堆核电站相当；美国设计的金属燃料模块快堆（ALMR），用多个 300MWe 的模块快堆组成一个核电厂，估算的核电厂上网电价约为 35 美分/（kW·h），将达到当前美国压水堆核电厂的电价水平；俄罗斯正在建造的 БН800MWe 商用示范快堆比投资预计可与当今压水堆核电站相比；日本也进行了快堆经济性研究，结果表明，快堆预见商用推广后有好的经济前景。IAEA 组织的研究表明，钠冷快堆经济性的发展趋势良好。根据美国的相关研究，对于第四代堆型，推广建设到第 6～8 座反应堆时，反应堆的建造成本会降低，达到可比水平。

国内也开展了一些相关研究，通过采用国际上的文献数据、计算模型等进行了计算分析。周法清和叶丁（1993）在《三种堆型核燃料循环经济性比较》一文中，计算得出压水堆一次通过核燃料循环费为 6.09 美分/（kW·h）；压水堆半闭式循环的核燃料循环费为 6.74 美分/（kW·h）；钠冷快堆（金属燃料）闭式循环的核燃料循环费用为 6.73 美分/（kW·h），钠冷快堆（氧化物燃料）闭式循环的核燃料循环费用为 7.12 美分/（kW·h）。快堆闭式燃料循环费用比一次通过循环略高，与压水堆再循环费用相差不大。胡平和赵福宇（2009）在《快堆燃核料循环经济性分析》一文中的计算结果认为快堆燃料循环的单位燃料费用是压水堆一次通过循环的 1.42 倍。然而，如文中所述，对于后处理等费用取值比较高，这是导致快堆燃料循环成本偏大的主要原因。

OECD/NEA 在 1994 年的研究结果认为，燃料循环的单位成本（计入后处理和燃料制造等成本）是一次通过循环的 1.1 倍。爱达荷国家实验室（INL）研究给出的燃料循环成本比 OECD/NEA 给出的成本高 0.25～0.4 美分/（kW·h）。

这个差别主要是双方对铀的成本取值，以及对乏燃料储存和高放废物处置的方式等采用不同策略造成的。

现有的分析结果表明快堆燃料循环成本比压水堆燃料循环成本要高一些。具体的计算结果受很多因素的影响，不一定具有可比性。从长远看，天然铀价格的上涨会造成压水堆燃料循环成本的增加，而对快堆的影响很小。另外，快堆的规模化建造、快堆燃料制造及后处理等环节工艺技术水平提高和成本降低、快堆及燃料循环系统可减少高放废物量和降低放射性毒性，等等，将对快堆燃料循环的经济性有大的正面效应，将有可能使快堆闭式燃料循环的经济性达到或超过压水堆燃料循环的经济性水平。

二、初步计算分析

参考国外的经济性分析、评价报告，影响快堆发电成本的主要因素是建造费用、运行和维护费用以及燃料和燃料循环费用。影响压水堆发电成本的主要因素是压水堆的建造成本和运行维护成本，其中铀资源价格是影响运行维护成本的主要因素之一。对于快堆及其燃料循环的成本费用，根据第二节的计算模型和参数取值，本章对比分析了采用 MOX 燃料和金属燃料，快堆乏燃料不进行后处理和后处理等几种情形下的发电成本费用。

以一座百万千瓦钠冷快堆电站为例，按 80% 负荷因子计算平均的年发电成本（不考虑贴现率），并进行敏感性分析。

对于采用 MOX 燃料的快堆及其燃料循环，部分燃料流数据参考图 6-5。构成成本的各组成部分的费用，以及快堆的发电成本见表 6-5。

我国现行的政策是收取压水堆乏燃料后处理基金，按核电厂发电量来收取，收费标准为 0.026 元 / (kW·h)。根据计算分析，如果不考虑工业钚的费用，即认为压水堆后处理基金已经包括了相关费用，后处理厂生产的工业钚无偿提供给快堆做 MOX 燃料使用，同时假定快堆 MOX 乏燃料暂存，不进行处理，则快堆的平均发电成本为 2.08 ～ 12.41 美分 / (kW·h)，参考值为 7.48 美分 / (kW·h)。

如果把压水堆乏燃料的后处理费用全部计入快堆的发电成本，也不考虑压水堆乏燃料后处理基金的冲减，同时假定快堆 MOX 乏燃料暂存，不进行处理，一直使用压水堆乏燃料后处理生产的工业钚，则快堆的平均发电成本为 4.12 ～ 15.03 美分 / (kW·h)，参考值为 9.81 美分 / (kW·h)。

假定快堆的初装料采用压水堆乏燃料后处理厂生产的工业钚，先做成 MOX 燃料使用，快堆 MOX 乏燃料采用干法进行后处理，之后做成金属燃料，在快堆中循环利用，形成闭式循环。由于快堆的增殖能力，除初装料采用压水堆乏燃料后处理厂生产的工业钚外，之后一直使用快堆乏燃料和增殖区中的钚，且不考虑多余的钚的价值收益。这种情形下快堆的平均发电成本为 2.53 ～ 13.76 美分 /（kW·h），参考值为 8.38 美分 /（kW·h）。

表 6-5　采用 MOX 燃料快堆的成本构成和发电成本

序号	项目	物料流或设计参数	低值	参考值	高值
1	反应堆建造成本（按 30a 寿期）/kW	100 万	6 557	19 677	29 517
2	运行维护成本	按建造成本的比例取值	5 901	29 515	53 130
3	燃料制造费用（MOX）/kg	6 500	1 687	2 700	3 375
4	燃料制造费用（贫铀增殖层）/kg	11 000	169	203	254
5	乏燃料储存（MOX）/kg	6 500	147	205	545
6	乏燃料储存（贫铀）按 UO_2 计 /kg	11 000	106	118	137
	成本合计		14 567	52 417	86 957
	平均发电成本 /［美元 /（kW·h）］（不计压水堆乏燃料后处理费用，计入快堆 MOX 乏燃料暂存费用）		0.020 8	0.074 8	0.124 1
7	压水堆乏燃料后处理 /t	180	14 292	16 344	18 378
	成本合计		28 859	68 762	105 336
	平均发电成本 /［美元 /（kW·h）］（计入压水堆后处理费用、快堆 MOX 乏燃料暂存费用）		0.041 2	0.098 1	0.150 3
8	快堆乏燃料后处理（干法后处理，并按金属燃料制造费用）/kg	6 500+11 000	3 164	6 328	9 493
	成本合计		17 731	58 746	96 451
	平均发电成本 /［美元 /（kW·h）］（计入快堆乏燃料后处理费用）		0.025 3	0.083 8	0.137 6

注：未考虑退役、废物处置等其他成本；反应堆建造成本和运行维护成本的单位均为万美元 /（GWe·a）。

对于采用金属燃料的快堆及其燃料循环，燃料流数据参考图 6-6。构成成本的各组成部分的费用，以及快堆的发电成本见表 6-6。

对于完全闭式燃料循环的金属燃料快堆，发电成本为 2.23 ～ 13.15 美分 /（kW·h），参考值为 7.92 美分 /（kW·h）。

表 6-6　采用金属燃料快堆的成本构成和发电成本

序号	项目	物料流或设计参数	低值	参考值	高值
1	反应堆建造成本（按30a寿期）/kW	100 万	6 557	19 677	29 517
2	运行维护成本	按建造成本的比例取值	5 901	29 515	53 130
3	快堆金属燃料制备及其乏燃料干法后处理/kg	6 500	2 109	4 219	6 328
4	增殖层燃料制备及其干法后处理/kg	11 000	1 055	2 109	3 164
	成本合计		15 622	55 520	92 139
	平均发电成本/[美元/(kW·h)]		0.022 3	0.079 2	0.131 5

注：未考虑退役、废物处置等其他成本；反应堆建造成本和运行维护成本的单位均为万美元/（GWe·a）

不管是采用氧化物燃料还是金属燃料，在快堆燃料的多次循环中，乏燃料后处理回收的铀（回收铀或堆后铀）是否回收利用，对铀资源利用率有很大影响（王静，2014）。如不利用回收铀，先使用已积累的贫铀，则快堆燃料循环的铀资源利用率增长较慢；如回收铀与钚等一起利用，则铀资源利用率增长较快。从燃料循环的经济性角度来说，因贫铀和回收铀的价格、储存费用等差别不大，先用哪个对快堆燃料循环经济性差别很小。

第四节　其他效益

一、稳定原材料铀的价格

快堆的经济性与铀的价格有一定关系。根据估算，假定天然铀价格上涨100%，则压水堆发电的成本将增加约5%，而快堆的发电成本只增加约0.25%（核能博物馆，2002）。铀资源的价格在压水堆发电成本中占一定比例，其价格变化对发电成本影响并非特别敏感。

假设压水堆核电发展到200GWe规模，压水堆电站按60a寿期计算，则200GWe规模压水堆累计要消耗182万t天然铀。根据铀资源红皮书（OECD/IAEA，2012），不同价位铀资源的量见表6-7。因世界上铀资源总量的有限性，压水堆建造得越多，对铀资源需求的增长越明显，预期的需求增长很可能导致铀资源价格的上涨。

表 6-7　铀资源量数据表　　　　　　　　　（单位：万 t）

价格	＜ 40 美元 /kg	＜ 80 美元 /kg	＜ 130 美元 /kg	＜ 260 美元 /kg
中国	5.92	13.5	16.6	16.61
全世界	68.09	307.85	532.72	709.66

天然铀是铀 - 钚循环燃料循环系统的最根本原料，是平准燃料循环价格的主要驱动力。快堆的功能之一是提高铀资源的利用率，实现铀资源的充分利用。关于快堆及其燃料循环系统对天然铀的需求，可以不考虑。因此，如核能系统中有相当比例的快堆及其燃料循环系统，而不仅仅是压水堆一种类型，则核能发展过程中对铀资源的需求量将显著降低，需求的下降会带来铀资源价格的下降。因此，适时引入快堆及其燃料循环系统对稳定铀资源的价格是有利的，而铀资源价格的稳定会带来压水堆发电成本的稳定。

快堆可提高铀资源的利用率，如果压水堆与快堆匹配发展，将使低品位的铀矿或开采成本较高的铀矿也具有开采价值，这无疑也是一种经济效益。

二、废物、环境效益

安全高效发展核能及大力发展可再生能源已经成为我国能源发展的战略决策，而提高铀资源利用率和确保核废物安全处理处置是我国核能安全、可持续发展的关键。发展先进核燃料循环系统（或称为先进核能系统）是核能安全、可持续发展的根本途径和必然选择。先进核燃料循环系统主要由压水堆乏燃料后处理、快堆燃料制造、快堆、快堆乏燃料后处理等环节组成。快堆及其燃料循环的主要功能是核燃料增殖和高放废物中的 MA（^{237}Np、^{241}Am 等长寿命次锕系核素）的分离及嬗变，以支撑核能大规模可持续发展。国外研究指出，一座百万千瓦级的大型快堆可以嬗变掉 5 ～ 10 座同等功率的压水堆所产生的次锕系核素（徐銤，2008；周培德，2014）。

利用快堆及其燃料循环系统进行嬗变是国际上较一致认可的现实可行、合理有效的技术途径。法国、德国、英国、俄罗斯、日本、美国、印度等发展快堆的主要国家于 20 世纪 70 年代末就开始研究用快堆来嬗变压水堆核电厂乏燃料中的长寿命核素。快堆及其燃料循环系统的分离嬗变，不仅可以充分利用铀资源，实现铀资源利用的最优化，还能大大减少高放废物的体积及其放射性毒性，实现高放废物的最少化，减少处理费用。

核燃料循环涉及多个环节，在燃料循环前段、燃料制造、反应堆运行、后处理等环节中都会产生放射性废物，几种燃料循环模式对应的放射性废物产生量见表 6-8。

表6-8　几种燃料循环模式所产生的放射性废物量

[单位：m³/（TW·h）]

废物量	一次通过	压水堆－快堆（MOX燃料）	快堆（TRU循环）
低中放废物－短寿命	13.409	12.358	9.417
低中放废物－长寿命	1.629	2.179	1.884
高放废物	3.309	0.198	0.075

目前有关压水堆、快堆发电成本的计算中都未计入退役成本和放射性废物的处理处置成本。根据表6-4的燃料循环成本参数，高放废物的包装、整备、处置费用很高，因此对于高放废物产生量少的燃料循环模式，这方面的经济性将是非常显著的。

分离嬗变不仅可减少高放废物的量，还可降低高放废物放射性毒性下降到天然铀矿当量水平的时间，因而可以降低地质处置库的设计要求或降低地质处置库的维护成本。

三、低碳能源收益

核电是对环境影响极小的清洁能源之一，核电厂本身不排放二氧化碳、二氧化硫等大气污染物，核电厂流出物中的放射性物质对周围居民的辐射照射一般都远低于当地的自然本底水平。核电是低碳能源，一座百万千瓦的核电厂，相对火电每年可以减少二氧化碳排放600多万t。核能是减排效应最明显的能源之一（潘自强，2014）。

2011年，中国工程院开展了对不同发电能源链温室气体排放的研究，其主要研究结果是：当前我国核燃料循环含反应堆及之前的这一段（包括铀矿采冶、铀转化、铀浓缩、元件制造、核电站）的实际温室气体归一化排放量为6.2g/（kW·h），即二氧化碳的排放量为每kW·h 6.2g，考虑核燃料循环后段（包括乏燃料后处理和废物处置）的二氧化碳总排放量为11.9g/（kW·h）。对煤电链，其二氧化碳的总排放量为1072.4g/（kW·h）；水电链为0.81～12.8g/（kW·h）；风电链为15.9～18.6g/（kW·h）；太阳能为56.3～89.9g/（kW·h）。对于温室气体排放量，核电链仅约为煤电链的1%。在各种发电能源链中，核能也是很低的，核能是一种低碳能源。

在当前全球气候变暖的情况下，全世界都在关注温室气体的减排问题，国际上正在寻求签署有关的国际协议。未来有可能征收碳税或把碳排放量作为一种标的来交易，核能作为一种低碳能源将会有额外的收益，从而有利于核能整体经济性的提高（World Nuclear Association，2017）。英国皇家工程院在 2004 年发表了一份关于英国核电站运营成本的报告，报告比较了像风能这种间歇性能源与火电、核电等能源的成本，还测算了考虑碳税后的发电成本，结果表明，碳税对不同能源的发电成本有较大影响，对提高核能的经济可接受性有利。国外还有一种测算，假如碳征税达到 100 ～ 200 美元 /TCO$_2$ 范围，核电的发电成本与煤电接近。而麻省理工学院《核能的未来》研究报告中给出的一个分析结果表明，如果征收25 美元 /TCO$_2$ 的碳税，一个基准案例的煤电发电成本将由 6.2 美分 /（kW·h）上升到 8.3 美分 /（kW·h），而基准案例的核电发电成本为 8.4 美分 /（kW·h），征收碳税不增加核电发电成本。研究报告认为，如果对碳排放收费，核电可能具有煤电或天然气发电的相当竞争力，或者成本更低。

第五节　结　　语

　　快堆及其燃料循环的经济性是表征其作为先进核能系统的一个重要指标。核能系统的经济性可用发电成本作为主要的衡量指标。决定快堆发电成本的主要因素是建造费用、运行和维护费用，以及燃料和燃料循环费用等。与压水堆相比，快堆建造成本高于已经成熟的第二代压水堆和二代改进型压水堆。由于第三代压水堆还处于建造之中，还未进行多机组批量建造，其平均的建造成本还无确切数据，从已知的信息看，它将高于二代压水堆的造价。燃料和燃料循环费用涉及天然铀的价格、铀转化浓缩、燃料制造和后处理等的成本，既有内部因素，又有外部因素，影响因素众多。另外，燃料循环成本估算的不确定性非常大，现有的估算数据中，部分单项成本的高值估计是低值估计的 1 ～ 3 倍。由此，现有的一些研究结果普遍认为快堆的发电成本将高于压水堆。根据国际上的初步技术分析，有较多的技术手段可降低快堆的建造成本，使其比造价接近三代压水堆的水平。燃料循环成本对快堆发电成本影响大，而燃料循环的技术进步肯定会降低燃料循环的成本，这就为降低快堆发电成本提供了关键制胜因素。

　　对于快堆及其燃料循环，还应该从能源安全、可持续发展等角度来认识其作用和意义，并与经济性关联。由于快堆及其燃料循环可显著提高铀资源的利用率，这有助于稳定铀资源价格，有助于使更低品位的铀矿具有开采价值，具有经济效益。另外，快堆及其燃料循环可嬗变长寿命次锕系核素，减少需地质处置的高放废物量，降低对地质处置库的设计要求等，支撑核能大规模可持续发展，这也是一种经济效益。核能是一种低碳能源，发展快堆就需要发展相应的燃料循环系统，而发展燃料循环后段相比只发展快堆或压水堆而言，温室气体归一化排放

量虽约增加了一倍，但仍远小于其他能源，因此考虑减排的需要，或者预期未来
有可能征收碳税，这可间接提升核能，包括快堆及其燃料循环系统的经济性。

　　快堆及其燃料循环技术的发展不仅取决于开发的工艺技术成熟性，更多的是
要对安全性、经济性、废物管理、可持续性等目标的综合权衡。当前，就其经济
性目标而言，可认为其还是一个开放的话题。

参 考 文 献

核能博物馆.2002.快堆经济性有待验证.http：//www.kepu.net.cn/gb/technology/nuclear/
　　station/200207310094.html［2017-01-10］.

胡平，赵福宇.2009.快堆核燃料循环经济性分析.西安交通大学博士学位论文.

潘自强.2014.核电——现阶段最好的低碳能源.中国核电，（3）：194.

田里，王永庆，刘井泉，等.2000.平准化贴现成本方法在核动力堆项目经济评价中的应用.核
　　动力工程，21（2）：189-192.

王静.2014.先进核能系统铀资源利用率及高放废物放射性毒性研究.中国原子能科学研究院
　　硕士学位论文.

徐銤.2008.发展快堆保障我国核能可持续发展.中国核工业，（9）：20-23.

国家能源局.2010.核电厂建设项目建设预算编制方法.NB/T20024—2010：1-2.

周法清，叶丁.1993.三种堆型核燃料循环经济性比较.核动力工程，14（2）：129-135.

周培德.2014.快堆嬗变技术 // 史永谦.中国原子能科学研究院科学技术丛书.北京：中国原子
　　能出版社.

Economic Analysis Working Group. 2009. AFCI economic tools，algorithms，and methodology.
　　INL/EXT-07-13293.

Gao F X，Ko W I. 2012. A Dynamic Analysis of several muclear fuel cycle. STNI，In Press.

IAEA. 2014. INPRO Methodology for sustainability assessment of nuclear energy systems：
　　economics. IAEA Nuclear Energy Series. No. NG-T-44：41-45.

OECD/IAEA. 2012. Uranium 2011：Resources，Production and Demand. ISBN 978-92-64-17803-
　　8：10-20.

OECD/NEA. 1994. The Economics of the Nuclear Fuel Cycle. Paris，ISBN 9264141545：20-30.

OECD/NEA. 2006. Advanced Nuclear Fuel Cycles and Radioactive Waste Management. Paris，
　　ISBN 9264024859：30-35.

Shropshire D E，Williams K A，Boore W B，et al. 2009. Advanced Fuel Cycle Cost Basis. INL/
　　EXT-07-12107：45-60.

World Nuclear Association. 2017. The economics of nuclear power. Information and Issue Briefs.

第七章　快堆高放废物[*]

第一节　快堆高放废物的来源和种类

快堆乏燃料元件可利用水法 Purex 流程进行后处理，也可利用干法熔盐电解或熔盐萃取进行后处理。水法后处理产生的高放废液的处理技术相对成熟，并业已进行工业应用。这里重点讨论干法后处理产生的高放废物的处理和处置技术。

一、快堆高放废物的来源及种类

从原理上讲，快堆干法后处理分为挥发法、熔盐电化学法和高温熔盐萃取法三类。挥发法又分为氟化物挥发法、氯化物挥发法和金属挥发法三种，其中以氟化物挥发法研究最为充分。但从工业应用前景看，挥发法由于对容器有很强的腐蚀性且需要高温反应等苛刻条件，逐渐失去其工业应用价值。熔盐电化学法可分为熔盐电解、熔盐电沉积、熔盐电精制等方法。美国、俄罗斯、日本、韩国等开展了大量的有关高温电化学方法的基础性研究工作，开发了多种冷却时间短、燃耗深、适用于不同 MOX 元件或者金属元件的干法流程。高温熔盐萃取法是结合电解还原和金属萃取原理，利用不同元素卤化物的稳定性之差异，或者说利用不同元素卤化物在熔盐之间的分配比之差别来实现对铀、钚、镎与裂变产物分离的一种方法。

典型的快堆干法后处理工艺路线是氧化物沉积法（dimitrovgrad dry process，DDP）流程。它是日本 JAEA 和俄罗斯 RIAR 联合研发的一种后处理工艺，其流程框如图 7-1 所示。

由图 7-1 可以看出，快堆乏燃料元件干法后处理产生的高放废物主要来源于以下四个方面：①快堆乏燃料元件干法后处理熔盐电沉积、电化学还原、电化学精制等过程产生的废盐。它是干法后处理产生的高放废物的主要组成部分，含有99.9% 以上的 ^{137}Cs 和 ^{90}Sr，95% 以上的稀土，0.02% 以下的次锕系元素。②电精制或熔盐萃取过程产生的金属废物，主要含有贵金属及其他长寿命裂片产物核素（如 ^{107}Pd、^{93}Zr、^{99}Tc 等），以及微量的次锕系元素。③乏燃料元件的包壳材料，

---

[*] 本章由张生栋、刘春立撰写。

主要含有大量的活化产物、微量的次锕系元素以及少量的裂变产物。④整个干法后处理过程的气体净化材料，主要含95%以上的^{129}I，100%的Kr、Xe等长寿命裂变气体产物。

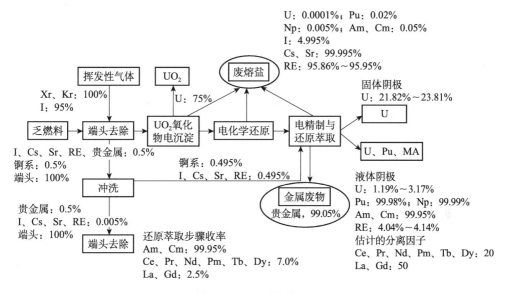

图 7-1　DDP 流程框图

因此，快堆乏燃料元件干法后处理产生的高放废物主要有以下几种（表7-1）。

表 7-1　快堆干法后处理产生的高放废物类别

废物来源	高放废物类型	高放废物形态
干法后处理过程	熔融盐	氧化物、盐类
元件包壳	包装材料	金属
工艺装置材料	电极材料	金属、无定形材料
气体净化装置	过滤材料	无定形材料

从表7-1中可以看出，干法后处理产生的高放废物的形态以固态的盐类、金属材料为主，因此，其高放废物的处理方法和水法后处理完全不同。

二、不同干法后处理技术处理快堆元件产生的高放废物

快堆乏燃料元件既可用水法，也可用干法进行处理。但是从元件的燃耗、处理的经济性、产生的废物量等方面考虑，采用干法后处理技术处理快堆乏燃料元件是比较合理的。目前相对成熟或具有应用前景的干法后处理技术有以下两种。

（一）熔盐电精制法

目前研究最多的干法后处理技术是熔盐电精制法，因为要处理轻水堆产生的氧化物燃料，需首先将氧化物燃料还原为金属。美国已经确定采用熔盐电精制方法对 EBR-Ⅱ 金属乏燃料进行后处理，日本则开展了电精制法处理快堆 U-Pu-Zr 金属燃料和氮化物燃料的研究。熔盐电精制方法可以直接处理金属（合金）燃料，得到沉积的金属产品。

熔盐电精制法处理乏燃料后产生的高放废物主要来自两部分：①将氧化物燃料还原为金属过程中产生的废物；②金属燃料熔盐电精制处理过程中产生的废物。

1. 电还原处理技术

电还原处理技术可处理氧化物燃料（MOX 燃料）元件。还原体系为 LiCl-Li$_2$O［w（Li$_2$O）=1%］熔融物。产品为 U 和超铀元素的金属或者合金。稀土元素一般不被氧化，但与已还原的金属共存。

电还原后处理产生的高放废物是含有碱金属和碱土金属（如 Cs、Rb、Sr 和 Ba）的熔盐。熔盐中同时还含有 Te、Sn、Tc、Se、RE 等。处理 1t 氧化物燃料约产生 1t 废熔盐。例如，爱达荷国家实验室使用比利时 3 号反应堆（BR3）轻水堆乏燃料在不更换电解液的情况下连续处理 3 批乏燃料，每批乏燃料约为 45g。结果表明，乏燃料中超过 98% 的 U 被还原成金属 U，而 Cs、Sr 和 Ba 进入熔盐，TRU、稀土和贵金属仍留在阴极吊篮中，大部分稀土和 Zr 仍然以氧化物的形式存在。

2. 电精制处理技术

电精制处理技术可处理金属乏燃料元件。采用的电解熔盐介质为 LiCl-KCl 或 NaCl-KCl。其产品为 U、Pu、TRU 金属合金。经过进一步处理可以将它们完全分离。

该工艺技术产生的高放废物主要有两类。一是金属废物，主要含有贵金属（Zr、Mo、Ru、Pd、Tc）、包壳（不锈钢和 Zr）及部分稀土元素。二是废熔盐，含有绝大多数裂变产物的氧化物，主要是碱金属、碱土金属及部分稀土元素。由于熔盐可以再生后重新使用，所以废物量较少。一般处理 1t 乏燃料可产生 1.2 ~ 2t 的废熔盐（处理快堆 MOX，废盐量较少，但处理压水堆燃料，废盐量稍多一些）。

（二）电化学氧化物沉积技术

俄罗斯是开展电化学氧化物沉积技术研究的主要国家之一。该技术的处理对象为氧化物燃料元件，处理的工艺体系为 NaCl-CsCl 熔盐体系，产品为纯的 UO_2、PuO_2 或（U，Pu）O_2。

采用电化学氧化物沉积技术处理氧化物燃料元件后产生的高放废物主要为废熔盐，其中含有一定量的次锕系元素和稀土元素。用磷酸盐沉淀法将熔盐与次锕系元素和稀土元素分离后，熔盐可以复用，最终的废物为次锕系元素、稀土元素的磷酸盐和不能再生的废熔盐。

三、干法和水法后处理产生的高放废物和 α 废物

从上述分析可以看出，干法后处理与水法后处理产生的高放废物的种类、数量和化学形态都有很大差别（表 7-2）。

表 7-2　干法与水法后处理高放废物之差别

项目	干法	水法
高放废物的种类	固体（熔盐、包壳材料、金属、过滤材料）	固体（包壳材料、过滤材料）；液体（高放废液、废 TBP 有机溶液）
高放废物的数量	乏燃料元件与废熔盐、废电极及金属废物的质量比为 1/1 ~ 1/2	乏燃料元件与高放废液的比为 $1T/5m^3$，经浓缩蒸发为 $1T/0.5m^3$
产生的二次废物量	少量溶剂盐	大量的放射性有机废物

无论哪种处理方法，废包壳和过滤材料的量是一样的，主要差别在于处理过程产生的高放废物的形态和数量的差别。而这些废物的种类、数量、形态决定了废物的处理方式。干法后处理与水法后处理产生的高放废物的最大差别是干法后处理产生的高放废物是固态废物，没有液态废物，而水法后处理工艺产生的高放废物主要是液态废物，液态中又分为高放废液和有机 α 废液。

第二节　国外快堆高放废物处理研究现状

由于干法后处理产生的高放废物和 α 废物的形态与水法差别很大，所以处理水法后处理产生的高放废物的技术不适于处理干法后处理产生的高放废物。由于干法后处理技术正处于研发阶段，目前国际上尚没有工业应用的实例，所以处理干法后处理产生的高放废物的技术也处于研究阶段。各个国家的研究计划主要集中在熔盐和金属这两类废物的处理方面。

一、含有裂片核素的熔融盐处理技术

处理干法后处理产生的高放含盐废物一般有两个方面的考虑：一是选择适合包容氯化物的基体；二是对氯化物进行预处理，将其转化为氧化物或者其他形式的化合物，以使其便于进行玻璃固化或岩石固化。

（一）沸石处理后陶瓷固化技术

针对干法后处理产生的熔融盐高放废物，美国阿贡国家实验室采用陶瓷固化方法来处理。陶瓷固化体是方钠石和硼硅酸盐玻璃的熔融物。方钠石（$Na_3Al_6Si_6O_{24}C_{12}$）是一种含有少量氯的矿物，适合于包容氯化物。该方法首先对熔融盐进行处理，然后对去除的 U 和超铀核素再进行固化处理，如图 7-2 所示。经过还原过程，将含有裂片核素熔融盐中的 98% 的锕系氯化物赶除到 Cd 液中，然后采用含有 U 的液体 Cd 提取熔融盐中的超铀氯化物，再同含有 Li 的 Cd 液进行置换反应，除去熔融盐中剩余的稀土和超铀元素。熔融盐再通过沸石床，去除剩余的裂片产物核素。由于 A 类沸石 M_{12}（AlO_2）$_{12}$（SiO_2）$_{12}$ 可以吸附绝大部分裂片核素和锕系元素，并且具有较高的耐辐照性能，沸石床的材料均采用此类沸石。含有裂片核素的沸石可以直接经过热压烧结后进行最终处置，或者添加玻璃料、陶瓷料将其转化为陶瓷体或玻璃间沸石矿物体进行最终处置。陶瓷固化体的形成过程如图 7-3 所示。美国阿贡国家实验室还采用 PCT、VHT 和 MCC-1 对这些固化体进行抗浸出性能研究，以满足美国国家高放废物管理的要求。美国于 2005 年建成处理此类高放废物的陶瓷熔炉，最高温度为 1025℃，可以一次处理 320kg 此类高放废物。

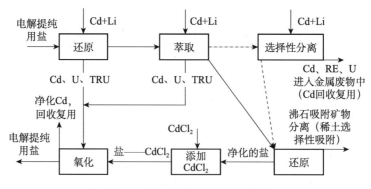

图 7-2　熔融盐纯化处理过程图

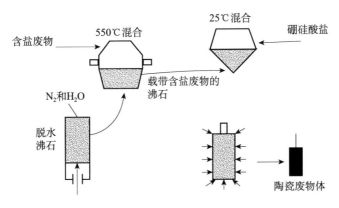

图 7-3　陶瓷固化体形成过程图

（二）磷酸盐玻璃固化技术

大多数无机磷酸盐不溶于氯化物熔盐中，因此，可以利用这个性质，在熔融盐中加入磷酸盐，使其沉淀出大量的裂变产物，与熔盐进行分离。然后分别进行固化处理。

俄罗斯研究人员在处理废熔融盐之前加入 Na_3PO_4，使裂片核素生成磷酸盐，与 Cs、Sr 分离，然后采用磷酸钠盐玻璃固化技术，将熔融盐固化。固化体废物包容量达到 20%，^{137}Cs 的 7d 抗浸出率为 7×10^{-6}g/（$cm^2 \cdot d$），热稳定温度为 400℃，抗辐照能力为 $10^7 \alpha$-decay/g。此外，俄罗斯还采用 NZP 磷酸盐多孔陶瓷固化技术固化熔融盐，在 1000℃下热压烧结形成的固化体废物包容量达到 30%～40%，^{137}Cs 的 7d 抗浸出率为 3×10^{-6}g/（$cm^2 \cdot d$），热稳定温度 1000℃，抗辐照能力为 $10^{19} \alpha$-decay/g（图 7-4）。

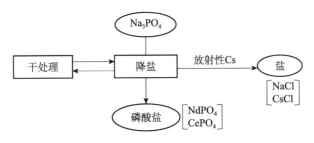

图 7-4　熔融盐预处理示意图

英国 Volkovich 等（2003）研究了用磷酸盐沉淀法将裂变产物从干法后处理产生的熔盐体系中分离。主要利用碱金属磷酸盐与氯化物熔体反应，将碱金属、碱土金属、镧系元，以及过渡金属 Zr、Cr、Mo、Mn、Tc、Ru、Te 等以沉淀的形式分离出去,然后再分别对磷酸盐、氯化物熔盐进行固化处理。

(三)氯化物转化为氧化物固化技术

法国 Leturcq 等(2005)也开展了含盐废物的处理技术研究。考虑到干法后处理产生的高放熔盐体系中氯化物的浓度太高,一方面利用硅酸盐进行固化时不能包容太多的氯化物,另一方面固化体中氯化物的存在会加速包装体的腐蚀,不利于废物的安全处置。所以,他们用两种方法对熔盐体系进行了预处理,一是遴选适合包容含氯废物的特定的陶瓷基体,二是将这类废物预先进行特殊处理,将氯化物转化为氧化物,然后按照传统的玻璃固化方法进行处理。氯化物转化为氧化物的主要工艺流程如图 7-5 所示。初步试验结果表明,通过遴选合适的配方,可以将氯化物转化为氧化物,包容量可达 20%。

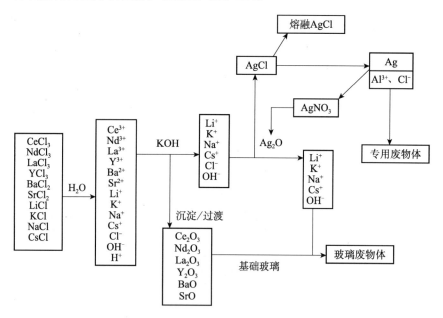

图 7-5　氯化物废物转化为氧化物的工艺流程图

上述三种处理方法都处于实验室研究阶段,没有开始工业应用。各种方法各有优缺点,特别是在处理含盐废物时,除了考虑固化技术外,还要考虑固化体的包装材料、高放废物处置的地质条件等综合因素。

二、金属废物处理技术

快堆乏燃料经高温冶炼处理后,产生的贵金属、包壳材料和少量 U 形成金属废物，采用金属熔融法进行处理是合适的方法。收集阳极篮内的金属废物并将其熔融形成熔融体，金属表面的残余盐分在熔制过程中会挥发，收集后可返回到电解精炼池中循环使用。形成的熔融体为组成复杂的金属合金，为最终处置的金属废物体。该方法既经济又环保。把金属废物转变成坚固且耐腐蚀的金属废物体相对比较简单。虽然一些金属废物体几乎只是由本身的废物材料所组成，但通常需要加入一些不锈钢或锆来调整废物组成。

处理乏燃料元件的包壳材料时，由于包壳材料不同，废物体组成也不同。美国阿贡国家实验室曾研究过处理不锈钢包壳材料和 Zr 合金包壳材料的技术，并相应得到了两种不同的废物体，即含 15% 锆的不锈钢废物体和含 8% 不锈钢的锆合金。废物体中包容的裂变产物的量在 1% ～ 5%。金属废物通过 1000℃的分离蒸馏熔炉，去除盐分，然后进入 1600℃的铸造熔炉熔融 1 ～ 2h，取出后以 7℃/min 的速率冷却，形成金属铸锭。该固化体的 Zr 含量在 5% ～ 20%。对于燃耗高的燃料元件（裂片元素约为 4%），Zr 含量不低于 15%；对于燃耗低的燃料元件（裂片元素为 0.5%），Zr 含量为 8%。对两种金属废物体进行的静态浸出（MCC-1）和产品性能测试（PCT）结果表明，不锈钢含量高和 Zr 含量高的合金废物体都是耐腐蚀的，它们的性能分别与纯的不锈钢和纯 Zr 相似，因此，裂变产物都能很好地滞留在金属铸锭内。

三、快堆高放废物处理发展方向

根据欧洲、美国、日本等国家或地区的快堆后处理高放废物处理技术研究之经验，玻璃固化和陶瓷体固化仍是处理快堆高放废物的主要手段，辅以合成矿物和合金材料处理技术。由于快堆的燃料燃耗不同于压水堆，废物处理过程中产生的放射性比活度大，裂片核素多，需要对现有的玻璃固化和陶瓷固化工艺和配方重新研发，才能满足政府对于高放废物暂存和处置的要求和监管。因此，围绕快堆高放废物的处理和高放废物的分离嬗变，快堆高放废物的处理技术可能会朝着以下趋势发展。

（1）含氯熔融盐的直接固化技术。干法后处理产生的高放废物中含有大量的氯化物，而氯化物对不锈钢及其他金属都有很强的腐蚀作用。原有的熔融盐固化技术以及将氯化物转换成氧化物后的固化技术都十分烦琐，而且难以确保氯化物全部转变成氧化物。因此，针对快堆高放熔融盐废物的处理技术将重点集中在含氯熔融盐的直接固化方面。其基础研究将涉及包容高氯熔融盐的固化基体材料研究、高氯熔融盐固化机理研究、固化体性能研究、固化体与包装材料相互作用研究、高氯固化体的长期稳定性研究等；工艺技术方面将重点关注高氯熔融盐固化工艺研究、熔融盐固化方式和方法研究、熔融盐固化配方研究及固化装置研究等。

（2）含氯熔融盐转化-固化技术研究。熔融盐高放废物处理的另一个技术路线是，在熔融盐固化前先将含氯熔融盐转化为氧化物，消除熔盐中的氯对固化体包容量的影响和对固化体包装材料的腐蚀，以确保高放废物固化体的长期稳定性。这条技术路线涉及如何将氯化物尽可能全部转化成氧化物，转化过程能否确保设备不受腐蚀，转化过程不额外增加难以处理的废物体等方面。因此，含氯熔融盐转化固化技术将重点研究含氯熔融盐转化成氧化物的新方法、转化的新材料研究、熔盐中微量氯的分析测试技术研究、转化过程设备的腐蚀性研究、转化装置研究、转化工艺的工业应用研究等方面。

（3）包壳材料废物的直接减容研究。国外对干法后处理产生的贵金属、包壳材料和少量 U 形成的金属废物，采用金属熔融法进行处理。但是，对于包壳材料而言，由于存在裂变产物的反冲，包壳材料中已包容了一定量的裂变产物，同时干法处理过程产生的合金和贵金属废物中还含有少量的熔融盐，采用金属熔融法进行处理，不可能将包壳内部的裂变产物以及合金中的熔融盐全部释放出来，且熔融法处理过程又需要对尾气进行处理，产生二次废物。因此，对于包壳材料废物，可以采用直接减容固定技术研究，也就是将金属废物采用预压超压水泥固定技术进行处理，不增加熔融处理工艺，不产生二次废物量。这种技术关注的焦点是如何防止超压后的金属废物反弹，金属包壳废物中含有的放射性核素的含量如何，如何选择新型固定剂等方面。所以，这类技术的研究重点涉及超压后新型固定剂的选择、金属包壳超压后的反弹性能测试研究、固定后包装物的性能测试研究等方面。

（4）金属阳极及合金废物的熔融技术研究。对于金属阳极及合金废物可以采用金属熔融法进行处理，使合金废物、金属阳极等进一步形成熔融合金，作为高放废物或者 α 废物进行处置。一些金属废物体几乎是由本身的废物材料所组成，但通常需要加入一些不锈钢或锆来调整废物组成。这种处理技术由于在熔融过程存在熔融盐的挥发和某些残留裂变产物（如 Ru、Se、Sn、Cs 等）的挥发，需要进行气体的净化，会产生二次废物。主要涉及的研究工作包括熔融过程挥发性裂变产物的释放机理、金属废物合金性能研究、不额外加入其他金属的熔融方法研究、熔融方式和方法研究等。

（5）新的固化处理技术研究。除现有的熔融盐废物、金属废物固化处理技术之外，开展新的固化处理技术研究是十分必要的，如等离子体焚烧技术、冷坩埚处理技术等，使干法产生的高放废物的处理或者固化技术更加合理和实用，并尽可能减少二次废物的产生量，处理过程遵从废物最小化的原则。

第三节 我国快堆高放废物研究现状
分析和主要问题

我国快堆技术的基础研究始于 1965 年,1986 年纳入我国 863 计划,并开始了以 6.5 万 kW 中国实验快堆为目标的应用基础研究,1997 年完成该堆的初步设计,2000 年 5 月开始建造,并于 2010 年 8 月首次临界。按照核能发展规划,2025 年将建成示范快堆,投入商业运行。国内与之相适应的干法后处理技术研究正在起步阶段,高放废物处理技术研究势必也将提到议事日程。

一、我国快堆高放废物处理研究现状

我国在高放废物的处理技术方面,主要围绕着高放废液的玻璃固化开展相应的研究,已初步建立了水法后处理产生的高放废液的处理工艺路线,包括高放废液固化的配方、玻璃固化体的性能测试方法、玻璃固化冷台架验证及我国玻璃固化的标准等,并将在引进德国玻璃固化装置的基础上,处理我国某军工核设施产生的高放废液。

我国目前还没有开展与快堆高放废物处理相关的技术研究。虽然围绕水法后处理而开展的高放废液冷坩埚固化技术、等离子体焚烧技术、岩石固化技术等都可以借鉴,但是在熔融盐的固化、金属熔炼处理等相关领域至今没有开展过研究,而且没有相关的经费资助渠道。

二、存在的主要问题

我国快堆干法后处理产生的高放废物处理技术研究存在的主要问题包括:①没有系统规划和长远安排。到目前为止,没有任何部门牵头组织干法后处理产生的高放废物处理与管理的规划研究和长远计划。②缺少经费资助渠道。由于干法后处理尚处于研究阶段,在干法后处理产生的高放废物的处理和管理方面还没有任何的经费资助渠道。③缺乏完整的熔盐和金属熔炼的研究平台。干法后处理产生的高放废物主要是以熔融盐和金属形式存在,国内没有开展过相关的基础研究,也没有相关的研究平台。

第四节 建 议

鉴于我国实验快堆已于 2010 年 8 月实现临界，示范快堆将于 2025 年左右投入运行，因此，开展干法后处理产生的高放废物的处理技术研究应尽快提到日程。

一、政策建议

（1）希望国家组织有关部门和专家尽快开展干法后处理高放废物政策研究和战略规划研究，确定我国干法后处理产生的高放废物处理、处置政策及研究方向。

（2）加大对干法后处理之后的高放废物处理和管理研究的经费投入，尽快开展相关的基础和应用研究，以适应快堆发展的需要。

（3）明确干法后处理之后高放废物处理的主管部门，尽快与国际接轨，开展干法后处理之后的高放废物的处理和处置研究。

（4）高放废物处置库的规划和建设应考虑快堆干法后处理产生的高放废物处置问题。

二、近期研究目标（2015～2020 年）建议

目标：通过 5 年的基础研究，确定我国干法后处理产生的高放废物处理的技术路线和基本工艺参数。围绕这个目标，建议重点开展以下研究。

（1）熔融盐高放废物处理技术研究：包容高氯熔融盐的固化基体材料研究，高氯熔融盐固化机理研究，高氯固化体的长期稳定性研究，含氯熔融盐转化成氧化物的新方法研究，转化的新材料研究，熔盐中微量氯的分析测试技术研究，转化过程设备的腐蚀性研究。

（2）金属阳极及合金废物的熔融技术研究：熔融过程挥发性裂变产物的释放机理研究，金属废物合金性能研究，不额外加入其他金属的熔融方法研究，熔融方式和方法研究。

（3）处理设备和固化工艺研究：冷坩埚固化熔融盐和金属的固化技术，等离子体焚烧技术，陶瓷固化技术等。

三、中长期研究目标（2020～2030年）建议

目标：具备干法后处理产生高放废物的处理能力，并满足高放处置库的要求。

主要研究内容：①工艺和设备验证，包括冷台架和热试验验证研究；②干法后处理产生高放废物处理标准和管理体系研究；③干法后处理废物的处理工业应用。

参 考 文 献

刘丽君 . 2008. 国外乏燃料高温冶金后处理产生的废物的处理方法 . 辐射防护，28（3）：185-188.

任凤仪，周镇兴 . 2006. 国外核燃料后处理 . 北京：原子能出版社 .

张丕禄，齐占顺，朱志轩 . 2000. 分离与嬗变概念中的分离综述 . 加速器驱动放射性洁净核能系统概念研究论文：315-328.

Ackerman J P，Pereira C，McDeavitt S M，et al. 1998. Waste form development and characterization in pyrometallurgical treatment of spent nuclear fuel. The American Nuclear Society. Third topical meeting on DOE spent nuclear fuel and fissile materials management. Charleston，South Carolina，September 8-11.

Choi J-B. 2009. Status of fast reactor and pyroprocess technology development in Korea. International Conference on Fast Reactors and Related Fuel Cycles（FR09）. Kyoto，Japan，December 7.

Govindan Kutty K V，Kitheri J，Asuvathraman R. 2009. Development of glass and ceramic matrices for the immobilization of high-level radioactive waste from fast reactors. Proceedings of Global 2009，Paris，France，September 6-11.

Govindan Kutty K V，Vasudeva Rao P R，Raj B. 2009. Current status of the development of the fast reactor fuel cycle in India. Proceedings of Global 2009，Paris，France，September 6-11，Paper 9547.

Leturcq G, Grandjean A, Rigaud D. 2005. Immobilization of fission products arising from pyrometallurgical reprocessing in chloride metal. Journal of Nuclear Materials, （347）：1.

Loewen Eric P. 2000. Recycle in fast reactors. U.S. Nuclear Waste Technical Review Board Meeting，2009 National Harbor，Maryland，September 23.

Volkovich V A，Griffiths T R，Thied R C. 2003. Treatment of molten salt wastes by phosphate precipitation：removal of fission product elements after pyrochemical reprocessing of spent nuclear fuels in chloride melts. Journal of Nuclear Materials，（323）：49.

第八章　钍铀燃料循环*

第一节　概　述

能源与环境是人类生存和发展的基础。煤炭、石油、天然气等传统化石能源的不可再生性和巨大消耗，使化石能源正逐渐走向枯竭。与此同时，大量的化石能源消耗引起污染和温室效应，这是造成今天环境恶化与全球气候异常的重要元凶。在同时解决能源快速增长和环境保护的严峻挑战面前，能量密度高、洁净、低碳的核裂变能源，具有其他能源不可比拟的显著优势。积极发展核电，已成为我国确定的能源战略之一，至 2020 年，我国核电装机容量有望达到 5800 万 kW。核能和核电在度过漫长的孕育期以后终于作为一个新兴战略性产业，迎来了又一个春天，这也为核能化学带来了巨大的机遇与挑战。

目前，世界上已实现产业化的核能系统是以自然界唯一存在的易裂变核 ^{235}U 为燃料的热中子堆。天然铀中 ^{235}U 的丰度只有 0.714%，而 ^{238}U 却占 99% 以上。热中子堆的核燃料利用率仅有天然铀的 1% ～ 2%，大部分被浪费和闲置。虽然铀并非是一种很稀有的元素，在地壳中的平均含量约为百万分之四，但它难以形成具有工业开采价值的矿床。截至 2009 年 1 月 1 日，全球已探明的铀矿储量达到 630.63 万 t（OECD/NEA and IAEA，2010）。按照当前核能应用的发展速度，可供使用的时间不足百年，所以面对能源需求快速发展，铀仍是一种紧缺的战略资源。预期国际市场铀矿石价格将长期持续增长，争夺铀矿资源不仅是一般的市场经济竞争，其背后更涉及国民经济命脉、国家安全、军事和国力等核心政治敏感问题。

我国的铀资源储量并不丰富，且多以中小矿床为主，位置分散，矿石品位低，无法满足我国核电长远发展的要求。要解决我国铀资源匮乏的问题，保证我国核能事业的长期稳定发展，除了大力发展其他先进反应堆和闭式铀钚燃料循环，以提高铀资源的利用率外，积极寻找铀资源的替代物，实现燃料种类的多元化是一个不得不考虑的发展战略。

^{232}Th 是国际上公认的潜在的核资源，与 ^{238}U 相似，其吸收中子再通过 β 衰变后可转换成易裂变核素 ^{233}U。公开资料表明，地球上钍资源的储量是铀资源的

＊　本章由李晴暖撰写。

3～4倍（Sokolov et al.，2005）。我国钍矿主要与稀土伴生，内蒙古包头白云鄂博钍矿储量为22.1万t，全国钍矿储量约28.6万t（远景储量预计超过30万t），约为铀矿储量的6倍（徐光宪，2005）。在中国稀土工业生产过程中，每年可以分离出ThO$_2$ 200t以上，可代替5亿t煤发电。在我国发展和利用钍资源，既可以确保我国长期能源的供应，实现对铀资源的有效保护，还能降低稀土元素提取后的大量含钍残留物对环境的严重污染。钍基核燃料的有效利用对人类的发展有着特殊的意义。

第二节　钍铀燃料循环的基本特点和运行模式

一、钍铀燃料循环的基本特点

Th自身并不是易裂变核素，与^{238}U相似，其吸收中子再通过β衰变后可转换成易裂变核素^{233}U，所以^{238}U和^{232}Th也称可转换核素（图8-1）。

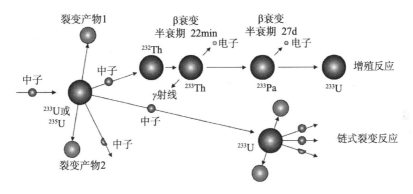

图8-1　^{232}Th的增殖反应和^{233}U的链式裂变反应

钍资源核能利用的研究与铀资源一样，也始于美国曼哈顿计划，经过几十年的研究，科学界已经基本了解钍基核燃料的相关知识，并且发展了一定的应用技术。根据国际原子能机构2005年发表的《钍基燃料循环——潜在的优势与挑战》（*Thorium Fuel Cycle—Potential Benefits and Challenges*），与铀钚燃料循环相比，除了具有钍资源储量优势之外，钍铀燃料循环还具有以下优势（Sokolov et al.，2005）。

（1）转换率高。^{232}Th热中子吸收截面为7.4bar，几乎是^{238}U（2.7bar）的三倍，因此，相同的热中子通量下，Th/U的转换率比U/Pu的高。另外，^{233}U的热中子俘获截面为47.7bar，比^{239}Pu（268.8bar）小得多，因此，^{233}U因中子俘获而导致的损耗率低于 ^{239}Pu。所以钍铀燃料循环的中子经济性好，转换率高，钍中 ^{233}U 的饱和浓度可达 1.5%，而低浓铀在热堆中长期辐照，其 ^{239}Pu 的浓度始终低于 1%。此外，热中子区 ^{233}U 一次裂变所产生的平均中子数比 ^{239}Pu 大 0.2 左右，表明热中子堆钍铀燃料循环的反应性好，钍燃料在热中子堆中也能增殖。由 ^{232}Th 转换得到的 ^{233}U 具有比其他两个易裂变核素 ^{235}U 和 ^{239}Pu 更大的快中子裂变截面。

（2）核废料少。钍铀燃料循环中 ^{233}U 的热中子俘获截面约是铀钚循环中 ^{239}Pu 的俘获截面的 1/6。^{233}U 的原子序数和质量数分别比 ^{239}Pu 低 2 和 6 个单位，因此，^{233}U 要吸收 8 个中子并经过 4 次 β 衰变才能转化为超钚核素 ^{241}Am，而 ^{239}Pu 只需要吸收 2 个中子，经过 1 次 β 衰变即变为 ^{241}Am。所以，钍铀燃料循环比铀钚燃料循环产生的具有 α 放射性的高毒性超钚核素镅和锔等更少，降低了核废料对环境和人类健康潜在风险。

（3）有利于防止核扩散。钍铀燃料循环产生的核燃料 ^{233}U 中不可避免地会含有一定量的 ^{232}U。^{232}U 的半衰期仅为 79a，比 ^{233}U 半衰期（1.59×10^5a）短很多，因此 ^{232}U 的比活度很高。它的衰变子体 ^{208}Tl 发射出能量高达 2.6MeV 的高能 γ 射线，因而用含 ^{232}U 的 ^{233}U 制造核武器不仅技术难度大，而且容易被侦查。

（4）性质稳定，适用性强。钍和氧化钍化学性质稳定，耐辐照、耐高温、热导性高、热膨胀系数小。钍基燃料对各种堆型的适应性较好，无需对现有反应堆的燃料组件和堆芯几何尺寸及相应的结构材料作重大改变就基本能够直接使用。运行中它产生的裂变气体较少，这些优点使得钍基反应堆允许更高的运行温度和更深的燃耗。

钍资源核能利用具有许多优势和重要意义，但由于历史原因，钍在核能中的发展一直处于从属地位，在传统反应堆上实现钍铀燃料循环面临的挑战主要有以下几方面。

（1）燃料制备困难。ThO_2 的熔点（3350℃）比 UO_2（2800℃）高得多，因此生产制备固态钍基氧化物燃料元件所需的高密度 ThO_2 和 ThO_2 基 MOX 燃料需要更高的烧结温度（高于 2000℃）。

（2）后处理难度大。在固态钍基燃料元件后处理上，因为 ThO_2 和 ThO_2 基 MOX 燃料化学性质稳定，不易溶于 HNO_3，处理过程中要加入一定量的 HF，从而造成后处理设备和管道的腐蚀，增加处理难度。

（3）辐射防护难度大。中间核素 ^{232}U 的衰变子核有短寿命强 γ 辐射的 ^{208}Tl，给反应堆乏燃料的储存、运输、后处理、最终的安全处置和燃料的再加工带来困难。

（4）中间核 ^{233}Pa 带来的问题。铀转换链要经过中间核 ^{233}Pa，^{233}Pa 的 β 衰变半衰期约为 27d，这意味着至少需要半年的冷却时间来使 99% 以上的 ^{233}Pa 衰

变到 ^{233}U。半年时间对反应堆运行来说过长，这期间 ^{233}Pa 会吸收堆内中子生成 ^{234}Pa，既减少 ^{233}U 产量，又增加中子的损失。解决的途径是把 ^{233}Pa 从反应堆中提取出来冷却，使它通过 β 衰变生成 ^{233}U，或用外源中子来补充中子的损失，但外源中子不能解决 ^{233}U 产量降低的问题。

二、钍铀燃料循环的运行模式

根据乏燃料的处理方式，核燃料（铀基燃料或者钍基燃料）在反应堆上的利用有三种循环方式（Sokolov et al., 2005；Blue Ribbon Commission, 2012）：开环、改进的开环和全闭模式。开环（或一次通过）是目前商用反应堆最常用的运行模式，核燃料的利用率为 1% ～ 2%。在全闭模式（或核燃料再循环）下，核燃料经过后处理和再制备，多次重复利用，核燃料的利用率理论上高达 100%。改进的开环是实现开环到全闭循环的过渡模式，这种模式下核燃料不需要后处理和重新制备即可多次重复利用，在一定程度上提高了燃料的利用率。

（一）开环模式（一次通过）

开环模式又称一次通过［图 8-2（a）］模式，所有的核燃料在堆内只燃烧一次，出堆后的乏燃料经过冷却后不进行进一步处理，而是经过中间储存后，作为核废物直接送到地质处置场进行可回取或不可回取式的"最终处置"。在开环模式下，所有的乏燃料（完好的燃料元件或者经过处理但是没经过循环利用的燃料元件）和其他不适合浅地表处理的放射性废料直接进行地质处置。此种循环模式概念简单，费用也比较低。

钍铀循环的开环模式和铀钚循环类似。可转换核素 ^{232}Th 是钍的唯一的天然同位素，因此其经过矿石开采后不需要浓缩过程，可直接应用到反应堆中。反应堆内经过辐照的 ^{232}Th 生成 ^{233}U 就地燃烧，产生的乏燃料经过冷却后，不做任何处理直接作为核废物进行地质处置或者长期储存。一次通过循环方式的典型例子是由美国海军堆计划前首席科学家 Alvin Radkowsky 提出的在轻水堆中进行的 RTF（Radkowsky thorium fuel）循环（Radkowsky, 1999）。

开环模式下，钍基核燃料循环不会产生易于生产核武器的 ^{239}Pu，加上核废料直接进行了地质处置，核废料中 ^{232}U 的衰变链中有短寿命强 γ 辐射的 ^{208}Tl，核扩散风险低。但是由于钍基核燃料一次通过，乏燃料中仍存在大量可裂变核素 ^{233}U 和可转换核素 ^{232}Th，钍的利用率低（约为 1%）；钍铀转换过程会产生中间核素 ^{233}Pa，它的 β 衰变的半衰期长达 27d，容易吸收中子转换成 ^{234}Pa，这样一来，不但会影响 ^{233}U 的产量，也会增加中子的损耗；乏燃料中存在着大量的高放射性次锕系废料，这给反应堆的储存、运输、后处理，以及最终的安全处置和燃料再加工都带来很大的困难。与铀钚循环一样，一次通过钍铀循环方式不符合核能的可持续发展战略。

（二）改进的开环模式

改进的开环模式［图 8-2（b）］是介于开环模式和全闭模式之间的一种过渡模式，乏燃料经过冷却后，部分进行处理或不作处理直接重复利用。在改进的开环模式下，除了低水平放射性废料外，部分乏燃料（经过有限次循环后的乏燃料）和所有的高水平放射性废料都需要地质处置。乏燃料循环可以是从堆内卸出的乏燃料，也可以是分离出的 ^{239}Pu、^{233}U、超铀核素或上述任意组合的循环。

对于钍基核燃料，改进的开环模式回收乏燃料中仍然可以使用可裂变核素 ^{233}U 和可转换核素 ^{232}Th，增加燃耗的同时也在一定程度上提高了钍的利用率。改进的开环模式一般采用的是在线更换核燃料，目前能够实现不停堆换料的反应堆有球床高温气冷堆和重水堆，其钍基核燃料的利用率理论上分别可以达到约 10% 和 6% ～ 7%。

改进的开环模式虽然一定程度上提高了钍的利用率，但是和开环类似，乏燃料中 ^{232}U 的存在，增加了后处理的难度和成本；同时由于没有足够的快堆消耗掉所有的重金属核素，依然会产生大量的高放射性核废料。

（三）全闭模式

全闭模式［图 8-2（c）］下的乏燃料经过后处理和再制备多次重复利用，消耗掉尽可能多的重金属核素，达到核燃料利用最大化和核废料最小化的目的。此种循环模式下，只有高水平放射性废料和其他不适合浅地表处理的放射性核废料及低水平放射性核废料被进行地质处置。全闭的循环模式通过分离回收乏燃料中的可裂变核素和可转换核素，同时将分离出的次锕系元素嬗变成短寿命低放射性核素，多次循环以完全消耗掉重金属燃料，提高了钍的利用率（自持的全闭循环理论上可以接近 100%）。通过地质处置裂变产物，锕系核废料可以达到最小化。而焚烧 Pu，可以降低 Pu 的储备。

钍铀循环的全闭循环模式和铀钚循环的闭式循环类似，指的是将辐照后的钍基核燃料进行后处理，分离回收乏燃料中的 ^{233}U 和 ^{232}Th 重新制成燃料返回反应堆重复利用，乏燃料中的所有长寿期核素进入快堆嬗变，直至彻底销毁。全闭模式能够实现钍资源的利用最大化和核废料最小化，以满足核资源的可持续发展。但是乏燃料中 ^{232}U 的存在，增加了后处理和再加工的难度和成本，对于燃耗相对较低的堆型（如重水堆），闭式燃料循环次数的增多会影响钍燃料再循环的经济性，因此，从经济性角度和减少循环次数角度来看，应该选择合适的堆型进行组合利用。

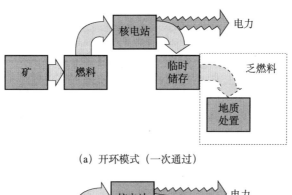

（a）开环模式（一次通过）

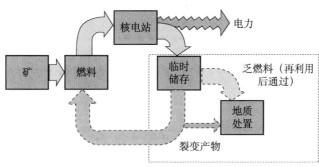

（b）改进的开环模式

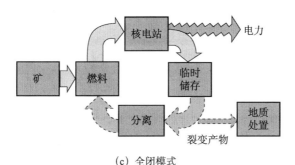

（c）全闭模式

图 8-2　核燃料循环示意图

　　钍基核燃料闭式循环最关键的步骤及难点在于后处理，除了熔盐堆可以进行不停堆在线处理之外，其他的反应堆型所产生的乏燃料必须进行离线后处理。铀基核燃料后处理技术在国际上基本成熟，主要应用于军事需要的铀钚分离。然而，民用核能的核燃料后处理的发展方向在国际上尚未达成共识。此外，现有的Thorex 流程发展尚不成熟，工业应用前景堪忧。因此，必须考虑研发更加简单、经济和防核扩散能力强的后处理技术。

　　国际开展的钍铀循环研究自 20 世纪 90 年代以来基本上都是基于开环模式，只有印度坚持研发闭式循环模式，但是规模不大。开环模式强调的是反应堆内

的 ^{233}U 的产生和就地燃烧，但乏燃料中仍然有大量未被利用的 ^{233}U 和 ^{232}Th，钍资源得不到充分的利用。即便世界上目前探明的钍资源储量是铀的 3 ～ 4 倍，如果都采用一次通过模式，还是会浪费大量的钍资源，同时大大增加核废料的储存体积，对环境造成长期严重威胁，核能的可持续发展仍然无法实现。无论是从经济竞争力，还是核燃料的可持续利用以及减少放射性核废料的产生和防止核扩散上，都应该坚持走钍铀循环的全闭模式。当前，可以先从一次通过燃料循环开始获得钍铀循环技术方面的经验，并在乏燃料中积累 ^{233}U 战略资源。未来，从改进的开环模式着手，逐步展开多种堆型和循环模式的优势组合的全闭循环模式，一步步地实现钍基核燃料的利用最大化和核能的可持续发展。

第三节　钍资源核能利用

国际上钍的核能利用的研究开发，大体上可以分为以下三个阶段。

20 世纪 60 ～ 70 年代：由于核电站的快速发展，为了扩大核燃料的供应来源，美国、欧洲等发达国家或地区对钍的利用开展了大量的研究与开发。20 世纪 70 年代的石油危机，更促进了核能的发展。在此期间，美国、日本、印度、英国、荷兰、加拿大等国从不同程度上，在各种实验堆和动力堆中使用过钍燃料。

20 世纪 80 ～ 90 年代：由于不断发现新的铀矿和铀产品价格下降，以及 1986 年切尔诺贝利核事故对核能利用的负面影响，多数国家终止了钍燃料利用的研究开发。唯有印度始终坚持钍铀燃料循环的研究开发。

20 世纪 90 年代以后：一些发达国家（主要是美国）又重新对钍燃料产生了兴趣。它们重视钍铀燃料循环的主要目的可归结为三点：一是钍铀燃料循环可有效地消耗武器钚和民用钚；二是钍铀燃料循环产生的长寿命次锕系元素要比铀钚循环少得多；三是钍铀燃料循环产生的核燃料 ^{233}U 含一定量 ^{232}U，^{232}U 的半衰期达 79a，其子体放射出高能 γ 射线，因而用含有 ^{232}U 的 ^{233}U 制造核武器的技术难度更大，有利于防止核扩散。

下面对各国家或地区研究开发概况作一些简单介绍。

（1）美国：在核能发展的早期，就开展了将钍引入铀基反应堆中加以利用的研究。20 世纪 50 ～ 60 年代，研究开发了 Thorex 流程（钍燃料后处理流程）。20 世纪 50 年代中期曾处理 35t 锆包壳的 ThO$_2$（4000MW·d/t）萃取获得 50kg^{233}U。1969 年美国核燃料服务公司（Nuclear Fuel Service）从美国印第安角（Indian Point）核电站堆的 ^{235}U 浓度为 2.5% 的 UO$_2$/ThO$_2$ 乏燃料中萃取得到 100kg^{233}U，这些 ^{233}U 可用于希平港轻水增殖堆。20 世纪 60 ～ 70 年代美国曾研究设计钍铀循环的熔盐增殖堆，但因技术难度大，至今仍停留在纸面上，没有建堆。20 世纪 60 ～ 80 年代研究以钍和高浓度铀（HEU）为燃料的高温气冷堆及其燃料循环，并建成试验堆和原型动力堆。共使用了 25t 钍燃料，燃耗达 170GW·d/t。1965 年起，美国开始把希平港压水堆改造为钍的增殖堆（LWBR）。该堆用 ThO_2 和 ^{233}U 做燃料，1977 年进入堆芯工作，1986 年关闭，工作近 3 万 h，增殖比为 1.013 ～ 1.016。

进入 20 世纪 90 年代，基于防止核扩散的政治需要，一次通过燃料循环方式在钍的核能利用上得到了发挥。1966 年，美国能源部联合俄罗斯的库尔恰托夫研究所，在俄 VVER-1000 堆上进行试验。该堆采用含 5%PuO_2 的 ThO_2 作为燃料，卸出的乏燃料中含 ^{233}U 约 300kg，其中 ^{232}U 含量为 3500ppm。由于高含量 ^{232}U 所产生的强 γ 辐射难以用于制造核武器，故具有防止核扩散性。

（2）日本：日本既无丰富的铀资源，也无丰富的钍资源，而且它主要致力于铀钚燃料循环及快堆的开发。但其仍把钍的核能利用列为潜在的能源之一，做了不少应用基础研究。日本钍的核能利用研究是在日本 JAERI 及各大学进行的。1959 年以来它有一个半均匀堆计划，燃料包含 ThO_2。1961 年建的重水均匀临界装置，在 1963 年达到临界，其目标是建热中子钍增殖堆。到 1967 年 3 月实验停止，转向快堆开发。日本材料试验堆（JMTR）从辐照 ThO_2 中曾分离出 10mg ^{233}U。1975 年日本开发多用途高温气冷堆（VHTR），专门建立了钍燃料实验室，重点研究 ThO_2 颗粒燃料及混合燃料的制备技术。

（3）印度：印度铀资源约为 7 万 t U_3O_8，而 ThO_2 储量高达 36 万 t，因此早在 20 世纪 50 年代印度核计划奠基人巴巴（Homi Jehangir Bhabha）就制定了印度核能发展的三部曲。第一步是发展以天然铀为燃料的压力重水堆（PHWR）或以低浓铀为燃料的轻水堆，发电并生产钚。也允许放少量钍，目的是展平堆芯的中子通量。第二步是通过乏燃料后处理分离钚，用钚燃料为快堆装料，在快堆增殖层辐射钍，生产 ^{233}U。第三步是将快堆生产的 ^{233}U 与钍混合后，在重水堆中燃烧，并实现自持 $^{232}Th/^{233}U$ 闭合循环，但由于快堆建设滞后，印度近年转为 PHWR 直接辐照钍燃料，即自持钍循环（SSTC）。

印度始终是积极推动钍的核能利用国家，已建立了比较完整的钍循环研究开发体系。用于 PHWR 等的所有钍燃料组件，均由印度自己建造。1985 年，印度 Maclras 核电站装载了 4 组 ThO_2 原件，运行情况良好。

最新的印度整体能源政策分析报告称，印度核电发展三部曲的最终目标是希望在 2050 年开发出以钍为燃料的核能科技。

（4）德国：德国曾是使用钍燃料的积极推动者，其最先开发的高温堆（HTR）都是基于钍燃料循环。这方面工作主要体现在球床高温气冷堆 AVR（球床高温研究反应堆）和 THTR（钍高温反应堆）上。AVR 采用高浓缩铀钍燃料运行了 20 多年，燃料燃耗达到了 140GW·d/t 重金属，后因防止核扩散改用低浓铀。THTR 使用高浓缩铀钍为燃料，后来因为政治经济原因而关闭。20 世纪 80 年代德国推出了模块式高温气冷堆，它具有固有安全性，但没有考虑用钍。

德国在高温堆钍铀燃料后处理及再制造方面也做了不少研究工作。例如，用二循环酸式进料的 Thorex 流程代替三循环欠酸进料的 Thorex 流程，能达到相似的去污效果。

除上述国家外，加拿大、法国、英国、荷兰、意大利、俄罗斯、韩国等也从事了不少钍的核能应用工作，包括在重水堆、先进压水堆、高温堆、加速器驱动的先进核能系统中对钍燃料的引入及后续的后处理等。

（5）IAEA：一直关注钍的核能利用。1985 年、1990 年及 1997 年在维也纳召开过三次研讨钍利用的小型国际会议。到了 21 世纪，又分别于 2000 年、2003 年和 2005 年召开过三次钍的核能的专题会议。

此外，IAEA 也曾对一些从事钍铀燃料循环的研究组给予资助。例如，原中国科学院上海原子核研究所张家骅课题组曾得到 8 个财政年度的资助。

表 8-1 为各个国家利用钍的情况。回顾国际上钍的核能利用可以看到，钍一直被认为是一种潜在的核燃料。钍的核能利用既有优点，也有难点。钍的核能利用研究总是时起时伏，时高时低。与铀钚燃料循环相比，钍铀燃料循环离工业化距离比较远。

表 8-1　各个国家利用钍的情况

名称/国家	类型	功率/MW	燃料	运行时间
NRX/加拿大	MTR（热）	42（热）	$Th+^{235}U$、$Th+^{233}U$、$Th+^{239}Pu$，测试燃料组件	1947～1992 年
NRU/加拿大	MTR（热）	135（热）	$Th+^{235}U$、$Th+^{233}U$、$Th+^{239}Pu$，测试燃料组件	1957～2009 年
NPD/加拿大	CANDU+PHWR	19.5（电）	$Th+^{235}U$，测试燃料组件	1962～1987 年
WR-1/加拿大	MTR（热）	60（热）	$Th+^{235}U$，测试燃料组件	1965～1985 年
AVR/德国	HTGR（实验球床堆）	15（电）	$Th+^{235}U$ 驱动燃料，涂层燃料为氧化和二碳化物颗粒	1967～1988 年
THTR/德国	HTGR（功率球床堆）	300（电）	$Th+^{235}U$ 驱动燃料，涂层燃料为氧化和二碳化物颗粒	1985～1989 年
Lingen/德国	BWR（辐照测试）	60（电）	测试燃料$(Th,Pu)O_2$球	1973 年停止运行

续表

名称/国家	类型	功率/MW	燃料	运行时间
Dragon/英国，OECD-Euratom/瑞典、挪威、瑞士	HTGR（实验）（销座设计）	20（热）	Th+^{235}U 驱动燃料，涂层为二碳化物颗粒	1966～1973 年
Peach Bottom/美国	HTGR（实验，棱柱块）	40（电）	Th+^{235}U 驱动燃料，涂层为氧化和二碳化物燃料颗粒	1966～1972 年
Fort St Vrain/美国	HTGR（功率棱柱块）	330（电）	Th+^{235}U 驱动燃料，二碳化物涂层燃料	1976～1989 年
MSRE/美国	MSR	7.4	^{235}U、^{233}U	1964～1969 年
Borax IV & Indian Point/美国	BWR（栅元燃料组件）	2.4 24	Th+^{233}U 驱动燃料，氧化物球	1963～1968 年
Shippingport & Indian Point/美国	LWBR PWR	100（电） 285（电）	Th+^{233}U 驱动燃料，氧化物球	1977～1982 年 1962～1980 年
SUSPOP/KSTR KEMA/荷兰	水相均匀悬浮（细棒组件）	1	Th+HEU 氧化物球	1974～1977 年
KAMINI, CIRUS, & DHRUVA/印度	MTR 热	0.03（热） 40（热） 100（热）	Al-^{233}U 驱动燃料，含钍和二氧化钍的 J 棒，二氧化钍的 J 棒	在运行
KAPS 1 & 2, KGS 1 & 2 RAPS 2, 3 & 4/印度	PHWR（栅元组件）	220	二氧化钍球使初装料的堆芯通量展平	在新的 PHWR 上运行
FBTR/印度	LMFBR（栅元组件）	40	二氧化钍再生	在运行

资料来源：Sokolov 等（2005）。

第四节 钍铀循环水法后处理技术

钍基核燃料闭式循环最关键的步骤及难点在于后处理，除了熔盐堆可以进行在线后处理之外，其他的反应堆型所产生的乏燃料必须进行离线后处理。铀基核燃料后处理技术在国际上基本成熟，主要应用于军事需要的铀钚分离。然而民用核能的核燃料后处理的发展方向在国际上尚未达成共识。此外，国际上曾发展的用于钍铀燃料循环后端的 Thorex 流程和 Interim-233 流程尚不成熟，还有关键技术问题有待解决。

一、Thorex 流程

在铀钍燃料循环的水法后处理中，通过多年的发展已经有一个商业化的 Purex 流程，而针对钍铀燃料的水法处理只有一个尚不成熟的 Throex 流程，其同样是以 TBP 作为萃取剂，利用萃取技术进行钍、铀及裂变产物之间的分离。它首先是由 ORNL 发展起来的（Gresky and Repolr，1952），基本流程如图 8-3 所示。首先，在钍铀共萃去污段将钍/铀萃取到有机相当中，裂变产物保留在水相，实现钍/铀与裂变产物的分离，进行去污；然后在钍铀分离段将钍反萃到水相，得到钍产品，铀保留在有机相，实现钍铀的分离；接着在铀反萃取段将铀反萃到水相，得到铀产品，最后根据需要还可对钍铀产品进一步纯化。后来逐步发展到使用硝酸作为盐析剂的酸式 Thorex 流程，其中，为进一步提高锆、钌等的去污系数，还采用了双酸洗涤模式（Rainey and Moore，1961；Blanco et al.，1962），具体流程如图 8-4 所示。整个工艺中钌、镁、锆-铌、TRE 的去污系数分别为 1×10^3、1×10^3、8×10^3、2×10^5，其中铀和钍的收率都能达到 99.9%，最终铀萃取产品液中钍含量为 13.89%。随后，Thorex 流程的发展基本上是以此流程为基础，再根据处理燃料种类、燃耗、溶解方式的不同对具体工艺参数进行调整。

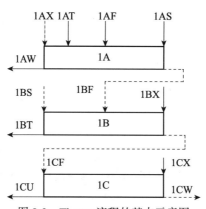

图 8-3　Thorex 流程的基本示意图

1A. 钍铀共萃去污；1B. 钍铀分离；1C. 铀反萃；1AF. 料液；1AX. 萃取剂；1AS. 洗涤液；1AT. 盐析剂；1AW. 水相废液；1BF. 有机相钍铀；1BX. 钍反萃液；1BS. 补萃液；1BT. 钍产品；1CF. 有机相铀；1CX. 铀反萃液；1CU. 铀产品；1CW. 有机相废液

德国为处理高燃耗高铀量的 HTGR 钍燃料元件发展了双循环 Thorex 流程（Kuchler，1970），以解决用酸式 Thorex 流程处理时可能会出现的裂变产物水解沉淀问题。其中，第一循环采用酸性进料去除大部分裂变产物，第二循环采用欠

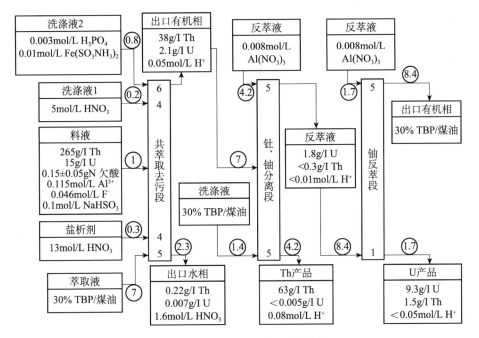

图 8-4　酸式 Thorex 流程示意图

酸进料，提高对剩余裂变产物的去污能力并有效避免沉淀的生成。

我国早在 1965 年就在上海嘉定召开了全国钍资源的利用会议，国内有关单位（主要有清华大学核能与新能源技术研究院、中国原子能科学研究院及中国科学院上海原子核研究所等）在钍基燃料水法处理方面也开展了一系列工作。1972年中国科学院上海原子核研究所与中国原子能科学研究院合作进行了钍基核燃料的后处理研究工作，其中实验室研究在中国科学院上海原子核研究所进行，并最终在中国原子能科学研究院热室内进行了流程的热验证试验，其具体的工艺流程如图 8-5 所示。其中钍线的进一步净化采用硅胶吸附（李卜森，1982）与草酸钍沉淀法，铀线二循环纯化采用 5%TBP- 煤油萃取体系进行。1975 ～ 1976 年，清华大学还对氦冷钍增殖堆的钍铀燃料后处理进行了研究，首先用 30%TBP 验证了国外的 Thorex 流程，铀的回收率可达 99.9%。随后，清华大学与中国科学院上海原子核研究所合作进行了流程的改进工作，发展了在密闭容器中加压溶解ThO$_2$ 芯块的方法，并将国外的三循环流程改进为二循环流程，而钍铀的回收率及裂变产物的去污系数仍能达到要求。在中国科学院上海原子核研究所放化大楼的半热区内，还利用辐照的 ThO$_2$-UO$_2$ 燃料元件进行了该流程的热验证试验，也取得了较好的结果。

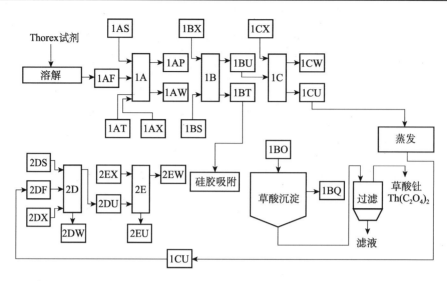

图 8-5　钍基燃料后处理工艺流程图

二、Interim-23 流程

　　除从辐照钍燃料中同时回收钍、铀的 Thorex 流程外，美国、印度等还对从辐照钍中单独回收 [233]U 的铀提取流程进行了研究。ORNL 在 20 世纪 50 年代末期就开发了一种酸式 Interim-23 流程（Roberts，1965），用于 [233]U 的提取，它是利用 5%TBP 作为萃取剂，通过萃取、洗涤及反萃等操作得到 [233]U 溶液，并通过离子交换进行进一步纯化（Overholt，1952）。其具体工艺路线如图 8-6 所示，钌、锆 - 铌、TRE 的去污系数约为 10^5，钍的去污系数约为 10^4，铀的收率大于 99.9%。印度作为一个钍资源大国在辐照钍燃料中分离提取 [233]U 方面也做了大量工作，除 5%TBP 外，他们还考察了利用更低浓度的 TBP 来分离提取 [233]U 的可能性，对料液酸度、洗涤液酸度等工艺条件进行了系统研究，并在试验工厂进行了从 CIRUS 辐照钍中进行 [233]U 提取的相关工作（Balasubramaniam，1977；Chitnis et al.，2001；Srinivasan，1972）。中国科学院上海原子核研究所在 20 世纪 60 年代末开展了类似的研究，使用 2.5% 的 TBP 成功地从反应堆辐照的氧化钍中分离获得 6g [233]U，钍铀分离系数为 1.5×10^5，总 γ 去污系数为 2.4×10^4，铀的收率为 99.8%（上海原子核所 03 课题组，1979）。近期，中国科学院上海应用物理研究所（原中国科学院上海原子核研究所）重新开展了钍基核燃料水法后处理流程研究，在综合比较各国已发展的流程基础上，结合系统的萃取实验数据，对一些工艺参数进行了优化，提出了基于 5%TBP 的 "[233]U- 提取流程"。2014 年完成的混合澄清槽台架示踪（辐照铀靶）实验结果显示该流程的 ^{233}U 回收率为 99.83%，钍铀分离系数达到 7.60×10^5，总 γ 去污系数为 2.57×10^4，均达到或超过国内外已报道的流程，并在处理能力、固体废物量等方面优于已报道的流程。

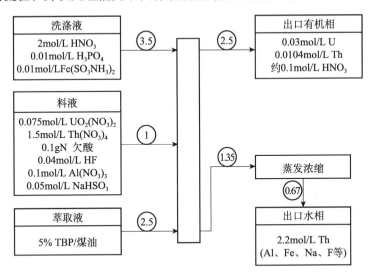

图 8-6　酸式 Interim-23 流程示意图

三、钍铀燃料水法后处理中的关键问题

在钍铀燃料循环中， ^{233}Pa 是 ^{232}Th-^{233}U 核反应链的中间产物，其半衰期较长（27d），衰变产物就是 ^{233}U，而在水法处理中， ^{233}Pa 会随裂变产物走向水相废液。为保证 ^{233}U 的完全回收，钍基乏燃料通常需冷却较长时间再进行处理。此外，在 ^{232}Th-^{233}U 的转化过程中，还有 ^{232}U 与 ^{228}Th 的生成，由于不能化学分离，它们会分别保留在铀及钍产品中，产生强 γ 放射性子体 ^{212}Pb、 ^{212}Bi 及 ^{208}Tl，这就要求在钍铀燃料的后处理中必须进行远距离操控。另外，由于 ThO$_2$ 十分稳定，其溶解必须要有 F$^-$ 的参与，而这势必会加重对设备的腐蚀，通常需要在溶解液中加入一定量的 Al^{3+} 以减轻 F$^-$ 的腐蚀作用。而对于钍铀萃取分离流程本身而言，仍然有一些关键问题需要解决，主要包括以下几个方面。

（1）在 Purex 流程中，铀/钚之间的分离可通过 Pu（Ⅳ）与 Pu（Ⅲ）之间价态的转化来实现，容易达到较高的分离系数，而钍/铀之间的分离只能是通过它们在一定条件下在 TBP 中的分配比差异来实现，对工艺参数的设计有很高的要求。

（2）TBP 对于铀/钚具有较高的承载容量，而将其用于钍的萃取时则容易出现第三相，萃取容量较低。因此，为保证较高的钍萃取率，实现钍的完全回收，在流程中需使用较高的有机相/水相流比，这就对萃取设备的混合及分相效果提出了很高的要求，同时在一定程度上也限制了处理能力的提高。

（3）钍在TBP中的分配比较低，为保证钍的回收，除提高有机相流比外，还需在流程中加入盐析剂，利用盐析效应提高钍的分配比。这一处理除增加流程复杂性外，以硝酸作为盐析剂时还会明显提高各级硝酸浓度，不利于裂变产物的去污。

（4）TBP在处理实际辐照燃料元件时，会受到裂变产物的强辐照作用，其辐解产物DBP与四价金属离子形成的络合物易于沉淀。在Purex流程中四价锕系元素含量较低，沉淀作用尚不明显，而在Thorex流程中，四价钍为主要处理对象，其与DBP形成的络合物沉淀往往会对流程的运行产生不利影响。

总体而言，钍铀燃料水法后处理研究还远远不如铀钚燃料水法后处理那么成熟，离最终的规模化应用还有较大距离，应结合我国钍铀燃料循环的发展战略，对工艺流程及新的分离方法、材料等进行系统研究，重点可考虑以下几个方向。

（1）^{233}Pa是钍铀转换中一个重要的中间体，钍铀燃料的处理离不开对^{233}Pa性质及流程走向的探讨，因此开展^{233}Pa的化学性质及其分离化学方面的基础研究工作，对于钍铀燃料循环研究有着重要的学术及应用意义。

（2）目前钍铀燃料水法处理的关键技术还是萃取分离，可以继续开展Thorex流程的改进研究，包括采用裂变产物去污的强化措施及有效的尾端处理方法，以减少循环次数。

（3）TBP应用在钍铀燃料处理中还存在着一些关键问题，可开展新萃取剂方面的研究工作，从萃取性能、物性、稳定性、可燃性等方面合成及筛选出适宜进行钍铀燃料处理的新萃取剂，并考虑协同萃取的可能性。同时，进行相关萃取流程的开发，在学术研究角度可丰富钍铀燃料循环研究的数据库，工程应用角度也可解决钍铀燃料水法处理中的实际问题。

（4）设计并研究钍铀燃料的综合处理流程，如针对氟化物燃料的处理可重点对干法及水法结合工艺进行研究，水法着重于解决目前干法技术还不能解决的问题，另外还可将后处理与高放废液处置工艺结合起来考虑，开发新的"后处理-分离"流程，在处理乏燃料中钍铀的同时也考虑到次锕系及长寿命裂变产物的分离。

第五节 钍基熔盐堆核能系统

一、概 述

熔盐堆是国际上推荐的六种先进四代堆中唯一的液态燃料反应堆。熔盐堆最主要的特征是使用熔融氟盐，熔融氟盐担负着核燃料载体盐和冷却剂的双重功能。在液态燃料钍基熔盐堆中，核燃料 ThF_4 和 UF_4 均匀溶解和分布在由 LiF（^7Li 丰度大于 99.95%）和 BeF_2 组成的载体盐中构成燃料盐。反应堆运行时，核燃料和裂变产物随载体盐在反应堆堆芯和热交换器组成的一回路中不断循环流动。熔盐堆的这种运行模式无须停堆就可以抽取或补充燃料，从而进行在线的燃料处理和燃料循环，这为熔盐堆燃料循环的放射化学在线处理提供可能。

正是因为熔盐堆能够在不停堆条件下抽取或补充燃料，连续从熔盐燃料中分离 ^{233}Pa 和稀土元素等裂变产物成为可能，因此，熔盐堆更加适合钍铀燃料循环的核能利用。换言之，钍基熔盐堆的优势只有在配置了在线燃料处理设施之后才能得到充分发挥。于是，钍基熔盐堆和在线燃料处理设施构成了不可分离的一个整体，即"钍基熔盐堆核能系统"（TMSR），它是实现熔盐堆钍基核能利用的可持续发展的最佳技术路线，也是熔盐堆与其他五种先进四代堆不同的一个明显的特征。因此，在钍基熔盐堆研发的同时必须同时启动燃料在线处理的放射化学分离工艺和相应设施的研发工作，这已经在国际上取得了共识。

2011 年年初，中国科学院按照国务院第 105 次常务会议精神，围绕我国重大战略需求，遴选并部署了首批 5 项"战略性先导科技专项"，未来先进核裂变能——"钍基熔盐堆核能系统"（Thorium Molten Salt Reactor Nuclear Energy System，TMSR）专项因其在保障国家能源安全和促进节能减排方面的重要意义成功入选。它的根本科学目标是钍资源的核能利用，实现核能资源的可持续发展（Gresky and Repolr，1952）。目前它包含两条基本的技术路线，即液态燃料钍基熔盐堆（TMSR-LF）和固态燃料钍基熔盐堆（TMSR-SF）（OECD Nuclear Energy Agency for the Generation IV International Forum，2014）。TMSR-SF 采用球形包覆颗粒燃料元件，将钍和铀包覆在 TRISO 颗粒中，通过改进的开式燃料循环，充分利用钍、铀资源，减少放射性废物的产生量。TMSR-LF 将钍、铀的氟化物熔融在冷却剂中，通过在线的燃料处理技术实现核燃料和裂变产物的分离，从而实现完全的钍铀燃料闭式循环（Xu et al.，2014）。

TMSR 发展采用的是"先易后难"的方案，规模逐渐扩大，利用率逐渐提高（图 8-7）。首先是 2MW 的开环模式的钍基固态燃料熔盐实验堆（TMSR-LF1），开始研究钍的利用；然后是 100MW 的改进的开环模式下的钍基固态燃料熔盐反应堆（在线换料）和钍基液态燃料熔盐实验堆（在线处理）；接下来是 100MW 的全闭模式下的 TMSR 系统，最终实现 1GW 的运行能力。

与核能相关的放射化学分类相似，按照进反应堆和出反应堆的工作顺序和内容，与 TMSR 相关的放射化学大致上可以分为进反应堆前燃料的制备供给和"燃烧"后燃料的处理（包括分离、纯化和回堆再使用）两部分，两者与反应堆一起组成了完整的燃料循环体系。这也是 TMSR 的放射化学的主要研究方向和研究内容。当前运行的核电反应堆中主要堆型是轻水堆，燃料循环也都建立在铀钚循环基础上。TMSR 的研究目标是钍燃料利用和钍铀燃料循环而不是铀资源利用和铀钚循环，核能释放媒介是熔盐堆而不是轻水堆。该目标与迄今开展的与核能相关的放射化学有极大差别。我们面临的是一个与我们曾经熟悉的几乎完全不同的新研究对象和新研究内容。

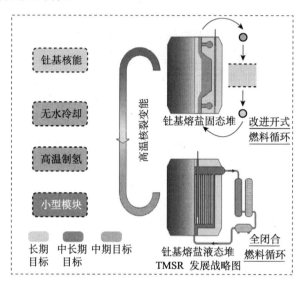

图 8-7　TMSR 发展战略

二、TMSR 先进钍基燃料

TMSR 实现钍资源的核能利用有两条基本技术路线——TMSR-SF 和 TMSR-LF，其中 TMSR-SF 是从传统熔盐反应堆衍生出来的一种全新堆型。它在正常运行时工作于 600℃以上的高温环境下，采用 FLiBe 熔盐作为冷却剂，燃料为包覆型。这样的工作条件对其核燃料有以下基本要求：无论在运行工况还是事故工况下，都与冷却剂（熔融氟盐）有良好的相容性；在高温和强辐照条件下有良好的热性能和机械性能，从而保证能有效导出裂变能并保持结构完整；可以达到较高的燃耗（如 100GW·d/t U 以上，目前水堆的卸料燃耗仅为 45GW·d/t U 左右）等。

（一）钍的纯化

用于核能研究和开发的钍原料必须具有很高的纯度，特别是中子吸收截面大的杂质元素含量必须非常低。在矿物中钍常与稀土元素共生，稀土元素中的铕、镝、钆、钐等中子吸收截面大，在钍的纯化中需要重点考虑稀土元素的分离。核纯级钍中的总稀土杂质含量应控制在 1×10^{-5} 以下，尤其中子吸收截面大的杂质元素如铕、镝、钆、钐等含量则应控制在 $10^{-8} \sim 10^{-7}$ 数量级。TMSR-LF 对氟化钍原料的要求不仅包含对杂质金属的含量限制，还对其水分含量、氧化物和氟氧化物杂质含量提出了严格的要求。因此，开发核纯钍分离纯化技术和无水氟化钍制备技术，是我国进行钍的核能应用研究及进行核能发电的前提和技术保障。

对于钍的分离纯化，国内外文献和专利报道多集中于矿产资源中钍的分离及废弃物中钍的回收方面的工作。中国科学院长春应用化学研究所李德谦等在系统研究了伯胺 N1923 萃取钍的热力学和动力学的基础上（李德谦等，1982；李德谦等，1987；Liu et al.，2008；Liu et al.，2007），开发了两项伯胺萃取剂萃取分离钍的专利技术，完成了 2400t/a 规模的包头稀土矿清洁流程和 4000t/a 规模的攀西矿清洁冶金技术的开发，作为技术支撑协助完成了这两项工作的国家产业化示范工程。在这两项示范工程中，生产企业利用中国科学院长春应用化学研究所的技术从含钍量为 2‰ ～ 3‰ 的稀土矿中分离提取了成吨规模的 95% ～ 99% 的钍中间产品。在 TMSR 的支持下，中国科学院长春应用化学研究所以四川攀西氟碳铈矿生产过程中回收的纯度为 95% ～ 99% 的草酸钍为原料，以自行开发的 N501 为萃取剂，通过二次离心萃取得到了钍纯度为 99.999% 的硝酸钍溶液，该溶液通过沉淀、灼烧即得高纯氧化钍产品。相关技术已获中国专利授权（李德谦等，2011；李德谦等，2012），并已申请美国（Li et al.，2013a）和澳大利亚（Li et al.，2013b）专利保护，为钍基熔盐堆进堆燃料的进一步研制提供了重要的物质和技术基础。

核纯级钍及氟化钍制备中的核心科学问题包括以下四个方面。

（1）对大量主体元素（钍）存在痕量杂质（稀土或非稀土）分配规律的认识。由于大量主体元素的影响，常量下各元素在不同介质之间的分配比及它们之间的分离系数规律对于微量的杂质并不适用，而只有对这些杂质的分配规律有了深入的了解才能提出合理的纯化方案。

（2）用于分离痕量杂质的多种分离技术的优化耦合。核纯钍的制备不是某种单一分离技术就可以达到的，必然是多种分离技术的集成与耦合，如何选择合适的体系实现各种分离技术的高效集成必将是一个难题。

（3）微量非稀土杂质的分离。由于核纯钍要求其中的各种杂质元素含量都非常低，在正常的实验操作中如玻璃器皿壁吸附的杂质元素、实验过程中产生的气溶胶等都可能会影响核纯钍的质量。

（4）从钍沉淀物到氟化钍的高效转化及氟化钍中氧化物、氟氧化物含量的有效控制。氟化钍容易水解，所以，氟化钍沉淀容易在干燥和烧结过程中生成氧化物、氟氧化物，导致其氧含量太高，因此需要研究降低氟化钍中含氧量的工艺方法和工艺条件。

（二）TMSR-LF 燃料制备

国际上只有美国橡树岭国家实验室（ORNL）曾经在 20 世纪 50 ～ 60 年代生产过数吨反应堆用氟化物燃料盐（Thoma，1971；Chandler and Bolt，1969；Chandler，1971；Shaffer，1971；Rosenthal et al.，1967；Rosenthal et al.，1968a，1968b），并作为熔盐实验堆（MSRE）的燃料入堆使用。自 MSRE 项目终止后，国际上基本停止发展液态氟化物燃料盐制备技术，特别是含 ThF_4 的燃料盐。氟盐燃料的氧含量对其腐蚀性有决定性影响，因此需要严格控制，其纯化过程涉及高温熔盐的氢氟化等操作，因此相比轻水堆和重水堆核燃料的制备，液态氟盐燃料的制备对工艺、设备和质量控制提出了新的要求。

MSRE 所用 ^7LiF-BeF_2-ZrF_4-UF_4 液态燃料的制备路线（Shaffer，1971；Rosenthal et al.，1967；Rosenthal et al.，1968a）是：分别生产 UF_4-^7LiF 熔盐（称为燃料浓缩物，fuel concentrate）和 ^7LiF-BeF_2-ZrF_4 熔盐（称为燃料溶剂，fuel solvent），两者按一定比例和顺序在 MSRE 试验堆内混合（Thoma，1971）。除了有核方面的特殊性外，UF_4-^7LiF 和 ^7LiF-BeF_2-ZrF_4 熔盐的生产设备、工艺都相近。在 MSRE 项目期间，ORNL 共生产了约 4.7t 燃料溶剂（^7LiF-BeF_2-ZrF_4，64.7% ～ 30.1% ～ 5.2%mol）、0.3t 贫铀液态燃料（^7LiF-$^{238}UF_4$，73% ～ 27%mol）和 90kg 浓缩 ^{235}U 液态燃料（^7LiF-$^{235}UF_4$，以铀计）（Chandler and Bolt，1969；Shaffer，1971）。

UF_4-^7LiF 和 ThF_4-^7LiF 的制备可以分为原料预处理、氟化物共熔和纯化除杂三个步骤。由于要求原料要达到核纯级，液态燃料纯化除杂的关键目标是除掉氧、硫等腐蚀性物质而非中子毒物。其原理是利用 HF 的如下两个反应：

$$O^{2-}+2HF \Longrightarrow 2F^-+H_2O,$$
$$S^{2-}+2HF \Longrightarrow 2F^-+H_2S。$$

为了避免 HF 腐蚀设备，实际采用 H_2/HF 混合气与高温熔盐进行反应。整套制备工艺包括预处理、称重装料、熔化、纯化、接收、辅助系统（供气、真空、尾气、取样等）等关键设备。由于涉及高温和 HF 气体，整个装置对材料的要求比较高。

（三）TMSR-SF 燃料

在 TMSR-SF 中，燃料元件与熔盐冷却剂直接接触，且工作于高温和强辐照的环境。因此，对燃料元件的包壳／基体材料的要求十分苛刻，既要有足够的热学性能以有效地导出核裂变能，同时，从安全性上考虑，又要求核燃料与冷却剂有良好的化学稳定性或相容性。

燃料元件的具体形态取决于反应堆的物理和工程设计。虽然具体的设计有多种选择，但是在目前的燃料元件制备技术中，只有基于 TRISO 包覆颗粒的燃料才能满足在高温、熔盐环境下保证安全性的要求。

TMSR-SF 燃料的研究和制备依然以 TRISO 包覆颗粒为基础，内容包括燃料核芯、包覆颗粒和燃料元件的制备及性能研究。

三、TMSR 燃料处理

（一）概述

TMSR 要求从熔盐堆卸出的燃料盐（由于燃耗没有抵达使用极限，惯例不称为乏燃料）在现场进行在线处理（或批次处理），而且处理后产物要尽快返回到熔盐堆内，这就意味着钍基熔盐堆核能系统必须是一个熔盐堆配一个专用在线燃料处理设施，而不像一个水法后处理厂要同时承担多个甚至一个国家几乎全部核电反应堆的乏燃料的处理任务。因此，TMSR 燃料在线处理的基本要求是燃料盐能够及时（即"冷却"时间短）、在线（频繁重复）、小批量处理，并能快速循环返回熔盐堆。这就决定熔盐堆燃料处理必须紧凑、简捷、快速、功能配套，具有类似"特种部队"那样的快速处理和应对能力。显然，这些功能和要求不是水法处理能够胜任的。更为直观的原因是钍和很多裂变产物（如稀土）的氟化物不溶于水溶液，无法进行溶液中的分离和纯化。不但如此，熔盐堆所使用氟化物对水和氧含量有着近乎苛刻的限制，一旦燃料盐与水和氧接触，会发生化学反应生成 HF 和金属氧化物，熔盐的所有物理和化学性质都将发生改变，无法继续使用。基于以上种种原因，不难做出结论，钍基熔盐堆的燃料处理和燃料循环的化学处理，不能使用水法，而只能使用干法（后）处理技术。

干法后处理技术是指在高温、无水状态下处理乏燃料的化学工艺过程，是核燃料后处理中正处于研究、实验阶段的一类方法。其优点是：①分离系统在强射线辐照下不易发生辐射分解，因而可以处理冷却时间较短的高放射性活度的核燃料；②分离过程步骤较少，设备紧凑，后处理场所占地面积比水法后处理要小得多；③分离过程中产生的固体废物体积小，易于处理和储存；④因为不使用水溶液一类的中子慢化材料，干法分离中临界事故发生概率低。

当然，干法处理也有其固有的缺点，其中之一是分离效果不如水法那样好，对杂质的去污因子不如水法那样高。好在 TMSR 燃料在线处理时每批处理量只是整个熔盐堆燃料的小部分，纯化后的燃料和氟盐还要再返回到熔盐堆中，因此，保持熔盐堆良好的中子经济性主要依赖于出堆燃料处理的频度和处理熔盐的数量（体积），而对每批处理的分离因子并无高度相关性。因此，干法处理的这个缺点不会给 TMSR 运行造成明显的影响。

（二）氟盐体系干法处理技术

干法后处理技术的发展始于 20 世纪 50 年代，作为当初正在发展的水法后处理技术的替代技术，在随后的几十年里，以美国、俄罗斯为首将干法分离技术（电精炼技术、电沉积技术）用于处理不同类型（金属或氧化物）乏燃料，已经分别累积回收了吨级的铀产物。工艺流程已发展到示范工程级规模，验证了干法分离技术及工艺流程的可行性（OECD/NEA，2004；per le Nuove Tecnologie，2003；National Research Council，2003）。需要指出的是，上述的干法分离工艺都是在氯化物熔融盐介质中进行的。

熔盐堆由于其独特的反应堆设计——液态氟化物燃料，其燃料循环中采用的干法分离工艺与传统干法技术相比具有一定的特殊性。熔盐堆待处理燃料是由核燃料和载体盐组成的高温氟盐（由于氯原子核的中子俘获截面比氟高得多，不能进堆）混合物，核燃料和载体盐（昂贵的 ^{7}Li）都需要分离并回堆循环使用，因此熔盐堆燃料处理不得不建立在氟盐体系的干法分离技术基础上。迄今已经进行过实验或者在原理上验证可行的氟盐体系燃料干法处理技术主要有氟化挥发、金属还原萃取、电化学分离和减压蒸馏等，下面做简单介绍。

1. 氟化挥发技术

铀的分离与纯化是乏燃料后处理的主要目的，利用不同元素氟化物的挥发度差异，氟化挥发用于实现铀与裂变产物等的分离。氟化挥发技术的优点在于：氟化反应速度快，分离效率高；副反应少，分离选择性好；工艺较成熟，易于连续化（Carter and Whatley，1967）。

美国是第一个用氟化挥发工艺处理真实氟盐核燃料的国家。ORNL 对 MSRE 的真实燃料（LiF-BeF$_2$-ZrF$_4$-UF$_4$）和冲洗熔盐进行了氟化处理（Lindauer，1969）。其中，燃料熔盐总体积约为 2m^3，一个批次完成处理工作，回收了 216kg 铀；冲洗熔盐分多次完成，共计回收了 6.5kg 铀。回收的铀对裂变产物的总 γ 和 β 去污系数分别为 8.6×10^8 和 1.2×10^9，回收过程铀的总损失低于 0.1%。单批次处理操作的总耗时都少于 24h。

铀氟化挥发工艺能够有效地将铀从大部分裂变产物中分离，该工艺原理清楚，初步实验表明比较成功，且具有流程短、操作简单、反应速度快和去污因子高、易于实现连续化操作等诸多优点。此外，分离得到的 UF_6 容易转化成 UF_4 再次进入熔盐堆。可以预见，氟化挥发将是 TMSR 燃料处理中裂变材料铀回收的首选技术。氟化挥发工艺的缺点是分离过程对金属合金容器和管道的腐蚀性相当严重，因为反应中需使用大量高腐蚀性的氟气。此外，氟化挥发对于少数裂变产物的分离效果仍欠满意。例如，铌、钌、锑、钼、碲等元素，由于它们的氟化物也具有较高挥发性，将伴随 UF_6 一起进入气相。为了除去这些污染的杂质，ORNL（Culler et al., 1964；Katz, 1966；Katz, 1964；Stephenson et al., 1966）利用挥发性氟化物在吸附剂上不同的吸附选择性，通过温度改变来控制吸附和解吸过程达到净化铀的目的。使用最多的吸附剂是 NaF，例如，ORNL 利用 NaF 吸附剂通过改变吸附温度将挥发性较低的铌和钌的氟化物以及挥发性更高的钼的氟化物与 UF_6 成功分离。研究过的其他吸附剂还有 MgF_2、CaF_2、LiF 等。由此可见，为了优化工艺，了解关键核素在氟化挥发过程中的行为，提高分离效果，减少过程中金属材料的腐蚀，铀的氟化挥发分离工艺仍有不少研究工作有待继续进行。

2. 减压蒸馏技术

利用载体盐与裂变产物氟化物之间挥发性的明显差异，在高温低压的条件下，减压蒸馏技术不但可实现载体氟盐的净化回收，同时还可完成大多数裂变产物的有效分离。需要指出的是，该技术并不属于传统的干法分离技术，但是由于熔盐堆运行中回收载体氟盐的需要，20 世纪 60 年代 ORNL 还利用循环平衡蒸馏室测定了一系列氟化物相对于载体熔盐 LiF 的相对挥发度（Hightower and Mcneese，1968），实验结果表明，载体熔盐 $LiF\text{-}BeF_2$ 的相对挥发度比稀土元素（铈、镧、铌、钐、钡、锶、镨、铕、钇）氟化物相对挥发度高 10^3 倍，理论上可以实现载体熔盐从裂变产物中蒸馏分离。

为了在工程量级上验证熔盐堆燃料盐减压蒸馏的可行性，ORNL 设计并制造了一套工程级的减压蒸馏装置（Carter et al., 1968）。在 1000℃、1torr 压强下通过减压蒸馏方法将 $LiF\text{-}BeF_2$ 载体盐与较难挥发的裂变产物（主要是稀土氟化物）分离。该装置于 1968 年处理了 6 批次共 184L 非放射性熔盐 $LiF\text{-}BeF_2\text{-}ZrF_4\text{-}NdF_3$，获得了 $0.04m^3/d$ 的熔盐蒸发速率（Hightower and Mcneese，1971）。利用该套装置还对 MSRE 的真实燃料盐进行了减压蒸馏实验（Hightower et al., 1971），在 23h 内完成 12L 熔盐的蒸馏，蒸馏器内温度为 $900 \sim 980$℃，冷凝器压力为 $0.1 \sim 0.8$torr。非放射性和放射性蒸馏实验结果有力地证明了减压蒸馏方法回收熔盐堆载体盐的可行性。

氟化物减压蒸馏分析原理清晰，该工艺的优点是操作和设备结构简单，分离效果好，不会引入其他杂质元素，易于实现大批量或连续在线化操作，缺点是高温氟化物蒸汽对设备耐高温、抗腐蚀等特性要求相当高。

3. 电化学分离技术

针对 MSRE 氟化物燃料盐，美国阿贡国家实验室在 1994 ～ 1996 年进行了为期三年的电化学分离工艺研究，提出了基于电化学分离技术的熔盐堆燃料盐处理流程（Laidler et al., 1997; Laidler et al., 1996; Ackerman et al., 1998）。

电化学处理 MSRE 熔盐的目的是为了从燃料盐中提取锕系和裂变产物，从而让浓缩盐中的高放成分形成体积小的废物以及留下熔盐本体（低放废物）。针对 MSRE 的燃料盐（LiF-BeF$_2$-ZrF$_4$-UF$_4$），处理流程是通过消耗性金属阳极，置换熔盐中的放射性离子，从而实现分离与放射性缩容处理。每批次处理 30L 熔盐，整个流程共分四个步骤：分离熔盐中的贵金属与锆；分离锆、铀、超铀和稀土；分离铼、铯、钡和钛的子系产物；分离铯、锶、钡。还要将锶从盐中电解出来。经过处理后所产生的产物是除去了锕系、超铀和裂变产物的盐本体（LiF-BeF$_2$ 或 NaF-LiF-BeF$_2$），可作为低放废物处置。该流程当初仅停留在实验室验证阶段。由于 MSRE 项目的停止，美国在氟盐体系的电化学分离研究也处于停滞状态。

旨在分离铀或钚的金属和金属氧化物的氯盐体系的电化学分离技术，相对来说，已发展得比较成熟，处理量已经达到吨级规模。但是，熔盐堆待处理燃料是由核燃料和载体盐组成的高温氟盐，氟盐体系核燃料电化学研究资料远非像氯盐体系那样丰富，要从熔盐堆卸出的燃料盐中分离回收裂变材料铀还有大量的工作有待探索和研究。与铀的氟化挥发分离相比，电化学技术的优点是避免了氟气引起的设备强腐蚀。但是电化学分离效率低，过程非常耗时间，电化学得到的铀产品总含有一定量的熔盐。熔盐需要用专门技术除去，铀产品（金属和金属氧化物）还要转化为氟化物后才能再次进入熔盐堆，这给燃料循环增加了多步化学工艺过程。

4. 金属还原萃取技术

液液萃取是一种非常有效的分离技术，轻水堆乏燃料中回收铀和钚的 Purex 流程就建立在以 TBP 为萃取剂的液液萃取基础上。类似水法液液萃取，干法中有金属还原萃取技术。其原理是将熔盐中待分离的元素还原成金属，当低熔点的液态金属相与液态熔盐接触时，还原成金属的待分离元素就从熔盐相转移到金属相，从而与熔盐中大多数杂质元素分离。氟盐体系中的金属还原萃取技术是利用镁、钛等锕系元素与稀土裂变产物在氟盐和液态金属体系中的分配比差异来实现分离的。20 世纪 60 年代，ORNL 以金属 Li 为还原剂，用液态金属 Bi 作为萃取剂实现了镧和铌、铈等稀土金属离子的还原萃取（Savage and Hightower, 1977）。随后开展的千克级萃取分离实验中利用液态金属 Bi-Li 和 LiCl 熔盐在成功地实现了氟盐体系中稀土元素分离的同时，有效地防止了氟盐中 Th⁴⁺ 的还原。这一研究结果表明，金属还原萃取法可以实现稀土裂变产物与载体氟盐和钍元素的分离，但由于该技术存在着工艺操作复杂、去污系数不高的缺点，其工程应用存在着较大的工艺困难。

（三）TMSR 燃料在线处理国际发展现状

ORNL 于 20 世纪 60 年代将氟化挥发工艺成功应用于 MSRE 燃料盐和冲洗盐中铀的分离，但所有的操作均在停堆后实施，并未实现真正的在线处理。与此同时，ORNL 针对 MSBR 设计方案提出了在线干法处理流程（Rosenthal et al.，1972），其中包括铀、²³³Pa、钍和不同价态稀土裂变产物的分步分离（图 8-8）。他们指出，在增殖比为 1.07 时，整堆燃料盐的处理周期甚至少于 10d，相当于每天需要处理近 400L 的燃料盐。由于液态燃料盐的组成复杂，发展一个周期以 10d 为单位的分离流程显然具有很大的困难。后续研究也因为美国熔盐堆研究项目停止而处于停滞状态。

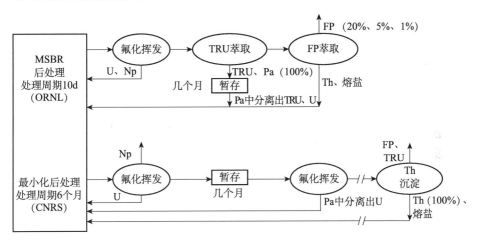

图 8-8　ORNL 和 CNRS 提出的钍基液态熔盐堆燃料处理概念流程

进入 21 世纪，国际上重新掀起熔盐堆的研究热潮，法国国家科学研究中心（CNRS）提出了实现钍基熔盐堆自持（增殖系数为 1）模式（Lacquement et al.，2007），处理周期为 6 个月的燃料分步处理方案，即在 6 个月内在线完成整堆燃料的铀分离和铀的回堆循环，剩余熔盐邻堆储存至 ²³³Pa 衰变为 ²³³U 后，再次进行铀分离。最后剩余的包含钍、超铀元素和裂变产物的熔盐送至专门的后处理厂进行集中处理，以分离钍和载体盐。该方案在相当大的程度上缓解了燃料临堆或在线处理的强度和难度。但该方案仍处于概念设计阶段，没有实质性的实验及实验结果来支撑此概念设计，而且对于如何处理钍、TRU 和 FP 没有明确的方案。

CNRS 提出的简化后处理方案没有及时循环载体盐或冷却盐，增加了相应的临堆临存量。在钍基熔盐堆中，为了减少作为冷却剂 LiF 中 ^{6}Li 对中子吸收的损失，使用 ^{7}Li 丰度大于 99.99% 的 LiF，如此高丰度的 LiF 非常昂贵，且全世界每年的产量有限。

（四）TMSR 燃料在线处理流程设计

围绕 TMSR 钍基燃料循环利用的目标，充分考虑到燃料盐中裂变产物种类繁多、性质不一、各自含量低的特性，中国科学院上海应用物理研究所提出 TMSR 燃料处理流程的设计原则：①干法在线分离并循环有用的物质，即及时分离 U 和载体盐 ^{7}LiF-BeF$_2$ 并回堆循环；②干法尾料离堆冷却后，再分离 ^{233}U（由 ^{233}Pa 衰变得到）和 Th，适时回堆循环；③尽可能使用成熟的技术；④尽可能使用分离效率高的技术；⑤用于铀和载体盐分离的技术还需具备产物易重构、有一定的可连续操作性的特点。在上述原则指导下，表 8-2 从技术成熟度、分离效率、产物可重构性和工艺可连续性四个方面比较了曾用于及拟用于熔盐堆燃料盐干法分离技术，选择了氟化挥发技术和减压蒸馏技术作为在线燃料处理的关键技术优先发展。同时发展干法尾料转化和再回收技术，选择包括高温水解技术和可用于钍铀共萃的 Thorex 工艺。

表 8-2　发展中的燃料化学分离技术的原理与特点

技术	原理	特点	技术挑战
氟化挥发	利用沸点不同 $UF_4+F_2 \rightleftharpoons UF_6(g)$ $UF_6+UF_4 \rightleftharpoons 2UF_5$ $UF_5+H_2 \rightleftharpoons UF_4+H_2F$	工艺相对成熟 基本不受化学环境影响 回收率和纯度高 同时除去易挥发氟化物	材料（氟盐和氟气双重腐蚀对反应器材质的腐蚀） 产物纯化与回收 反应过程在线监测
减压蒸馏	载体盐与裂变产物挥发度的差异，载体盐易挥发	工艺简单 不涉及任何化学反应	高温下的密封材料（在 1000℃下工作）工艺过程监测
电化学分离	阴极：$M^{n+}+ne^- \rightleftharpoons M$	氟盐体系电解氟盐 回收率较高，纯度不高	电极稳定性 电解效率 产物收集
高温水解转化	$2MF_n+nH_2O \rightleftharpoons M_2O_n+2nHF$	工艺简单 转化效率高	材料（HF 腐蚀）
水法萃取	离子在水相和有机相不同的分配系数	工艺相对成熟 回收率和去污系数高	—

目前中国科学院上海应用物理研究所提出的 TMSR 燃料处理流程见图 8-9（李晴暖，2014）。该流程采用氟化挥发和减压蒸馏技术，在不停堆条件下对从堆

旁路流出的燃料盐进行铀和载体盐分离，经干法分离处理可及时回收其中约99%的UF$_4$、90%的LiF及BeF$_2$，并循环回反应堆，以减少易裂变核燃料和载体盐的存量。干法分离工艺产生的尾料中除有少量未完全回收的UF$_4$、LiF和BeF$_2$外，还包含镁、钍、TRU和FP的氟化物，以及^{233}Pa衰变产生的可裂变材料^{233}U，可通过集中处理，采用氢氟酸溶解、高温水解转化、溶解和萃取等水法技术，进一步回收干法尾料中的铀、钍、LiF、BeF$_2$，同时实现氟化物至氧化物的转化，便于后续放射性废物的处理。该方案既缓解了燃料在线处理的强度和难度，又使得最有价值的燃料和载体盐及时循环使用，减少相应的临堆存量。

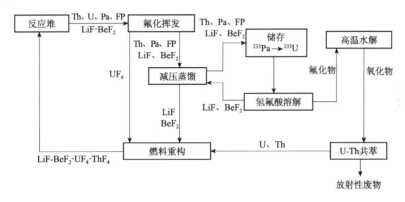

图 8-9　TMSR 液态燃料处理流程

在该流程设计中，因尚不了解锃化合物在氟化挥发和减压蒸馏工艺段中的行为，锃在流程中的走向还未确定，还需要深入进行理论计算和实验研究。

（五）TMSR 液态燃料处理技术进展

在氟化挥发技术发展中，确定了铀氟化挥发过程红外在线分析监测和产物吸附纯化、UF$_6$冷凝回收技术的技术路线（图8-10），开发了高温氟化反应实验装置。利用UF$_4$和F$_2$气-固氟化反应，开发梯度冷凝的产物收集技术，铀回收率超过95%，并成功将红外光谱技术应用于铀的氟化挥发过程的在线监测。KF-ZrF$_4$-UF$_4$模拟燃料盐体系氟化挥发研究表明，红外光谱技术能有效监测反应过程，UF$_6$产物收率达到99%，挥发后熔盐中铀残留小于10ppm（Hightower and Mcneese，1971）。确定了NaF吸附剂制备工艺，所制得吸附剂静态吸附条件下最大吸附容量为115mg MoF$_6$/g NaF，基本满足氟化产物纯化的需要（Hightower et al.，1971）。

在减压蒸馏技术发展中，中国科学院上海应用物理研究所研制了克级热失重蒸发装置，初步获得了 FLiNaK 熔盐的蒸馏工艺条件和稀土氟盐的相对挥发度数据。还研制了百克级密闭式蒸馏装置，该装置可利用温度梯度驱动熔盐蒸发、冷凝、收集，获得了温度场对氟盐冷凝收集行为的影响，实现载体盐高回收率（99%以上），回收盐中的稀土氟化物去污因子高于 10^2。在氟盐蒸发、冷凝行为研究的基础上，设计、研制了千克级高蒸发面积的卧式减压蒸馏装置，在该装置上不但具有进一步蒸馏技术分离载体氟盐的可行性，而且能够对前期研究中获得的蒸馏工艺进行验证和优化。目前，在此装置开展千克级的 FLiNaK 蒸馏实验中，盐收集率可达94%以上，蒸发速率约为 1kg/h。以上研究结果表明，减压蒸馏技术用于载体盐的纯化与回收是可行的，影响熔盐收集率和纯度的各种因素也得以确定（Hightower et al.，1971；Laidler et al.，1997）。后续将开展 FLiBe 体系的减压蒸馏工艺研究。图 8-11 所示为目前已研制的设备。

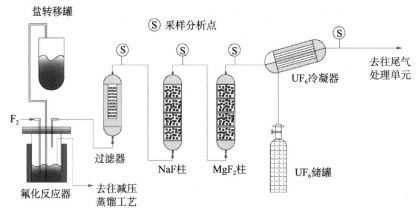

图 8-10　氟化挥发铀分离与纯化回收工艺

（a）克量级研究装置　　　（b）百克量级研究装置　　　（c）千克量级工艺研究装置
图 8-11　减压蒸馏熔盐回收技术的研究与工艺装置

在纯 $KF\text{-}ZrF_4$ 熔盐蒸馏实验研究的基础上，对经过氟化挥发、含有多种裂变产物和燃料铀的 $KF\text{-}ZrF_4$ 混合熔盐进行了密闭式蒸馏实验研究，以期研究蒸馏过程中裂变产物和燃料铀在减压蒸馏工艺中的走向与分布。$KF\text{-}ZrF_4$ 混合熔盐经过密闭式蒸馏后的残余物及冷凝回收熔盐均比较洁净，进一步用仪器分析获得了蒸馏前后裂变产物与铀的分布（图 8-12）。发现蒸馏后微量燃料铀均匀地分布在残余盐和冷凝回收熔盐中，蒸馏过程中铀的去污因子基本为 1。而蒸馏后碱土、稀土元素则几乎全部滞留在残余物中，易挥发的 CsF 在残余盐及冷凝回收盐中均有分布。回收熔盐中钐、铌和锶的去污系数均大于 100，铈的去污系数约为 65，铯基本没有去污系数。这说明减压蒸馏方法可以有效地实现稀土裂变产物与载体盐的分离，但铯无法通过简单蒸馏来分离，可能还需要辅助其他的分离方法才能进一步分离。

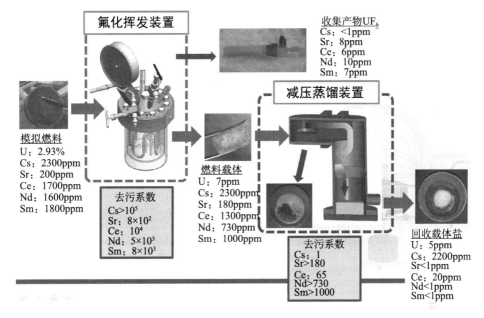

图 8-12　裂变产物和燃料铀在分离工艺流程中的走向

　　如果在熔盐堆氟盐体系能够使用电化学技术提取铀或分离裂变产物，这将为熔盐的燃料循环方案提供一种很有竞争力的技术。为此，研究了 FLiNaK 熔盐中 Th^{4+} 和 U^{4+} 的电化学行为和电解分离的可行性。研究结果显示，U^{4+} 在 FLiNaK 熔盐中分两步进行还原，得到金属单质；两步电化学反应的还原电位分别为 $-1.42V$ 和 $-1.83V$，均处于 FLiNaK 熔盐的电化学窗口之内，理论上可以通过电解的方式将 UF_4 与 FLiNaK 熔盐进行分离，得到单质铀。Th^{4+} 的还原电位约为 $-1.9V$（熔盐窗口电位约为 $-2.06V$），其电极反应为单步四电子还原，得到单质钍。初步认为，在 FLiNaK 熔盐中通过电化学还原的方法提取钍和铀、实现熔盐与这些元素的分离，在理论上是可行的，电解实验结果也验证了这一判断。通过与典型稀土裂变产物析出电位的比较（表 8-3），发现在 FLiNaK 熔盐中电解分离铀与稀土可行，而要实现钍与稀土的分离将会比较困难，需要发展类似于氯盐体系的活性电极，通过形成合金的方式扩大钍与稀土的析出电位差异，从而实现铀、钍和稀土之间的分离（Laidler et al.，1996；Ackerman et al.，1998；OECD/NEA，2010）。

表 8-3　FLiNaK 熔盐中关键元素电化学参数汇总表

元素	电极反应	平衡电势电位 E_{eq}（V）vs. Ni/NiF_2	扩散系数 D/（$cm^2 \cdot s$）	电极反应可逆性
U	$U^{4+}+e^- \longrightarrow U^{3+}$	−1.42	1.3×10^{-6}	是
U	$U^{3+}+3e^- \longrightarrow U^0$	−1.83	—	否
Th	$Th^{4+}+4e^- \longrightarrow Th^0$	−1.90	8.4×10^{-7}	否
Gd	$Gd^{3+}+3e^- \longrightarrow Gd^0$	−2.02	3.2×10^{-4}	是
Y	$Y^{3+}+3e^- \longrightarrow Y^0$	−1.96	5.4×10^{-6}	是
Nd	$Nd^{3+}+3e^- \longrightarrow Nd^0$	−1.95	1.1×10^{-5}	是
Zr	$Zr^{4+}+3e^- \longrightarrow Zr^+$	−1.66	1.7×10^{-6}	是
Zr	$Zr^{4+}+4e^- \longrightarrow Zr^0$	−1.86	1.7×10^{-6}	是
Sm	$Sm^{3+}+e^- \longrightarrow Sm^{2+}$	−1.65	7.4×10^{-6}	是
Eu	$Eu^{3+}+e^- \longrightarrow Eu^{2+}$	−1.03	1.3×10^{-5}	是

（六）TMSR 燃料干法处理技术的关键技术

氟盐体系的干法处理技术是熔盐堆燃料循环科学合理的解决方案，但应该指出，由于氟盐高熔点、强腐蚀、易水解的物性特点，该体系下的干法分离技术研究遇到了不少技术难点和挑战，这也是今后的氟盐体系干法技术研究中需要重点解决的关键性技术问题。

（1）高温氟盐体系。虽然氟盐在高温、低压、高中子通量的熔盐堆环境中是优良的传热介质和燃料载体，但在高温环境下，氟盐的腐蚀性要远高于氯盐、碳酸盐等熔盐体系。MSRE 的运行数据显示（Liu et al.，2008），在 650℃的运行温度下，反应堆容器的腐蚀速率还是可以接受的，大约为 3μm/a，但在氟盐体系的干法分离工艺中，由于操作条件更为苛刻，如氟化挥发工艺中不但使用熔融氟盐作为工作介质，而且采用了强腐蚀性的氟气，氟盐反应器的腐蚀速率超过 10mm/a（OECD/NEA，2010）。因此，在氟盐体系的干法分离技术研究中，材料腐蚀问题可能会更加严重。目前，相关的研究机构也在从材料选择和技术防腐两方面着手解决这一问题。

相较于氯盐介质，氟盐体系要求更高的操作温度，由此带来的操作性难度增加与腐蚀性加强，是熔盐堆燃料即氟盐体系燃料处理必须面临的问题之一。此外，由于采用高温氟盐体系，在处理过程中产生的非传统形式的放射性气溶胶（如含铍氟化物盐、含氟气尾气）与放射性废物的处理与管理，是氟盐系统干法工艺流程能否工程化的关键问题之一。

（2）工艺操作与控制。熔盐堆中卸出的液态燃料除载体氟盐外，还含有铀、钍、裂变产物、腐蚀产物等多种氟化物，这些氟化物在高温下极易与环境中的水、氧气反应，生成强腐蚀性气体 HF 和杂质 O^{2+}，从而加剧设备腐蚀，影响燃料盐的正常使用。因此，无论在堆内运行过程中还是在干法后处理流程中，都必须严格控制燃料盐与水、氧气的接触。这就要求所有分离技术的工艺研究及最终运行都必须在多层屏障的密闭环境下进行，这也大大增加了工艺操作和控制的难度，尤其是在后期氩气热室运行阶段，只能通过机械手或机器人进行远程操作，这也对各工艺设备的结构设计提出了更高的要求。

（3）物料转移。熔盐堆的干法处理流程往往由多种处理工艺构成，而实现各工艺段之间物料高效、稳定地转移是熔盐堆干法分离顺利开展的基础。高温液体物料如氟盐、液态金属的转移还可借鉴氯盐体系干法流程的经验：采用气压法、输运泵和保温管道进行液态输运。而我们需要重点研究的则是固体物料如阴极产物、蒸馏残渣的转移工艺，其中如何解决转移过程中物料的稳定脱模和实现物料损失的最小化是物料转移技术研究的难点。

（4）废物转化与处理。熔盐堆干法处理工艺产生的废物往往以氟化物的形式存在，如 NaF、MgF_2 吸附剂、蒸馏残渣等。而大多数金属氟化物不能在自然环境中长期稳定地存在，它们会不断吸潮，最终形成氟盐溶液，从而大大增加放射性物质向环境扩散的风险。因此，必须开发出合适的工艺将金属氟化物转化为可以安全处置的化合物，以满足熔盐堆燃料循环中废物处置和最小化的需求。

（5）干法热室技术。干法热室是实施干法分离的必要设施，其关键技术有负压惰性气氛控制技术、不同气氛下的物料转移技术、密封技术、满足干法工艺需求的远程操作和维护技术。目前只有美国和俄罗斯具备适用于干法分离工艺的热室设计、建造和运行经验。

（6）熔盐相关的放射化学分析。熔盐放射化学分析的困难来自熔盐体系本身的复杂性、高温状态、高放射性、高腐蚀性及无水少氧的密闭性等几个因素。作为一种妥协，目前采用的方法是现场高温取样，冷却后在常温下分析，取样和分析过程必须严格限制接触空气。常规的化学分析技术，特别是先进的红外光谱、高温拉曼光谱仪、ICP-MS、ICP-AES、ESI-MS、XRD、γ 能谱及同步辐射等技术依然能发挥重要作用。此类分析技术的弊病是样品从高温熔融状态进入常温状态时会发生结构或状态的变化，甚至在冷却过程中发生化合物的离解、复合和化学价态的变化，使分析结果发生歧变而失真，这在分析结果时必须认真考虑并解决。

第六节　展望和发展战略建议

钍铀燃料循环和铀钚燃料循环一样，都建立在核化学、放射化学和核化工等基础之上，并且与核物理、材料科学、自动化与控制、环境、辐射防护与安全等多个学科有着密切的联系。即使撇开燃料本身的特殊性和敏感性，仅从科学与技术角度来说，燃料循环的研究和发展是一项极为庞大、复杂的综合性系统工程。钍铀燃料循环研究任重道远，必将面临众多难题和挑战。

迄今我国核电全部建立在铀钚燃料循环基础上，与核电开发相关的铀钚燃料循环的研究已经有数十年的历史。钍铀燃料循环研究尚处刚起步阶段，已经进行过的研究也只是初步探索性的尝试。但是，钍铀燃料循环的研究和开发也有非常有利的条件，这是因为数十年的铀钚燃料循环研究使我国在核燃料化学、萃取分离化学和裂变化学等基础研究，以及在核燃料的前处理、核纯度的分析和控制、辐照后燃料棒的脱壳和溶解、乏燃料后处理流程和铀钚的纯化及回收等核化工的研发方面都已经达到了一定的水平，有了相当的积累和基础。作为核燃料循环，钍铀循环和铀钚循环有着不少的共性。钍铀循环的放射化学研究完全可以借鉴铀钚循环研究以来所取得的一切有用的知识、技术和经验。如果能够得到持续和稳定的支持，钍铀循环的放射化学研究将以比以往铀钚循环高得多的速度向前发展，基于钍铀循环的核电研发成果一定会在不远的将来展现在人们眼前。

刚刚起步的钍铀循环研究比铀钚循环蕴含着更强的研究活力和更多的创新发展空间。众所周知，20世纪的最后数十年科学技术发展速度异常迅猛，人类在信息科学、材料科学等一系列重要领域都取得了重要进展。虽然核能在这一时期的开发处于低潮，但关于核能利用的新途径、新思路、新技术和新概念，包括第四代先进裂变核反应堆、加速器驱动的洁净能源系统、裂变－聚变混合堆和行波堆等的研讨一刻也没有停止过。所有这些科技成就和新思路、新概念都将成为钍铀循环创新发展的重要源泉。与铀钚循环不同，钍铀循环的研发刚起步，基础薄弱，尚不成熟。钍铀循环研究既没有传统的框架和固定的模式，也没有难以割舍的研究平台和实验基地。因此，它将比铀钚循环更容易接受和分享科技最新发展取得的宝贵成果，也更容易融入裂变能利用的各种新途径和新模式中。所以，与铀钚循环相比，钍铀循环的发展不仅体现在发展速度的差异上，而且可能体现在开发模式本质的差异上。

为了实现钍燃料裂变能利用又快又好的发展，钍铀循环的放射化学需要加强以下几项工作：①将钍铀循环的放射化学纳入国家或政府部门的钍基核燃料裂变能利用的发展战略规划中。核物理、核化学与放射化学是支撑裂变能利用的两个主要基石。由于核裂变，或者是放射化学的特点，裂变能利用的国家发展战略和部署是放射化学的生命线，没有国家发展战略的支持，钍铀循环的放射化学研究不仅难有发展空间，而且连生存都会有困难。因此，钍铀循环的放射化学研究必须紧紧服务于国家对钍基核能开发的战略安排和实际部署，必须保障钍基核能利用整个研发过程中的各项需要。②钍铀循环的放射化学是多学科、跨领域的基础科研与工程应用相结合的研究方向，带有鲜明的交叉学科特点。因此需要鼓励不同学科和不同领域间的交叉。建议通过项目与基金方面的支持，加强高校与科研院所之间、国内单位与国外高水平研究机构之间的交流与合作，着重培养具有放射化学背景、多学科交叉的复合型科研与技术人才，为支撑未来钍铀循环核能化学的关键科学和技术的可持续发展奠定坚实的基础。③熔盐堆是钍资源核能利用的合适堆型，而在线或现场干法后处理装置是钍基熔盐核能系统实现钍资源有效利用的不可或缺的组成部分，没有在线或现场的干法后处理装置，钍基熔盐堆的优越性也无法体现。熔盐干法后处理装置和工艺将遇到强放射性、高温、强化学腐蚀、有毒有害蒸汽等多种问题，解决这些问题是钍基熔盐堆成功建成并顺利运行的基本条件之一。建议在全国部署 1 ~ 2 个干法后处理研究中心或平台以推动科研和开发的物质基础的形成，让全国更多的中青年科研人员投身到干法后处理关键技术的研究中，提升钍铀循环的放射化学研究水平。

总之，只要我们牢牢把握钍资源利用的科学发展方向，大力培养和集聚从事钍铀循环放射化学研发的高水平人才，通过坚持不懈的努力工作，一定能够在钍铀循环的放射化学研发中做出具有创新和自主知识产权的科研成果，为我国解决核能长期发展所面临的"核燃料长期稳定供应""核不扩散"和"核废料最小化"等迫切重大问题，为促进我国成为钍基裂变能利用先进强国的宏伟目标做出应有的贡献。

参 考 文 献

李卜森 . 1982. 微球型硅胶吸附硝酸钍溶液中 ^{233}Pa 和 ^{95}Zr-^{95}Nb 的研究 . 原子能科学技术，16（2）：21.

李德谦，纪恩瑞，高原，等 . 1982. 用伯胺从包头矿浓硫酸焙烧水浸液中萃取分离钍和提取混合稀土 // 中国科学院长春应用化学研究所 . 稀土化学论文集 . 北京：科学出版社：10-19.

李德谦，纪恩瑞，徐雯，等 . 1987. 伯胺 N$_{1923}$ 从硫酸溶液中萃取稀土元素（Ⅲ）、铁（Ⅲ）和钍（Ⅳ）的机理. 应用化学，4（2）：36-41.

李德谦，王艳良，廖伍平. 2011. 一种钍的纯化方法. 中国专利 ZL 201110074345.8.

李德谦，王艳良，廖伍平. 2012. 一种钍的分离纯化方法. 中国专利 ZL 201210552752.X.

李晴暖. 2014. 钍基熔盐堆核能系统的放射化学. 中国化学会第 29 届学术年会，中国北京. 第九分会应用化学 -I-038.

上海原子核所 03 课题组. 1979. 第一次全国核化学与放射化学会议报告. 成都.

徐光宪. 2005. 白云鄂博矿钍资源开发利用迫在眉睫. 稀土信息，（5）：4-5.

Ackerman J P，Miller J F，Einziger R E，et al. 1998. Chemical technology division：annual technical report. Argonne National Laboratory，98（13）：103-105.

Balasubramaniam. 1977. Laboratory studies on the recovery of uranium233 from irradiated thorium by solvent extraction using 5% TBP shell sol-T as solvent. Bhabha Atomic Research Centre，Indian：Report-940.

Blanco R E，Ferris L M，Ferguson D E. 1962. Aqueous processing of thorium fuels. Oak Ridge National Lab，3219：21-23.

Blue Ribbon Commission. 2012. Reactor and Fuel Cycle Technology Subcommittee Report to the Full Commission. Washington：Blue Ribbon Commission.

Carter W L，Whatley M E. 1967. Fuel and blanket processing development for molten salt breeder reactors. ORNL-TM，1852：20-25.

Carter W L，Lindauer R B，Mcneese L E. 1968. Design of an engineering-scale，vacuum distillation experiment for molten-salt reactor fuel. ORNL-TM，2213：1-5.

Chandler J M. 1971. Thorium-uranium recycle facility. ORNL，3422：12-13.

Chandler J M，Bolt S E. 1969. Preparation of enriching salt. ^{7}LiF-^{233}UF$_4$ for refueling the molten salt reactor. ORNL，4371：36，42.

Chitnis R R，Dhami P S，Ramanujam A，et al. 2001.Recovery of ^{233}U from irradiated thorium fuel in thorex process using 2% TBP as extractant. Bhabha Atomic Research Centre，India：Report-E-030.

Culler F L，Bresee J C，Ferguson D E，et al. 1964. Chemical technology division annual progress report. ORNL，3627：49-52.

Gresky A T，Repolr P. 1952. Laboratory development of the thorex process. ORNL，1367：211.

Hightower J R，Mcneese L E. 1968. Measurement of the relative volatilities of fluorides of Ce，La，Pr，Nd，Sm，Eu，Ba，Sr，Y and Zr in mixtures of LiF and BeF$_2$. ORNL-TM，2058：10-13.

Hightower J R，Mcneese L E. 1971. Low-pressure distillation of molten fluoride mixtures：Nonradioactive tests for the MSRE distillation experiment. ORNL-TM，4434：12-16.

Hightower J R，Mcneese L E，Hannaford B A，et al. 1971. Low-pressure distillation of a portion of the fuel carrier salt from the molten salt reactor experiment. ORNL-TM，4577：1-3.

Katz S. 1964. Use of high-surface-area sodium fluoride to prepare MF$_6$ · 2NaF complexes with uranium，tungsten，and molybdenum hexafluorides. Inorganic Chemistry，3（11）：1598-1600.

Katz S. 1966. Preparation of MF$_6$ · NaF complexes with uranium，tungsten，and molybdenum hexafluorides. Inorganic Chemistry，5（4）：666-668.

Kuchler L. 1970. Laboratory and hot-cell experiments on the applicability of the acid thorex process for recovery of thorium reactor fuel with high burnup. Kerntechnik, 12（8）: 327-333.

Lacquement J, Bourg S, Boussier H. 2007. Pyrochemistry assessment at CEA-last experimental results. American Nuclear Society, 555 North Kensington avenue: La Grange Park: IL 60526.

Laidler J J, Myles K M, Einziger R E, et al. 1997. Chemical technology division: annual technical report. Argonne National Laboratory, 97（13）: 98-100.

Laidler J J, Myles K M, Green D W, et al. 1996. Chemical technology division: annual technical report. Argonne National Laboratory, 96（10）: 80-83.

Li D Q, Wang Y L, Liao W P. 2013a. Process of separating and purifying thorium. U.S. Patent Application, PTB-4410-54.

Li D Q, Wang Y L, Liao W P. 2013b. A process of separating and purifying thorium. Australian Patent Application, 2013201027.

Lindauer R B. 1969. Processing of MSRE flush and fuel salts. ORNL-TM, 2578: 1-5.

Liu J J, Wang W W, Li D Q. 2007. Interfacial behavior of primary amine N1923 and the kinetics of thorium（IV）extraction in sulfate media. Colloids and Surfaces A: Physicochemical and Engineering Aspects, 311: 124-130.

Liu J J, Wang Y L, Li D Q. 2008. Extraction kinetics of thorium（IV）with primary amine N1923 in sulfate media using a constant interfacial cell with laminar flow. Separation Science and Technology, 43: 431-445.

National Research Council. 2003. Electrometrallurgical Techniques for DOE Spent Fuel Treatment: Final Report. Washington D C: National Academy Press.

OECD/NEA. 2004. Pyrochemical separation in nuclear application: a status report. NEA, 5427: 11-91.

OECD/NEA. 2010. National programmes in chemical partitioning: a status report. NEA, 5425: 19, 34, 112.

OECD/NEA, IAEA. 2010. Uranium 2009: Resources, Production and Demand. OECD. NEA No. 6891: 10.

OECD Nuclear Energy Agency for the Generation IV International Forum. 2014. Technology roadmap update for generation IV nuclear energy systems. Generation IV International Forum: 22-27, 33-39.

Overholt D C. 1952. An ion-exchange process for U-233 isolation and purification. ORNL, 1364: 6.

per le Nuove Tecnologie. 2003. Pyrometallurgical processing research programme "PYROREP": final technical report, 5th Framework Programme. FIKW-CT-2000-00049: 106-115.

Radkowsky A. 1999. Using thorium in a commercial nuclear fuel cycle: how to do it. Nuclear Engineering International, 44（534）: 14-16.

Rainey R H, Moore J G. 1961. Laboratory development of the acid thorex process for recovery of thorium reactor fuel. Nuclear Science and Engineering, 10（4）: 367-371.

Roberts J T. 1965. Reprocessing methods and costs for selected thorium-bearing reactor fuel types. ORNL-TM, 1139: 31-32.

Rosenthal M W, Briggs R B, Kasten P R. 1967. Molten-salt reactor program semiannual progress report. ORNL, 4191: 102-110.

Rosenthal M W, Briggs R B, Kasten P R. 1968a. Molten-salt reactor program semiannual progress report. ORNL, 4254: 89-90.

Rosenthal M W, Briggs R B, Kasten P R. 1968b. Molten-salt reactor program semiannual progress report. ORNL, 4344: 110.

Rosenthal M W, Haubenreich P N, Briggs R B. 1972. The development status of molten-salt breeder reactors. ORNL, 4812: 331-361.

Savage H C, Hightower J R. 1977. Engineering tests of the metal transfer process for extraction of rare-earth fission products from a molten-salt breeder reactor fuel salt. ORNL, 5176: 51.

Shaffer J H. 1971. Preparation and handling of salt mixtures for the molten salt reactor experiment, ORNL, 4616: 23, 30, 36-38.

Sokolov F, Fukuda K, Nawada H P. 2005. Thorium fuel cycle—potential benefits and challenges. IAEA. TECDOC-1450: 1-4, 10.

Srinivasan N. 1972. Pilot plant for the separation of U-233 at Trombay. Bhabha Atomic Research Centre, India: Report-643.

Stephenson M J, Merriman J R, Kaufma H L. 1966. Remove of impurities from uranium hexafluoride by selective sorption technology. Progress report for 1966. Union Carbide Corporation, Nuclear Division. AEC Research and Development Report, K-1713: 13-53.

Thoma R E. 1971. Chemistry aspects of MSRE operations. ORNL, 4658: 9-19.

Xu H J, Dai Z M, Cai X Z. 2014. Some physical issues of the thorium molten salt reactor nuclear energy system. Nuclear Physics News, 24 (2): 24-30.

第九章 核燃料循环中的新方法、新材料和新技术 *

第一节 国际发展动向

一、概 述

随着人类现代化进程的加快，全世界的能源需求也在迅速攀升，预计到 21 世纪中叶，全世界对能源的需求将增加一倍（Roberto and de la Rubia，2007）。但是化石能源的日渐枯竭和不可持续使人类越来越依赖于新能源。核能由于具有极低的二氧化碳排放量和极大的发展潜力，越来越受到众多国家的重视。截至 2010 年 3 月，全世界部署的核反应堆达到 436 座，核电装机容量达到 370.5GW，另外有 56 座核反应堆正在建设中。但是，核电产业的迅速膨胀也使得民众对核安全、核扩散等问题更加关注。现役的核电站使用寿命的最大化、核能提供友好的接口以满足其他能源的需求，以及乏燃料的妥善有效处理是核能发展必须面对的挑战。在上述问题中，乏燃料后处理的任务非常艰巨，按照全世界目前的核电站乏燃料卸出量（约 1.05 万 t/a）估算，如果不对乏燃料进行后处理，全世界每 6～7a 就需要建造一座规模相当于美国尤卡山库（设计库容 7 万 t）的乏燃料地质处置库。预计到 2050 年，每 3a 左右就需要建设一座 7 万 t 库容的地质处置库，这些地质处置库不仅耗费惊人，对环境的长期威胁也很大。利用现有技术进行核燃料后处理可以有效回收利用铀、钚，但是，目前的处理流程也会产生大量中低放废物。由于这些废物仍然对环境存在威胁，因此需要妥善处理，这也是核燃料后处理目前仍然有不少反对声音的原因。现有的技术不能完全应对乏燃料数量的突飞猛涨，使得有些国家在对待乏燃料问题上举棋不定、进退维谷。因此，核燃料后处理迫切需要新材料与新技术来解决核能发展所面临的空前挑战。目前，世界上主要核能国家均已开始战略部署，加大了对核燃料后处理中新材料与新技术的研发力度。从文献调研结果来看，当前对新材料与新技术的研究主要集中在纳米材料技术、离子液体技术、超分子识别材料技术、超临界流体萃取技术等方

---

* 本章由赵宇亮、石伟群、张安运、王祥科、张生栋、沈兴海、陆道纲撰写。

面。另外，世界主要核能国家也越来越重视大科学装置和超级计算在核能交叉学科中的应用。

二、纳米材料在先进核燃料循环中的应用

纳米材料是近年来受到广泛重视的新型功能材料。纳米尺寸使得纳米材料不仅具有量子尺寸效应与量子隧道效应，而且比其他普通材料具有更大的表面积和更多的表面原子，从而显示出不同于一般材料的独特物理化学性质。金属纳米材料、纳米氧化物、有机纳米材料和碳纳米管等已经广泛应用于生命科学、能源技术和环境保护等领域。由于纳米材料技术的应用前景良好，世界主要核大国也越来越关注纳米材料技术在先进核能体系中的应用研究。其中，美国非常重视纳米材料与纳米技术在新能源领域的应用基础研究。早在 2002 年，为了抢占制高点，美国能源部下属的五个国立实验室均成立了专门从事纳米材料与技术研究的实验室，并配备了相关实验设施。俄罗斯、法国、德国、日本等国家的原子能研究机构也均设立了从事纳米材料技术研究的中心。从目前基础研究的文献报道来看，纳米技术已经被应用于核燃料循环的各个环节，预计在未来先进核能体系中具有广泛的应用前景。

（一）纳米材料在先进核燃料中的应用

核燃料元件是反应堆的核心部件，而核燃料则是"核心的核心"。新型核燃料的设计和制造极具挑战：一方面，核燃料的结构和组成直接影响到能量转化的效率和稳定性，以及核燃料元件的燃耗和使用寿命；另一方面，核燃料需要长期在强辐照、高温和强腐蚀等极端条件下工作；此外，核素在堆内裂变产生多种裂变产物元素，而这些裂片元素的固体物理化学性质同母核相比通常会有很大的差异，从而使原有的化学键发生改变而导致材料的微结构不稳定。基于上述因素，核燃料的研发和认证工作几十年来一直进度缓慢，而这个进程需要大量的资金投入。

长期以来，核燃料的研发主要基于经验和实验结果，原因之一就是尚没有完全弄清楚核燃料的物理化学性质及其变化机理。尺寸与结构可控的自组装纳米材料则给先进核燃料的设计与合成提供了新的研究思路。美国佛罗里达大学的 Wu 等在油酸、油胺和十八烯的混合溶液中加入乙酰丙酮铀酰，在一定温度下，乙酰丙酮铀酰分解成为含有不同纳米孔的 UO_2 纳米晶，只要调节溶液中油酸和油胺的比例即可调整纳米孔的孔径（Wu et al.，2006）。UO_2 燃料是目前大多数热堆使用的燃料，燃料中纳米孔的存在不仅可以改进传热性能，还可以容纳一定量的裂变产物，从而在一定程度上防止燃料元件过快肿胀失效。

相关研究表明，核燃料中若存在纳米多孔结构则有助于提高其对裂变气体

的储存能力、增强燃料自身的抗辐照性能，并能进一步提高燃耗，因此具有纳米多孔结构的锕系氧化物材料合成是新型核燃料制备领域的重要研究方向。近年来，中国科学院高能物理研究所的石伟群课题组开展了一系列关于多孔锕系氧化物纳米材料的合成研究工作。例如，以有序介孔硅材料（KIT-6 和 SBA-15）作为硬模板，通过纳米灌注及模板移除技术成功制备了两种 U_3O_8 有序介孔材料，其中 meso-U_3O_8-KIT-6 材料具有规则的六角形孔道结构，而 meso-U_3O_8-SBA-15 材料则具有平行的纳米线阵列结构，这与相应模板的孔道结构一致。选取径迹刻蚀高分子多孔膜为模板、硝酸铀酰水溶液为电解液，结合电沉积技术则可以实现氢氧化铀酰纳米线和纳米管［图 9-1（a）］的可控制备，对上述氢氧化铀酰一维纳米材料进行高温煅烧处理，可得到微观形貌保持的 U_3O_8 纳米线和纳米管。除模板法外，该课题组还通过水热反应合成了形貌独特的海胆状含铀微米球，该材料内部具有纳米多孔结构，是制备多孔铀氧化物微米球的理想前体。通过控制后续的煅烧温度及气体氛围，可得到直径约 1.5μm 的多孔铀氧化物微球材料。调节相关参数还可以实现对铀氧化物微米球的化学组分、表面微观形貌及内部孔隙率的多重调控［图 9-1（b）、图 9-1（c）］。以上工作丰富了锕系氧化物纳米多孔材料的制备方法，并能够为先进核能系统中新型核燃料的制备提供一定的实验依据和技术参考。

此外，我国学者在锕系氧化物纳米颗粒的合成领域也取得了重要进展，吉林大学陈接胜课题组以二水合乙酸双氧铀为前驱体，以乙二胺或三丙胺为还原剂进行水热反应，分别合成了球形的二氧化铀纳米颗粒和棒状的八氧化三铀纳米颗粒［图 9-1（d）］，并将它们用于苯甲醇的催化氧化性质研究。在此基础上，石伟群课题组以水合肼替代有机胺作为还原剂和矿化剂，通过简单地控制反应体系的 pH 即可制得不同相的铀氧化物纳米颗粒，并且合成得到的二氧化铀纳米颗粒［图 9-1（e）］尺寸在 30～250nm 范围内可调。该课题组还分别以硝酸钍为钍源，尿素为沉淀成核剂，丙三醇为络合剂和分散剂，通过水热反应成功制备了单分散二氧化钍纳米球。这种方法制得的二氧化钍纳米球具有高度的单分散性和尺寸均匀性［图 9-1（f）］，并且粒径在 38～274nm 范围内可调，进一步研究表明该材料对于阴离子型染料分子的吸附性能具有尺寸依赖性。这些锕系氧化物纳米颗粒的可控合成研究能够为弥散型核燃料制备的新工艺探索提供有效的候选材料，同时它们在催化和吸附相关领域也有潜在的应用前景。

美国圣母大学的 Burns 研究组研究了铀、镎等锕系元素的氧化物、过氧化物、多氧酸盐及其他化合物的分子组装行为（图 9-2）。研究结果显示，铀、镎过氧化物的基本六角双锥结构单元可以通过过氧键连接进行分子自组装，最后组装成纳米球。如果将纳米球中的锕系元素原子直接连接起来，则可得到类似富勒烯的结构，其中锕系元素原子的个数可以为 24、28 和 32 等。这种以六角双锥结

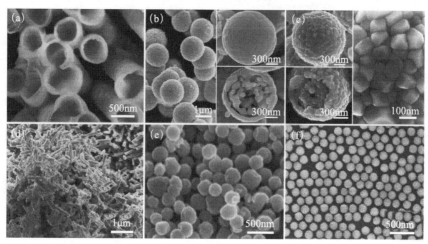

图 9-1　锕系元素氧化物纳米材料微观形貌

（a）氢氧化铀酰纳米管；（b）具有纳米多孔结构的八氧化三铀微米球；
（c）具有纳米多孔结构的二氧化铀微米球；（d）八氧化三铀纳米棒；
（e）单分散二氧化铀纳米球；（f）尺寸高度均匀的二氧化钍纳米球

构组装的锕系无机纳米材料同样具有有序的多孔结构，可以作为潜在的先进核燃料（Burns et al.，2005；Forbes et al.，2008；Sigmon et al.，2009）。从文献报道来看，目前合成的这些纳米材料在高温下结构并不稳定，因此改进现有的合成制备方法和设计新型锕系元素纳米材料，从而使之具有更好的热稳定性是今后的努力方向。中国科学院高能物理研究所的赵宇亮课题组在国际上首次成功合成并分离了内嵌各种锕系金属原子的新型富勒烯物质，并对其物理化学性质进行了初步表征。研究发现，这种材料不仅具有富勒烯的热稳定性，而且具备锕系元素的物化性质，在核燃料技术方面具有潜在的应用前景。与金属燃料相比，金属氧化物燃料的导热性能通常相对较差，而核燃料的纳米掺杂技术则可以改进氧化物燃料的导热性能，俄罗斯的 Kurina 等发现，在 UO_2 燃料芯块中掺入 0.05% ～ 0.15%（质量百分比）的 SnO_2 纳米颗粒，可以将 UO_2 在高温条件（600 ～ 800℃）下的导热能力提高 2 ～ 3 倍（Kurina et al.，2006）。在 ThO_2 中掺入钨、钼、锰等金属制备得到纳米复合物的研究工作文献亦有部分报道，这些纳米复合物的导热性能或磁性与 ThO_2 自身相比均有显著提升。

先进核燃料的研发工作始于 20 世纪 80 年代，当时锕系元素嬗变概念的提出引起了广泛关注。然而，在核燃料中加入次锕系元素（镎、镅、锔）还是存在较大困难的，因为这些核素的加入会增加辐射剂量和热的产生量，这就要求核元件制造过程中增加防护级别、采用远距离操作并改进制造工艺。另外，镎、镅、锔等核素在堆内核反应的机理还没有完全弄清。当前首要的研究目标就是为快堆开发传统的混合氧化物或混合金属燃料。例如，欧洲的 SUPERFACT 实验表明，Np 和 Am 可以加入到快堆混合氧化物燃料中，且并不对燃料性质和行为产生较大影响。

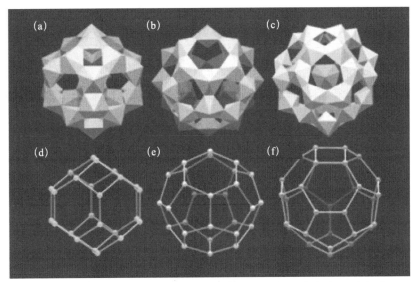

图 9-2　球状锕系过氧化物纳米束多面体结构示意图［（a）～（c）］
与锕系元素原子连接示意图［（d）～（f）］

（a）U-24 与 Np-24；（b）U-28；（c）U-32；（d）U-24 与 Np-24；（e）U-28；（f）U-32

（二）纳米材料在先进核燃料后处理中的应用

核燃料后处理是核燃料循环的核心，对于核环境安全和核能的可持续发展意义重大。对核燃料进行闭式循环，即进行乏燃料后处理的观点目前在学术界占据主导地位。乏燃料后处理的主要目的是分离回收可裂变或可增殖材料铀和钚，以及分离回收长寿命次锕系元素和重要裂变产物元素。乏燃料中含有几十种化学性质各异的放射性核素，部分核素的化学价态极易发生变化，而且整个化学处理过程在强辐照环境中进行，这使得处理的难度极大。因此，核燃料后处理是目前已知的最复杂和最具挑战性的化学处理过程之一。功能化的纳米材料可以在核素富集、分离和回收方面发挥重要的作用。

将纳米材料应用于放射性核素分离的研究工作文献已有报道。我国香港科技大学的 Wang 等将带有两个磷酸基团的有机分子修饰到 Fe_3O_4 纳米磁性材料的表面（Wang et al., 2006），然后利用材料本身的磁性和磷酸基团易结合铀酰离子（UO_2^{2+}）的特点，非常方便地提取了血液中的 UO_2^{2+}。美国爱达荷大学的 Qiang 等利用核壳结构的 Fe_2O_3 磁性纳米材料缀合上螯合剂后，尝试吸附钚、镅、锔等核素，取得了不错的结果。但是这些材料的一个共同缺点是在酸性条件下不稳定，而实际高放废液多为强酸性环境，因此离实际应用还有较大距离。针对核废物处理中纳米材料的应用这一前沿课题，中国科学院等离子体物理研究所的王祥科等也进行了诸多有益的尝试，该课题组首次将多壁碳纳米管（MWCNT）应用于高放废液的处理，发现MWCNT对放射性核素U（Ⅵ）、Eu（Ⅲ）、Am（Ⅲ）等均具有很强的吸附与富集能力，且吸附放射性核素后的碳纳米管具有非常好的稳定性。他们还采用化学改性、等离子体接枝改性等多种方法制备了不同类型的MWCNT复合材料。宏观的吸附实验表明，MWCNT复合材料比碳纳米管具有更好的吸附性能。从实验结果来看，MWCNT对核素吸附的选择性相对较差，用在核素分离上还有一定距离。因此，要想将纳米材料应用于高放废液中核素的吸附与分离，不仅需要纳米材料耐酸，还需要将纳米材料功能化，使之对核素的吸附具有选择性。

近年来，介孔纳米材料在重金属吸附方面的应用引起了众多学者关注。介孔材料是指孔径在2～50nm的多孔纳米材料，如气凝胶、柱状黏土、M41S材料等。由于孔径可调，介孔材料是实现核素或放射性物质的选择性吸附与分离的理想纳米材料。1992年，Mobil公司的科学家以表面活性剂为模板，自组装合成了一种介孔分子筛MCM-41，这标志着对多孔材料的研究进入了一个新的时代。由于介孔材料比表面积大，孔径高度均一、可调，并且具有维度有序等特点，因而在光化学、生物模拟、催化、分离等领域已经体现出重要的应用价值和广阔的应用前景。与纳米球、纳米管等其他纳米材料相比，介孔材料具有更大的比表面积，且吸附能力更强，因此在吸附分离应用方面更具优势。其中，氧化硅介孔材料还具有很好的化学稳定性和热稳定性，并且耐辐照，适合在核燃料后处理等强辐照环境中使用。因此，不少学者将介孔氧化硅材料应用于放射性废液的处理和核环境污染治理，其显示了较好的应用前景。介孔氧化硅应用于UO_2^{2+}和裂变产物元素Sr、Cs的吸附已有文献报道，结果显示介孔氧化硅对这些核素均有很好的吸附和富集能力，但与MWCNT相似，其吸附的选择性较差。因此，介孔氧化硅材料的有机功能化是将其广泛应用于核燃料后处理的必然选择。中国科学院高能物理研究所的石伟群课题组近年来在有机功能化介孔硅材料吸附分离放射性核素方面开展了一系列卓有成效的工作。他们成功制备和筛选出两类四种对U（Ⅵ）和Th（Ⅳ）吸附性能良好的功能性介孔硅基材料，分别为利用助结构导向法合成的磷酸酯基功能化MCM-41型氧化硅（NP10）和磷酸酯与氨基双官能团修饰的MCM-41型氧化硅（PAMS），以及利用后接法合成的二氢咪唑基功能化SBA-15型氧化硅（DIMS）和氨基修饰的SBA-15型氧化硅（APSS）。这些材料均具有规则有序的介孔结构，比表面积大（如NP10为920m²/g），孔径分布窄（如NP10约为2.7nm），同时对U（Ⅵ）的吸附容量大，吸附速度快。其中，DIMS在pH=7时对U（Ⅵ）的吸附容量高达1.66mmol/g，

10min 内即可达到吸附平衡。无论是吸附容量还是吸附速度均优于文献报道的 MCM-41、纳孔碳及 MWCNT 等吸附材料。吸附后的 U（Ⅵ）经过硝酸溶液处理即能从吸附剂上脱附，经过吸附脱附后的吸附剂对 U（Ⅵ）的吸附效率基本保持稳定，因此可循环使用。此外，该课题组还采用静态批式方法研究了 PAMS 对 Th（Ⅳ）的吸附分离。实验结果表明，磷酸酯基和氨基对 Th（Ⅳ）的吸附具有协同作用。双官能团的引入不仅显著提高了吸附剂对 Th（Ⅳ）的吸附能力，同时还使吸附材料对 Th（Ⅳ）具有良好的吸附选择性。在碱金属、碱土金属、过渡金属及稀土金属共存体系中，PAMS 对 Th（Ⅳ）的吸附容量仍大于 0.30mmol/g，而对其他金属的吸附容量均低于 0.05mmol/g，对所测试金属离子的分离因子均高于 20。

　　除了介孔硅基材料，金属有机骨架材料（metal organic frameworks，MOF）和石墨烯也是国内外备受关注的新型纳米材料，在乏燃料后处理吸附分离放射性核素方面具有广阔的应用前景。中国科学院高能物理研究所的石伟群课题组与中国科学院长春应用化学研究所的孙忠明课题组合作，在国内率先开展了功能性 MOF 对锕系元素的检测与吸附研究，所制备的稀土发光 MOF 对 U（Ⅵ）表现出特异性荧光响应及选择性吸附特性，可实现水溶液中微量/常量 U（Ⅵ）的同步检测与分离。他们还利用 MOF 材料本身所含有的不饱和金属配位位点，对 MOF 进行一系列功能化修饰。其中经二乙基三胺修饰的 Cr-MIL-101D 在 pH=5.5 时对 U（Ⅵ）的吸附容量达到 350mg/g，比功能化修饰前提高近两个数量级（图 9-3）。在石墨烯研究方面，石伟群课题组系统研究了常规条件下氧化石墨烯（GO）对 U（Ⅵ）的吸附行为及 GO 与零价铁复合物对 U（Ⅵ）的还原固定行为，并取得了不错的研究结果。

　　此外，核燃料后处理的主要目的是进行各种放射性核素的分离，因此纳米材料在核燃料后处理中应用的技术基础是固相萃取。固相萃取虽然在分离方面优势显著，但是亦存在换料困难、固体废物量大等问题。因此，耐辐照、可回收利用或能方便降解的纳米材料应该是今后的重点研究方向。

（三）纳米材料在先进核废物处置与管理中的应用

　　核废物的安全处置是核燃料循环的重要环节，不管是否对乏燃料进行后处理，核能系统均会产生一定量不同形式的核废物。这些核废物中含有对环境长期威胁较大的放射性核素，在处置期内由于地质运动或其他原因，放射性核素有可能从废物固化体中随地下水迁移到环境中来。因此，研究核废物的稳定性，开发新型稳定的核废物对于核环境安全意义重大。先进的核废物形式应该具备以下特征：对核废物的装载量大，易处理，具有一定的辐照稳定性和化学结构柔性，结

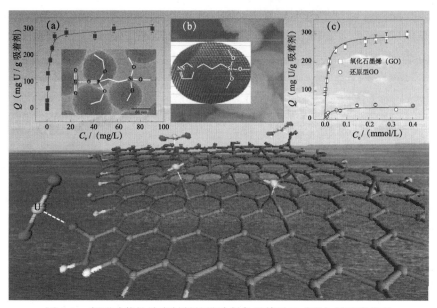

图9-3　新型功能性纳米材料的设计制备及其对 U（Ⅵ）的吸附分离

（a）磷酸酯修饰的介孔氧化硅；（b）二氢咪唑修饰的介孔氧化硅；（c）氧化石墨烯

构稳定，具有天然矿物特征等。核废物种类繁多，结构多变。新型锕系元素纳米复合物通常具有稳定的微结构，而且可以复合多种放射性核素，在核废物处置中可以发挥独特的作用。

目前，文献报道较多的是锕系元素与其他重金属元素形成的复合氧化物、硅酸盐和磷酸盐等。我国台湾的 Lin 等在高温高压的条件下合成了铀酰锗酸盐晶体 $Cs_6[(UO_2)_3(Ge_2O_7)_2] \cdot 4H_2O$，该纳米晶不仅具有多孔结构，而且水热稳定性好，可以作为一种稳定的核废物形式（Lin et al., 2009）。俄罗斯的 Alekseev 等等以 18- 冠 -6 为模板，以硝酸铀酰为原料，在硫酸或硒酸溶液中合成了具有微孔结构的含铀纳米晶体复合物（Alekseev et al., 2006）。俄罗斯的 Krivovichev 等则以丁胺为模板，在硝酸铀酰的硒酸水溶液中室温合成了一种黄色透明晶体，该晶体的结构可表示为 $(C_4H_{12}N)_{14}[(UO_2)_{10}(SeO_4)_{17}(H_2O)]$，其结构单元 $[(UO_2)_{10}(SeO_4)_{17}(H_2O)]^{14-}$ 同样具有有序纳米微孔结构，孔径在 1.5 ～ 2.5nm（Krivovichev et al., 2005）。

金属有机骨架材料（MOF）是近年来研究颇多的一类多孔纳米材料，由于其巨大的比表面和良好的吸附性能，在催化、气体吸附、传感和分离等方面发挥了重要作用。锕系元素的金属有机骨架材料亦引起了学者们的关注。牛津大学的 O'Hare 研究组以 1,3,5- 苯三甲酸为有机配体，首次合成了一维六角形纳米管状的钍有机骨架材料，这种材料为黄色针状晶体，其晶体结构单元可表示为 Th

$[C_6H_3(CO_2)_3F]\cdot 0.3H_2O$。该材料在 410℃以下结构非常稳定，但在 800℃时则完全分解。上述锕系多孔纳米材料不仅可以固定锕系元素且自身结构稳定，可防止锕系元素向环境中迁移，而且这些多孔材料还可以吸附其他放射性核素，这对于核废物处置来说是非常有利的。

生物纳米技术也可以在核废物处置和核环境修复中发挥重要作用。美国威斯康星大学的 Suzuki 等利用一种硫酸盐还原菌，将在环境中极易迁移的硝酸铀酰离子还原为 UO_2 纳米颗粒。纳米颗粒的尺寸为 1.5～2.5nm，可以在细菌的体表进一步聚集（Suzuki et al., 2002）。这种环境友好的锕系元素离子生物固定化技术为核废物处置和核环境修复提供了新的思路。

（四）纳米技术在核素识别和检测中的应用

随着纳米技术的发展，学者们已经逐渐将研究热点从各种形貌纳米材料的制备向纳米器件和纳米检测技术方向转移。多种基于纳米材料的光学、电学、磁学和其他物化性质的纳米传感器已经被开发出来，并应用于各种产业。高灵敏度和操作方便的放射性核素检测方法对于核燃料循环体系中各个环节的安全运行及核环境安全均非常重要。因此，高灵敏度纳米传感器在核能领域有很好的应用前景。美国伊利诺伊大学的鲁毅研究组发展了一种基于纳米金颗粒的生物传感器，纳米金颗粒的溶液通常为红色，如果发生聚集则会显示紫色。该研究组选择了一种能结合纳米金颗粒的 DNA 酶，该 DNA 酶还可以选择识别并结合铀酰离子。在溶液中纳米金颗粒结合 DNA 酶后会聚集并显示紫颜色，只要在溶液中加入痕量铀酰离子，铀酰离子即可结合 DNA 酶并切割 DNA 酶，从而使溶液又变回原来的红色。这种生物纳米传感器可以检测到浓度为 50nmol/L 的铀酰离子，并且只识别铀酰离子，对其他重金属元素则不起作用，因此具有很好的选择性。另外，该传感器显色时间短，在室温下就可操作，有可能发展成为一种便携式传感器从而应用于环境中铀酰离子的检测。

三、离子液体技术在核燃料后处理中的应用

离子液体是指在室温或接近室温下呈现液态的、完全由阴阳离子所组成的盐，也称为低温熔融盐。离子液体作为离子化合物熔点较低，主要原因在于结构中某些取代基的不对称性使离子不能规则地堆积成晶体。离子液体一般由有机阳离子和无机阴离子组成，常见的阳离子有季铵盐离子、季鏻盐离子、咪唑盐离子和吡咯盐离子等，常见的阴离子有卤素离子、四氟硼酸根离子、六氟磷酸根离子等。目前，以离子液体（ionic liquid, IL）替代传统有机溶剂萃取分离金属离子在国际上已成为研究热点。离子液体萃取金属离子主要存在三种机理，即阳离子

交换机理、阴离子交换机理和中性复合物萃取机理。

Dietz 等（2001，2003，2005）以 $C_n mimNTf_2$ 为溶剂研究了 DCH18C6 对 Sr^{2+} 的萃取，第一次提出了阳离子交换机理。在 $C_5 mimNTf_2$ 中，酸度上升，萃取效率下降；阴离子检测结果表明，IL 中的阴离子不足以平衡 Sr^{2+} 的正电荷，说明 DCH18C6-$C_5 mimNTf_2$ 体系为阳离子交换机理，如式（9-1）所示。而在 $C_{10} mimNTf_2$ 中，酸度上升，萃取率变化同正辛醇体系相似，呈上升的趋势；阴离子检测结果表明，萃取后 IL 中 NO_3^- 的含量可以平衡 Sr^{2+} 的正电荷，故认为此体系为中性复合物萃取机理，如式（9-2）所示。在 $C_6 mimNTf_2$ 以及 $C_8 mimNTf_2$ 中，则两种机理同时存在。

$$Sr \cdot CE^{2+} + 2C_5 mim^+_{org} \longrightarrow Sr \cdot CE^{2+}_{org} + 2C_5 mim^+ \qquad (9-1)$$

$$Sr \cdot CE^{2+} + 2NO_3^- \longrightarrow Sr(NO_3)_2 \cdot CE_{org} \qquad (9-2)$$

Jensen 等（2003）在 $C_4 mimNTf_2$ 中用 Htta 萃取镧系金属离子 Ln^{3+}，该工作主要通过 $logD_{Ln} \sim log[Htta]_{org}$ 斜率及 EXAFS 分析来研究萃取机理，证明其萃取过程是 $Ln(tta)_4^-$ 与 NTf_2^- 的阴离子交换机理，如式（9-3）所示。

$$Ln^{3+} + 4Htta_{org} + NTf_2^-{}_{org} \longrightarrow Ln(tta)_4^-{}_{org} + 4H^+ + NTf_2^- \qquad (9-3)$$

除了以上三种机理外，文献中还提出一种形成反相胶束的萃取机理（Zuo et al.，2008）：萃取剂 N1923 等具有很强的表面活性剂性质，容易在离子液体中形成反相胶束。

离子液体体系之所以具有与传统有机溶剂体系不同的萃取机理，其原因在于体系本身的离子性质。离子液体不仅能够为金属离子与萃取剂的复合物提供离子环境，还能够以其阳离子或阴离子与水相中的其他阳离子或阴离子进行交换。由于金属离子与萃取剂的复合物往往是带电荷的，因此进入到离子液体时在热力学上更稳定。离子液体相与水相发生离子交换的能力不仅与离子液体本身的阴阳离子的亲水性有关，也与水相离子进入离子液体相后的稳定性有关。

文献中还提及离子液体本身也能对金属离子（如 Cs^+、Hg^{2+}）进行萃取（Chun et al.，2001），但目前还没有对这种现象的萃取机理进行研究的相关工作报道。事实上，深入研究离子液体本身对金属离子的萃取，将有助于加深对离子液体基本物性的认识。

（一）离子液体萃取锶

在核燃料后处理中，^{90}Sr 是高放射性裂变的主要产物之一。目前，以离子液体作为萃取相分离 ^{90}Sr 已经有了较为系统的研究。

科学家以 $C_n mimPF_6$（$n = 4, 6, 8$）为溶剂研究了 18C6、DCH18C6、Dtb18C6 等三种萃取剂对 Sr^{2+} 的萃取性能（图 9-4），研究显示 Dtb18C6 具有较高的萃取效率。随着 IL 咪唑上碳链的增长，萃取效率明显下降，分配比可由 100 下降至

0.01。酸的加入使萃取率下降，然而酸度大于 1mol/L 时萃取率又呈上升趋势，但仍低于无酸时的萃取率。Rogers 等还研究了 Al^{3+}、Li^+、Na^+ 等的盐效应，其中 Al^{3+} 对 Sr^{2+} 的盐析效应明显，分配比由 0.026 提高到 645。

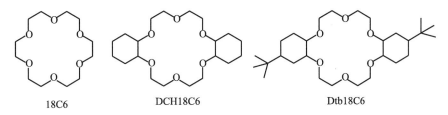

图 9-4　18C6、DCH18C6 和 Dtb18C6 的化学结构

Dai 等（1999）以咪唑类离子液体作溶剂，用 DCH18C6、氮杂冠醚及咪唑阳离子修饰的氮杂冠醚萃取 Sr^{2+}，并研究了 Sr^{2+} 对 K^+、Na^+、Cs^+ 各离子的选择性。结果表明，咪唑阳离子修饰的氮杂冠醚虽然既可以作溶剂又可以作萃取剂，但其萃取效果不如其他两种萃取剂；DCH18C6 对 Sr^{2+} 具有略高的萃取率，但选择性明显比氮杂冠醚差，并且后者可以通过改变氮原子上烷基链的长度来调控萃取率（在 $C_4mimNTf_2$ 中，辛基取代的氮杂冠醚具有最高的萃取率）。同时，氮杂冠醚的使用使 Sr^{2+} 对 K^+、Na^+、Cs^+ 等的选择性有所提高。在 DCH18C6-$C_nmimNTf_2$ 体系中，各金属离子的萃取选择性顺序为 $K^+ \gg Sr^+ > Cs^+ > Na^+$；而在 N-alkylaza18C6-$C_nmimNTf_2$（$n = 2$，4）中，选择性的顺序为 $Sr^+ \gg K^+ > Cs^+ > Na^+$；在 N-alkylaza18C6-$C_nmimNTf_2$（$n = 6$，8）中，选择性的顺序为 $K^+ \gg Sr^+ > Cs^+ > Na^+$。由此可见，通过改变离子液体和萃取剂的组合，可以得到不同的离子选择性。另外，由于氮杂冠醚易结合氢离子，故可以通过控制溶液的 pH 来达到反萃的目的。pH = 2 时，反萃率达 98% 以上，且 IL 相可重复利用，三个循环后萃取效率无明显变化。为进一步改善氮杂冠醚的萃取效果，Shimojo 等合成了 β- 二酮修饰的双氮杂冠醚。相对于双萃取剂协同萃取，β- 二酮修饰的双氮杂冠醚具有分子内协同作用（cooperative intramolecular interaction），因此具有更高的萃取能力，且易于反萃。

Dietz 和 Stepinski（2005）在提出阳离子交换机理后，认为阳离子交换将会使反萃难度增加。为了使萃取过程中阳离子交换减少而中性复合物萃取增多，他们将 $C_nmimNTf_2$ 的阳离子 3 位上的烷基氟化，但并没有达到预期目的，且萃取率有所下降。此外，他们在以上萃取体系中加入 TBP，发现了协同效应的存在。

Shimojo 和 Goto（2004）合成了吡唑酮取代的氮杂冠醚类萃取剂，研究了其在离子液体 $C_2mimNTf_2$ 中对 Sr^{2+} 的萃取。研究发现分子内吡唑酮和冠醚的协同作用能够提高 Sr^{2+} 的萃取效率。该萃取体系的萃取效率远远高于氯仿体系，同时可以在高酸度对萃取后离子液体相中 Sr^{2+} 进行反萃。

沈兴海等（2006）以 DCH18C6 为萃取剂，在一系列离子液体中研究其对水相中 Sr^{2+} 的萃取行为。研究结果表明，DCH18C6- 离子液体体系对于 Sr^{2+} 的萃取性能优于相应的 DCH18C6- 正辛醇萃取体系，一定条件下其萃取 Sr^{2+} 的分配比可达 10^3 量级。随后他们（Sun et al., 2013）又继续深入研究了 DCH18C6 在 $C_2mimNTf_2$ 中萃取 Sr^{2+} 和 Cs^+ 的阳离子交换机理，水相 NTf_2^- 的浓度会随着萃取的进行而逐渐减少，而水相 C_2mim^+ 浓度会逐渐增加。

（二）离子液体萃取铯

在离子液体萃取体系中，专门针对 ^{137}Cs 的研究较少。目前采用的萃取剂主要有冠醚类如 DCH18C6 和杯芳冠醚类两种。前者对 Cs^+ 的选择性差，萃取效果远不如对 Sr^{2+} 的效果理想。

Dai 和 Zhang（2014）研究了杯芳冠醚 BOBcalixC6 在离子液体中对 Cs^+ 的萃取，并研究了 K^+、Na^+、Sr^{2+} 等对萃取 Cs^+ 的影响。结果表明，Na^+ 和 Sr^{2+} 基本不参与竞争，对 Cs^+ 的影响可以忽略。但与 K^+ 选择性（3.94 ~ 68.7）相比，Cs^+ 在常规溶剂（如 1,2- 二氯乙烷）中萃取时的选择性偏低，这可能由离子液体较大的极性所致。研究阴离子对萃取的影响时发现，Cl^-、NO_3^-、OAc^- 等对萃取效率的影响很小，说明它们不参与萃取过程。考虑到萃取可能通过阳离子交换机理进行，因而加入 $NaBPh_4$（Na^+ 进入水相，而 BPh_4^- 在 BOBcalixC6 或 C_nmim^+ 存在下，可有效地留在离子液体相中），以减少离子液体阳离子的损失，提高萃取效率。但结果表明，$NaBPh_4$ 可减少离子液体中阳离子的损失，而对 Cs^+ 的萃取效率稍微下降。这可能是由于 Na^+ 的竞争或萃取不是完全通过阳离子交换机理进行。

沈兴海等（Xu et al., 2010）利用异丙氧基杯［4］冠 -6（BPC6）在离子液体 $C_nmimNTf_2$ 中萃取 Cs^+，发现即使在很低的萃取剂浓度下 BPC6-$C_nmimNTf_2$ 体系也能够高效地从水溶液中萃取 Cs^+。HNO_3 和水溶液中的一些金属离子如 Na^+ 和 Al^{3+} 等会干扰 Cs^+ 的萃取。紫外光谱结果证实 BPC6-$C_nmimNTf_2$ 体系萃取 Cs^+ 通过两重机理完成，即通过 BPC6-Cs^+ 配合物或者 Cs^+ 与 C_nmim^+ 进行交换。BPC6-$C_nmimNTf_2$ 萃取体系辐照后会显著降低其萃取 Cs^+ 的能力，因为辐解中产生的 H^+ 会与 BPC6 相互作用，与 Cs^+ 进行竞争。

（三）离子液体萃取稀土及锕系金属离子

稀土和锕系金属离子的提取和分离是核燃料后处理工艺中的重要内容，离子液体在其中的应用也是各国研究的热点之一。

Nakashima 等（2003，2005）在咪唑离子液体中用 CMPO 萃取镧系金属离子。研究发现，在离子液体体系中，只需用很少量的萃取剂便可以达到普通有机溶剂中萃取剂浓度较高时的萃取效率；$C_4mimNTf_2$ 体系的萃取率高于 C_4mimPF_6 体系；镧系金属离子之间的萃取选择性有所提高。作者采用具有络合剂的缓冲溶液来反萃离子液体中的金属离子，反萃效率接近 100%。Rao 等（2008）在 C_4mimPF_6、$C_4mimNTf_2$ 中用 TBP 萃取 UO_2^{2+}，与烷烃萃取体系相比具有相似的酸效应趋势。

Rogers 等研究了 C_4mimPF_6 中 CMPO/TBP 对 Pu^{4+}、Th^{4+}、Am^{3+}、UO_2^{2+} 等镧系金属离子的萃取，发现萃取能力与烷烃萃取体系相比有明显提高。他们还重点研究了 HNO_3 对萃取的影响，结果表明分配系数随 HNO_3 浓度的增大而增大，但由于 PF_6^- 在 HNO_3 中的稳定性欠佳，因此酸度的提高程度有限。从反萃角度讲，提高酸度对增大萃取分配比的作用并不非常明显，因此在低酸条件下反萃比较困难。另外，CMPO 在 C_4mimPF_6 中的溶解度仅为 0.1mol/L，限制了其应用能力。他们还尝试在 $C_{10}mimNTf_2$ 中用 Cyanex272 萃取 UO_2^{2+}、HDEHP 萃取 Nd^{3+}，认为发展离子液体替代传统有机溶剂很有意义。

Chen 等在 C_8mimPF_6 中以 Cyanex925、Cyanex923 萃取稀土离子，并通过酸效应以及检测水相中 C_8mim^+、PF_6^- 的浓度变化确认萃取机理为阳离子交换。在水相中加入 EDTA 后，与 EDTA 结合能力强的金属离子分配比降低，以此来改变萃取选择性。他们还以 N1923 在 C_8mimPF_6 中萃取 Th^{4+}，由于 N1923 具有很强的表面活性，所以在离子液体中形成了 W/O 胶束。

Shimojo 等（2008）在 $C_nmimNTf_2$ 中以 TOGDA 萃取镧系金属离子。与异辛烷体系相比，$C_2mimNTf_2$ 体系具有更高的萃取效率，萃取机理亦不同。更为重要的是，两种体系对镧系金属离子的选择性不同，异辛烷体系偏向于萃取重稀土元素，而离子液体体系偏向于萃取轻稀土元素。

Patil 等（2013）利用合成的二酰胺类萃取剂在不同离子液体中开展了镧系元素萃取实验，萃取元素包括 Am（Ⅲ）、U（Ⅵ）、Np（Ⅳ）、Np（Ⅵ）、Pu（Ⅳ）等。与非极性稀释剂正十二烷相比，离子液体作为稀释剂能够显著提高金属离子的分配比。该工作还系统地研究了萃取过程中一些参数对萃取的影响，如动力学、水相酸度（0.01～3mol/L HNO_3）、金属离子氧化态和二酰胺浓度。Am（Ⅲ）在离子液体中形成的萃取物种随着萃取剂浓度变化而变化。时间分辨激光诱导荧光光谱（TRLFS）结构表明，Eu（Ⅲ）在离子液体中形成的萃取物种中没有配位水分子，而在正十二烷中萃取物种结构中含有 1～2 个水分子。

沈兴海等（2006）以 Sr、Cs、Zr、Cr、Re、Ru、Ni 和 Nd 为竞争离子研究了辛基（苯基）-N,N- 二异丁基胺甲酰基甲基氧化膦（CMPO）在 $C_nmimNTf_2$ 体系中萃取 UO_2^{2+} 的选择性问题。研究发现，水相硝酸浓度及离子液体的取代链长

均会对 UO_2^{2+} 的分配比和萃取选择性有影响。相对于 TBP，CMPO 在离子液体中对 UO_2^{2+} 有着更高的萃取分配比和更好的萃取选择性。所选的竞争离子中，Zr^{4+}、ReO_4^- 和 Cs^+ 是主要的竞争离子，其中 ReO_4^- 和 Cs^+ 是被离子液体本身萃取。研究表明，CMPO- 离子液体体系在 UO_2^{2+} 的选择性萃取分离中具有一定的应用前景。

（四）功能化离子液体在金属离子萃取中的应用

功能化离子液体（task-specific ionic liquid，TSIL）是在离子液体上嫁接对金属离子具有络合能力的基团。一方面，TSIL 本身对金属离子具有萃取性能；另一方面，TSIL 能很好地溶解在其他离子液体中。

表 9-1 列出了文献发表的功能化离子液体。目前的功能化离子液体的研究主要是对离子液体的阳离子进行修饰改性，因此这种功能化的离子液体起萃取作用的是阳离子部分，这必然导致其结合能力的减弱。对离子液体的阴离子进行修饰改性或许将会是进一步研究 TSIL 的方向。

表 9-1　部分功能化离子液体的化学结构与可萃取的金属离子

TSIL	金属离子	参考文献
	Hg^{2+}、Cd^{2+}	Visser（2001，2002）
	Am^{3+}	Ouadi（2006）
	U（Ⅳ）	Ouadi（2007）

续表

TSIL	金属离子	参考文献
	Cu^{2+}、Hg^{2+}、Ag^+、Pb^{2+}	Papaiconomou（2008）
	Sr^{2+}、Cs^+	Luo（2005）

（五）离子液体萃取后的反萃研究

1. 控制 pH 反萃

大部分离子液体萃取体系研究均考虑到了酸对萃取率的影响，也有研究尝试用改变 pH 的方法来实现反萃。在以阳离子交换为主的萃取体系中，酸的加入会导致 H^+ 参与金属离子的交换竞争，所以提高酸度可达到反萃的目的；在以中性复合物萃取为主的体系中，则同传统有机溶剂体系相似，降低体系的酸度可以达到反萃的目的。

但不论是阳离子交换体系、中性复合物萃取体系还是两种机理均存在的体系，通过控制 pH 实现反萃的效果根据萃取剂的不同会有很大的差别。如前所述，冠醚氮杂后容易结合 H^+，故通过控制溶液的 pH 来反萃会达到很好的效果。相反，如果萃取剂不易结合 H^+，如上述 BOBcalixC6，那么控制 pH 反萃的效果则不会很好。另外，控制 pH 反萃往往需要反复多次，而离子液体和萃取剂在水中具有一定的溶解度，这会导致两者的流失。

2. 电化学反萃

电化学反萃是目前研究较多的一种反萃方法，其关键是金属离子的还原电位与离子液体的电化学窗口是否匹配，其他问题还包括电极的选择、干扰离子的还原电位与目标离子的差别、离子液体中其他成分（如水）对电化学还原的影响等。

　　Dai 等（2003）对电化学还原反萃 Sr^{2+}、Cs^+ 进行了研究。由于咪唑基离子液体的阴极电化学窗口不够大，无法在其中电化学还原 Cs^+ 和 Sr^{2+}。$Bu_3MeN^+NTf_2^-$ 的阴极电化学窗口要比 $C_4mimNTf_2$ 大 0.6V 左右（更负），足以进行 Cs^+ 和 Sr^{2+} 的电化学还原。Cs^+ 可以在滴汞电极上很好地沉积，但是 W 电极则不合适，因为此时还原电势超过了离子液体的阴极电化学窗口。Cs^+ 和 Sr^{2+} 在同萃取剂结合的状态下，依然能被有效地从离子液体中还原出来。由于 Cs^+ 和 Sr^{2+} 的还原电势有一定差别，或许可以通过电化学方法将它们分步沉积。而且电化学还原的效率高，因而可望将 Cs^+ 和 Sr^{2+} 完全沉积。对于 Cs^+ 的还原，其库仑效率几乎达到 100%；对于 Sr^{2+} 相对较低，但基本在 70% 以上。另外，$Bu_3MeN^+NTf_2^-$ 的电导率不大，而黏度大，这些都限制了其应用。因此寻找电导率大、黏度小的离子液体是一个重要研究方向。

　　Rao 等（2008）在 $C_4mimNTf_2$、C_4mimPF_6 中采用电化学沉积方法研究 TBP 萃取 UO_2^{2+} 后的反萃可行性。与 C_4mimPF_6 相比，$C_4mimNTf_2$ 具有更宽的电化学窗口，但对还原 UO_2^{2+}-TBP 复合物仍不是很合适，其电化学窗口略小。

　　Sengupta 等（2013）系统研究了室温离子液体 C_nmimBr 结构改变对 U 在其中电化学行为的影响。随着咪唑离子碳链长度的增长，电化学窗口不断增加，这说明 U（Ⅵ）在离子液体中可能被还原成三价或者更低价态。沈兴海等（2013）用循环伏安法研究了 CMPO-$C_4mimNTf_2$ 萃取 UO_2^{2+} 后配合物的电化学性质。结果表明，在 $C_4mimNTf_2$ 中 U（Ⅵ）-CMPO 配合物经过准可逆还原成 U（Ⅴ）-CMPO 配合物，U（Ⅵ）/U（Ⅴ）电对的表观氧化还原电势为（-0.885 ± 0.008）V。对萃取后离子液体进行控制点位电解，发现析出铀沉淀，X 射线光电子能谱结果表明沉淀中含有 U（Ⅵ）和 U（Ⅳ）的氧化物。

3. 超临界反萃

　　Mekki 等（2006）将超临界流体 Sc-CO_2 与离子液体 $C_4mimNTf_2$ 结合起来，以 2- 噻吩甲酰三氟丙酮（HTTA）、HFA、TBP 对镧系金属离子进行萃取。将金属离子从水相萃取到离子液体相中，萃取率可高达 98%。由于萃取剂含—CF_3 或烷基基团，离子液体中的金属离子复合物可以被萃取到 Sc-CO_2 中，萃取率接近 100%。此复合萃取体系的优点是离子液体在 Sc-CO_2 中的溶解度很小，萃取过程不致损失；但缺点也很明显，金属离子与萃取剂会一同进入到 Sc-CO_2 中。

　　Wai 等（1999）以 TBP 为萃取剂在离子液体中萃取硝酸溶液中 UO_2^{2+}，然后用超临界 CO_2 在 40℃和 200atm（1atm=101 325Pa）下进行反萃。从离子液体相转移到超临界 CO_2 中的铀酰离子可以通过高压光纤紫外检测系统来监控，被萃到超临界 CO_2 中的铀酰配合物的结构被证明是 $UO_2(NO_3)_2(TBP)_2$。这一技术在核废物处置中萃取镧系元素方面有着潜在应用。

沈兴海等（2006）研究了 HTTA 在离子液体 $C_n mimNTf_2$ 中萃取 Th（Ⅳ），并且利用超临界 CO_2 进行反萃。通过 lgD 曲线，水相 NO_3^- 浓度测量和萃取后离子液体相的扩展 X 射线吸收精细结构光谱（EXAFS）的结果分析，证明了该体系为中性复合物萃取机理。具体分析了超临界 CO_2 反萃过程中压力、温度及改性剂加入体积和极性等对超临界 CO_2 反萃效率的影响。结果表明，萃取形成的配合物能够很好地从离子液体相中转移到超临界 CO_2 中，同时避免了离子液体的流失，证明超临界 CO_2 反萃在该体系中的可行性。

四、超分子识别材料技术在核燃料后处理中的应用

超分子化学是一门以分子识别为基础、分子组装为手段、组装体功能为目标的综合性交叉学科。与传统的分子化学不同，超分子是受体和底物由两种或两种以上通过非共价弱相互作用结合在一起的复杂有序且具有特定功能的分子集合体，有明确的微观结构和宏观特性，其研究领域涉及有机、无机、材料、信息、核能化学和生命科学等诸多学科。超分子识别技术是超分子化学原理在各学科中的具体应用，其识别对象主要包括氢键、π-π 堆积作用、金属离子的配位键、静电作用及疏水作用等。在众多的受体分子中，以具有环状结构的环糊精、冠醚和杯芳烃为代表的分子集合体一直是超分子识别技术研究的热点，并分别被称为第一代、第二代和第三代超分子识别试剂。20 世纪 90 年代以来，由冠醚和杯芳烃聚集而成的"第三代超分子识别试剂"——杯芳冠醚（calixarene crown）引起人们的广泛关注。该超分子材料在高选择性地识别与分离某些放射性核素方面性能优异，具有显著的应用前景。

超分子识别材料是超分子识别技术的新领域。近年来，以杯芳冠醚为反应性与功能性识别试剂、大孔硅基或高分子基材料为载体复合而成的多孔材料——大孔硅基或高分子基超分子识别材料，成为先进的新型吸附材料。其中，大孔硅基超分子识别材料，如 Calix［4］arene-crown/SiO_2-P，由于具有选择性高、吸附容量大、解吸曲线无拖尾现象、抗辐射、耐酸性和流体力学性能好等特点，在高选择性吸附与分离发热元素 Cs 方面性能突出，此类材料具有极为重要的基础研究价值与显著的应用前景。

目前超分子识别技术的研究主要集中在 MA 和发热元素 Sr、Cs 的分离方面。高放废物处理的主要任务之一是有效分离且回收长寿命的 MA，然后通过嬗变将其变成短寿命裂片元素。基于镧系和锕系元素化学性质的相似性，目前很难直接从高放废液中一次性地有效分离 MA，通常先从高放废液中将 MA 与部分 RE 同时分离，然后再进行 MA/RE 之间的相互分离。^{235}U 和 ^{239}Pu 裂变会产生裂片核素 ^{90}Sr、^{137}Cs 和 ^{135}Cs，半衰期分别为 29a、30a 和 2×10^6a。核素 ^{135}Cs 的半衰期较

长，而且容易转移，对环境的潜在危害比较大。核素 ^{90}Sr 和 ^{137}Cs 虽然半衰期较短，但是在衰变过程中伴随着热量释放，可能引起物理化学不稳定性，被认为是影响合成或真实的高放射性残余液玻璃固化安全处置最危险的有害元素之一。若能将 ^{90}Sr 和 ^{137}Cs 分离出来，不但能达到减少玻璃固化体积、缩短废液冷却时间和废物储存年限的目的，而且释放热量的减少还有助于地质处置的简单操作和节约成本。

目前，国内外对高放废液中 MA 与发热元素 Sr 和 Cs 的分离研究已做了大量报道，涉及的分离方法主要有溶剂萃取法和萃取色谱法。

（一）Sr^{2+} 的分离

自从 1967 年 Pedersen 发现冠醚能在氯仿中萃取碱金属离子和碱土金属，冠醚就被迅速地应用到分离回收放射性核素 Cs$^+$ 和 Sr^{2+} 的研究中。相对于其他有机萃取剂，冠醚更有望应用于从酸性溶液中分离 Sr^{2+}（Pedersen et al.，1967）。

冠醚是一类含有多个氧原子的大环化合物，是第二代超分子识别试剂的主体分子。常见的冠醚如 15- 冠 -5 或 18- 冠 -6 易溶于水，因此不适合在溶剂萃取中使用。经过烷基或苯基修饰的冠醚对碱金属离子和碱土金属离子表现出良好的选择识别能力。根据 McDowell 的观点，苯并冠醚倾向于识别一价阳离子，而环己基冠醚适合识别和分离二价阳离子（McDowell et al.，1986）。

目前，对二环己基 -18- 冠 -6（DCH18C6）从酸性废液中萃取分离 Sr^{2+} 的研究已有文献报道，热试验的验证表明，DCH18C6- 正辛醇体系经过 10 级萃取、2 级洗涤和 4 级反萃流程后，^{90}Sr 的去除率为 99.96%，反萃率为 99.8%（王秋萍等，1997）。

但就目前的研究结果来看，4,4′（5′）- 二（叔丁基环己基）-18- 冠 -6（DtBuCH18C6）表现出比 DCH18C6 更加优异的萃取分离效果，对 Sr^{2+} 具有更高的选择性和分子识别能力。

Horwitz 等考察了 DtBuCH18C6 在不同稀释剂中从 HNO$_3$ 溶液萃取 Sr^{2+} 的行为，发现 DtBuCH18C6 在正辛醇介质中的萃取效果较好，Sr^{2+} 的分配比随 DtBuCH18C6 浓度的增大呈现出良好的线性关系。该工作据此提出了以正辛醇为稀释剂，从 HNO$_3$ 溶液中萃取分离 Sr^{2+} 的 SREX（Strontium Extraction）流程（Horwitz et al.，1990，1991）。由于萃取过程中正辛醇较高的水溶性对 Sr^{2+} 的分离有明显影响，随后他们对该流程进行了改进，采用碳氢化合物 Isopar® L 为稀释剂。结果表明，在改进后的 SREX 流程中，向 0.15mol/L DtBuCH18C6/Isopar® L 萃取体系中加入 1.2mol/L TBP 修饰剂时，萃取体系对 Sr^{2+} 有非常好的分离效果。将分离 MA 的 TRUEX 流程与 SREX 流程联合使用，则分离效果更好。无论是高盐酸性高放废液、模拟高放废液还是真实高放废液，SREX 流程均表现出了极高的萃取效率。2002 年，美国爱达荷国家工程与环境实验室（Idaho National Engineering and Environmental Laboratory，INEEL）进行了真实酸性高放废液的分离实验。结果表明，99.997% 的 Sr^{2+} 能够很好地被去除（Law et al.，2002）。SREX 流程示意图见图 9-5。

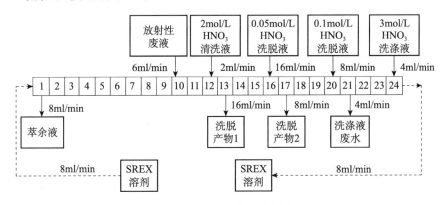

图 9-5　SREX 流程示意图

　　基于 DtBuCH18C6 对 Sr^{2+} 的高识别性能，美国阿贡国家实验室开发了一种采用萃取色谱法分离 Sr^{2+} 的高分子基吸附材料，该材料初期命名为 Sr-Spec，现更名为 Sr-resin，目前已经由美国 Eichrom 公司实现商品化生产。Sr-resin 是将 1mol/L 超分子主体分子 DtBuCH18C6 的正辛醇溶液与大孔高分子载体 Amberlite XAD-7 复合而成。吸附试验表明，Sr-resin 能够以较高的选择性从 2mol/L HNO_3 溶液中有效分离 Sr^{2+}，且比溶剂萃取法的分离效果更好。但是该材料的吸附容量太小，抗辐射性能不高，尤其是解吸曲线宽大，有严重的拖尾现象，因此其大规模应用受到限制（Chiarizia et al.，1992），较适合实验室中少量 Sr^{2+} 的分离与纯化。

　　张安运等将大孔二氧化硅载体（SiO_2-P）与 DtBuCH18C6 复合，成功制备出了一种新型吸附材料——大孔硅基超分子识别材料（DtBuCH18C6/SiO_2-P），并将其应用于从 HNO_3 溶液中色谱法分离 Sr^{2+} 的研究。实验结果表明，DtBuCH18C6/SiO_2-P 具有良好的抗酸、抗 γ 辐射和耐温度性能，在 2mol/L HNO_3 溶液中对 Sr^{2+} 的吸附容量高、选择性好、识别能力强和流体力学性能好，且解吸曲线尖锐，没有拖尾现象。此外，他们还通过分子修饰技术引入适量的磷酸三丁酯、正十二烷醇或正辛醇等修饰剂，制备了大孔硅基协同超分子识别材料（DtBuCH18C6+M）/SiO_2-P，显著提高了大孔硅基超分子识别材料的稳定性，降低了其在 HNO_3 溶液中的溶解度。比如，以正辛醇为分子修饰剂时，DtBuCH18C6/SiO_2-P 在 0.001～3mol/L HNO_3 溶液中的溶解度小于 40ppm，在

分离 Sr^{2+} 方面表现出了极其明显的应用前景。其部分色谱分离结果见图 9-6。

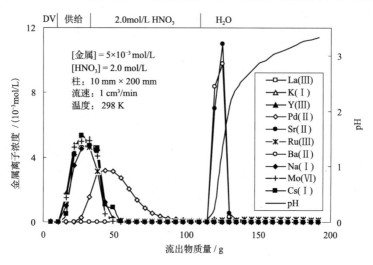

图 9-6 Sr^{2+} 的色谱分离结果

（二）Cs^+ 的分离

自 20 世纪 40 年代开始，无机吸附剂 / 离子交换树脂就被用于吸附和分离铯，使用过的吸附剂包括沸石、亚铁氰化物、磷酸锆、磷钼酸铵、硅钛化物及酚醛树脂等。研究发现，只有少量化合物在特定条件下（碱性介质、低酸或低盐）才具备高效分离铯离子的能力，且反萃较困难，需要消耗较多的淋洗剂和反萃剂。后来，文献又报道了萃取剂双碳杂硼烷基配合物（CCD）和冠醚在铯分离中的应用，但这些萃取剂的 Cs/Na 选择性相对有限，不适合在高酸 / 高盐放射性废液中使用，从而限制了其在铯分离方面的应用前景（Dozol et al.，1999，2000）。

杯芳烃（calixarene）是一类由对位取代苯酚和甲醛在碱性条件下缩合而成的环状聚体。该类材料除了在碱性条件下通过阳离子交换机理表现出一定的铯离子识别能力外，在酸性条件中基本不识别，从而限制了其作为萃取剂在铯离子分离方面的应用。杯芳冠醚的出现改变了这种现象。杯芳冠醚含有两个空腔，一个腔由苯环构成，具有亲脂性，可包合有机分子，另一个腔由冠醚环和杯芳烃围成，含有可与碱金属离子配位的氧原子，具有识别特定金属离子的能力。

Ungaro 等（1994）通过对叔丁基杯［4］芳烃与五甘醇对甲苯磺酸酯反应第一次合成了杯芳单冠醚化合物。杯芳单冠醚衍生物是在杯芳烃的下沿引入一个桥联冠醚环，它的萃取性能和选择性取决于杯芳烃的大小、构象、下沿取代基及冠醚环的大小等。一般来说，随着冠醚环氧原子个数的增加，杯芳单冠醚更倾向于识别离子半径更大的碱金属离子，比如杯［4］芳烃-冠-4选择萃取 Na⁺、杯［4］芳烃-冠-5选择萃取 K⁺、杯［4］芳烃-冠-6选择萃取 Cs⁺。1,3-交替构象的杯［4］芳烃-冠-6比锥式和半锥式构象对 Cs⁺ 具有更强的配位能力和选择能力。

　　二烷氧基杯［4］芳烃-冠-6下沿取代基的差异对其 Cs⁺ 萃取能力和选择性有一定影响。取代基为甲基时，由于构象不稳定，容易翻转，对 Cs⁺ 的萃取能力和选择性都不高（Ghidini et al.，1990）。Ungaro 等（1994）研究了正丙基、异丙基和正辛基等不同取代基对二烷氧基杯［4］芳烃－冠-6萃取分离 Cs⁺ 和 Na⁺ 的影响，发现随着烷基链的增长，Cs⁺ 萃取率增幅不大，但分离系数有明显提高，且支链比直链化合物对 Cs⁺ 的萃取率和分离系数都要高。Guillon 等（2002）研究了三种不同支链杯［4］芳烃-冠-6对 Cs⁺ 萃取率的影响，结果表明取代基的影响明显（图9-7）。目前，取代基的差异对 Cs⁺ 萃取能力和选择性的影响并没有全面的、可供参考的结果，尚需要做更深入细致的研究工作。

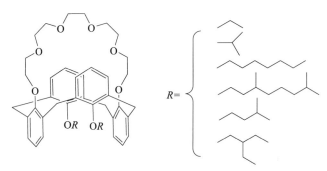

图9-7　若干二烷氧基杯［4］芳烃－冠-6的结构示意图

　　虽然二烷氧基杯［4］芳烃-冠-6的下沿酚羟基被烷基取代后提高了其亲油性，在一定程度上提高了其萃取 Cs⁺ 的能力，同时却降低了 Cs⁺ 对 Rb⁺ 和 K⁺ 的选择性（Sachleben et al.，2003）。同样，在二烷氧基杯［4］芳烃-冠-6的冠醚环中引入苯基和萘基虽降低了其对 Cs⁺ 的萃取能力，但有助于提高 Cs/Na 的选择性。1,3-交替构象的二烷氧基杯［4］芳烃-冠-6与 Cs⁺ 之间的配位行为已分别通过配合物单晶结构、质谱、荧光光谱、核磁共振及理论化学计算等获得。Cs⁺ 不仅与冠醚环上的六个氧形成配位，还与邻近的两个苯环上的 π 电子作用，表现在 ¹H NMR 图谱上为这两个配位苯环上对位和间位的氢原子的化学位移向低场移动。

　　杯芳烃与过量多甘醇的对甲苯磺酸酯反应可以获得不同冠醚大小的杯芳双冠醚化合物。最初认为，在杯芳烃下沿的四个酚羟基上分别引入两个冠醚桥联后，能够使一分子的杯芳双冠醚与两个 Cs⁺ 配合，从而提高对 Cs⁺ 的萃取能力。但研究发现，当一个冠醚环与 Cs⁺ 配位后，另一个冠醚环不再是适合配位的构象，因此 Cs+ 与杯芳双冠醚的配合比往往小于 2：1，大多形成 1：1 型配合物。

同杯芳单冠醚化合物类似，杯［4］芳烃 - 双冠 -6 由于冠醚环孔穴半径的大小（0.170nm）与 Cs+ 的半径（0.167nm）比较匹配，能够很好地配位 Cs+；杯［4］芳烃 - 双冠 -5 的冠醚环孔穴半径为 0.151nm，与 K+（0.133nm）和 Rb+（0.148nm）的半径相匹配；而杯［4］芳烃 - 双冠 -7 的孔穴太大，不能有效配位碱金属离子。相比杯芳单冠醚化合物，杯芳双冠醚化合物并没有表现出更大的萃取能力和选择性。在冠醚环上引入 1,2- 亚苯基或 2,3- 萘基后，由于提高了冠醚环的刚性，降低了冠醚环的柔性，从而阻碍了其与更小半径金属离子的配位，增强了 Cs+ 的萃取能力和 Cs/Na 的选择性。但是引入 1,3- 亚苯基、1,4- 亚苯基或 1,1′- 联苯基，冠醚环的孔径将明显变大，与 Cs+ 不再匹配，从而降低了其萃取能力和选择性（图 9-8）。

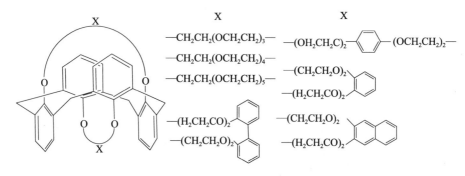

图 9-8　若干杯芳双冠醚萃取剂的结构示意图

基于超分子识别试剂的聚集特点，近年来，关于超分子识别试剂和先进大孔硅基超分子识别材料萃取分离及色谱分离 Cs 的研究引人注目，成为有效分离回收 Cs 最有前景的途径之一。

法国原子能委员会基于杯芳醚单冠化合物对 Cs+ 的选择性提出了 CCCEX 萃取流程，它以真实的高放废液分别考察了两组不同的分离系统：①以 1,3- 二辛氧基 -2,4- 冠 -6- 杯［4］芳烃（0.065mol/L）为萃取剂，TBP（1.5mol/L）为修饰剂，四丙基氢（TPH）为稀释剂；②以 1,3-［（2,4- 二乙基－庚基乙氧基）氧基］-2,4- 冠 -6- 杯［4］芳烃（0.1mol/L）为萃取剂，甲基辛基 -2- 二甲基丁酰胺（1mol/L）为修饰剂，四丙基氢为稀释剂。

结果表明，两组系统对 137Cs 的萃取效率都高于 99%，验证了 CCCEX 萃取流程的技术可行性。CCCEX 流程图见图 9-9。

基于杯芳双冠醚化合物对 Cs+ 的选择识别性能，美国也提出了碱性溶剂萃取流程 CSSX，将 Cs+ 从碱性高放废液中有效分离。美国橡树岭国家实验室已于 1998 年年初向美国能源部提出了杯冠化合物萃取铯的技术流程，并于当年完成了杯冠化合物从模拟 Savannah River Site（SRS）碱性高放废液中萃取 Cs⁺ 的串级验证实验。CSSX 流程的有机相组分为 0.01mol/L 杯［4］芳烃 - 二叔辛基苯并冠 -6（BOBCalixC6）、0.50mol/L 1-（2,2,3,3- 四氟丙氧基）-3-（4- 仲丁基酚）-2- 丙醇（Cs-7SB）、0.001mol/L 三正辛胺（TOA），稀释剂为 Isopar® L，其中 Cs-7SB 和 TOA 均为提高 BOBCalixC6 的溶解度、消除第三相所需的相修饰剂。CSSX 流程见图 9-10。

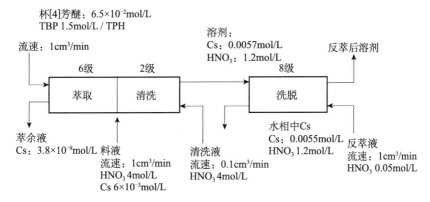

图 9-9　CCCEX 流程图

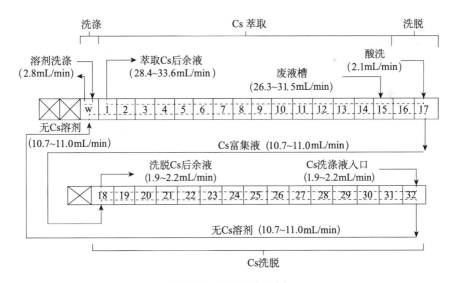

图 9-10　CSSX 流程图

大多数溶剂萃取流程都是利用杯芳冠醚和冠醚两种化合物分别来选择性地分离 Cs⁺ 和 Sr²⁺。美国 INEEL 据此提出了 FPEX（Fission Product Extraction）萃取流程。该流程结合了杯芳双冠醚和冠醚两种萃取剂，将 Cs⁺ 和 Sr²⁺ 同时从

HNO₃ 溶液中分离出来。有机相组成如下：Isopar® L 为稀释剂，DtBuCH18C6 和 BOBCalixC6 为萃取剂，Cs-7SB 为修饰剂。FPEX 流程在 0.5 ~ 2.5mol/L HNO₃ 范围内对 Cs⁺ 和 Sr²⁺ 的萃取效果均较为理想。在 24 级 3.3cm 离心萃取器上进行的轻水反应堆模拟废液结果表明，Cs⁺ 和 Sr²⁺ 的分离因子分别为 > 99.99% 和 > 99.98%，超过了 99.9% 的分离目标。

浙江大学的张安运等合成了近 20 种杯芳醚单冠化合物，并将大孔二氧化硅载体（SiO₂-P）与杯芳醚单冠化合物复合，成功制备出了一类新颖的吸附材料——大孔硅基超分子识别材料 Calix［4］arene-crown/SiO₂-P，如 BiOCalix［4］C6/SiO₂-P、BnOCalix［4］C6/SiO₂-P 和 BiPCalix［4］C6/SiO₂-P 等。基于分子修饰技术，他们同时制备了大孔硅基协同超分子识别材料（Calix［4］arene-crown+M）/SiO₂-P，研究了这些先进材料从 HNO₃ 溶液中吸附 - 色谱法分离 Cs⁺ 的基本特性。

实验结果表明，Calix［4］arene-crown/SiO₂-P 在 3 ~ 4mol/L HNO₃ 溶液中对 Cs⁺ 具有良好的吸附能力，并呈现出以下特点：选择性好、吸附容量高、识别能力强、解吸曲线尖锐、无任何拖尾现象。部分色谱分离结果见图 9-11。

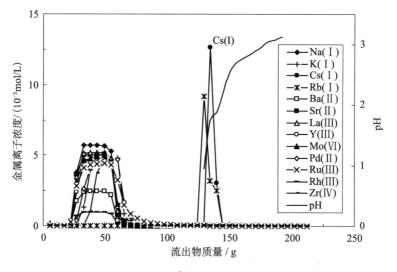

图 9-11 Sr²⁺ 的色谱分离结果

基于大孔硅基超分子识别材料的吸附特性，张安运提出了色谱分离 Cs⁺ 和 Sr²⁺ 的 SPEC 技术流程，其结果如图 9-12 所示。该流程由两根萃取色谱柱组成，料液经过第一根装有大孔硅基超分子识别材料 Calix［4］arene-crown/SiO₂-P 的色谱柱后，可实现 Cs 的有效分离；经过第二根装有（DtBuCH18C6+M）/SiO₂-P 的色谱柱后，即可实现 Sr 的有效分离。

超分子识别化合物 Calix［4］arene-crown 与 DtBuCH18C6 的分子极性差

异较大，基于 Calix［4］arene-crown 与 DtBuCH18C6 间分子相互作用提出的分子自修饰技术，张安运等合成了一类新型的大孔硅基自修饰超分子识别材料（Calix［4］arene-crown+DtBuCH18C6）/SiO$_2$-P。研究结果表明：该类自修饰超分子识别材料对 Cs$^+$ 与 Sr^{2+} 识别性能好、选择性高，可同时将 Cs$^+$ 与 Sr^{2+} 从 HNO$_3$ 溶液中有效分离，为高放废物中同时分离 Cs$^+$ 和 Sr^{2+} 提供了新思路、新途径。

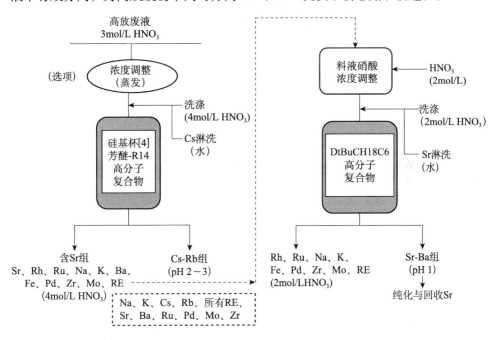

图 9-12 SPEC 流程示意图

张安运等还合成了十余种杯芳醚双冠化合物及其基于真空灌注与固定化技术制备的新型大孔硅基超分子识别材料 Calix［4］areneBisCrown/SiO$_2$-P，如 Calix［4］BisC6/SiO$_2$-P、Calix［4］BisBenC6/SiO$_2$-P 和 Calix［4］BisNapC6/SiO$_2$-P 等，同时基于小分子修饰技术制备与表征了一类新型大孔硅基协同超分子识别材料（Calix［4］areneBisCrown+M）/SiO$_2$-P。研究结果表明：该类大孔硅基双冠子识别材料具有与大孔硅基单冠子识别材料相似的吸附性能和选择性，对 HNO$_3$ 溶液中的 Cs$^+$ 具有出色的识别能力和高选择性，为实现吸附－色谱法分离 Cs$^+$ 提供了理论依据和技术可行性。

虽然对 Cs$^+$ 具有选择识别能力的萃取剂还有杯芳烃聚合物或杯芳烃的其他衍生物等，而利用超分子主体分子分离 Cs$^+$ 也有其他技术或方法，但有望应用在高放废液分离中的材料或技术方法却不多。基于杯芳冠醚的 Cs$^+$ 选择识别能力的溶剂萃取法和萃取色谱法是其中最佳的选择。

（三）镧锕系的分离

目前，分离镧锕系核素的萃取剂一般是含有 P=O 或 N—C=O 结构单元的有机化合物，如辛基（苯基）-N,N'- 二异丁基甲酰胺甲基氧化膦（OΦCMPO）、N,N'- 二甲基 -N,N'- 二辛基己基乙氧基丙二酰胺（DMDOHEMA）和 N,N,N',N'- 四辛基 -3- 氧 - 戊二酰胺（TODGA）等。Horwitz 指出，从酸性溶液中萃取镧锕系元素时，Am（Ⅲ）与三个 CMPO 分子、三个硝酸根离子、一个硝酸分子进行配位（Horwitz et al.，1992）。因此，在设计用于分离镧锕系核素的萃取剂时，可以考虑将多个基本结构单元以一定的空间排列方式固定在某个特定的超分子平台上。由于平台刚性较强，原本柔性的基本结构单元表现出很好的螯合效应和预组织性，从而大大提高萃取效率和选择性。在杯芳烃的上沿或下沿引入不同的基本结构单元，可以设计具有高选择性的用于分离镧锕系核素的萃取剂。

Böhmer 等在杯［4］芳烃（Calix［4］arene）的上沿引入 CMPO 基团，合成了一系列 CMPO-Calix［4］arene 萃取剂。相比 CMPO 小分子，CMPO-Calix［4］arene 由于杯芳烃本身刚性结构的平台作用使得 CMPO 预组织化，以较合适的空间排列方式络合镧锕系金属离子，显著提高了其萃取能力。当 CMPO-Calix［4］arene 的浓度为 0.001mol/L 时，Am（Ⅲ）的分配比大于 100，而 0.01mol/L OΦCMPO 在相同条件下，Am（Ⅲ）的分配比仅为 1.2。0.001mol/L CMPO-Calix［4］arene 从 4mol/L NaNO$_3$ 和 0.01mol/L NaNO$_3$ 中萃取分离镧锕系核素时，分配比（D）随着镧系原子序数的增加急剧下降，由 D_{La}=140 降到 D_Y=0.19，分离系数约为 700，而 CMPO（0.2mol/L）表现出较小的萃取能力和较低的选择能力（Delmau et al.，1998，1999）。下沿修饰基团对 CMPO-Calix［4］arene 萃取能力有一定的影响，但是缺乏规律性，比如从癸烷基到十八烷基萃取效率变化不大，但丙基取代甲基可以提高对 Th（Ⅳ）的萃取效率。CMPO 上靠近 P=O 的 R 基（R$_1$R$_2$P=O）对 CMPO-Calix［4］arene 萃取效率的影响较大，由于含有磷（膦）酸基团的萃取剂表现出较低的 D_{Am} 和 D_{Eu}，苯基的存在有助于提高 Am（Ⅲ）对 Eu（Ⅲ）的选择性。在 CMPO-Calix［4］arene 的—NH 上引入烷基—N（R），可以提高材料的耐酸耐辐射能力，但萃取能力明显下降。CMPO-Calix［4］arene 尽管在有机溶剂中的溶解度很低，但在支撑液膜（SLM）中表现出很强的传输能力。镅和钚的透过率很高，6h 后 99.75% 的钚都已穿过液膜。Purex 流程中含有一些裂片核素和腐蚀性核素（如 Zr、Mo 和 Fe 等），这些核素也能够被 OΦCMPO、TODGA 和 DMDOHEMA 萃取，因此需要加入其他水溶性螯合剂以抑制其被萃取，但是 CMPO-Calix［4］arene（D_{Fe}=0.4）对这些核素的萃取能力远远低于相同条件下的 CMPO（D_{Fe}=3.3）。

同理，在 Calix［4］arene 的下沿进行分子修饰，可以合成另一类镧锕系萃取剂 Calix［4］arene-CMPO。此类材料对镧系、三价锕系及四价钚离子的萃取能力明显低于上沿修饰的 CMPO-Calix［4］arene 萃取剂，原因可能在于部分下沿修饰的 Calix［4］arene-CMPO 堆积在油水界面，从而降低了其有效萃取浓度。针对 CMPO-Calix［4］arene 或 Calix［4］arene-CMPO 在有机溶剂中溶解度低的问题，在其平台上可引入亲酯性基团金刚烷，但由于较差的预组织性，对金属离子的萃取能力和选择性没有明显提高；针对 CMPO-Calix［4］arene 或 Calix［4］arene-CMPO 在镧锕相互分离时选择性不够高的问题，引入含 N 或 S 等软原子的基团是较佳选择，不足之处是材料的化学稳定性不够好。

虽然在 Calixarene 平台上还引入了其他基本结构单元（如吡啶甲酰胺、乙酰胺和丙二酰胺等），但是与 CMPO-Calix［4］arene 或 Calix［4］arene-CMPO 相比，引入其他基本结构单元对镧锕系核素的萃取效率并没有多大的改进。以目前研究的结构分析，上沿修饰的 CMPO-Calix［4］arene 对镧锕系核素的分离效果最好，但在有机溶剂中溶解度低是限制其进一步发展的障碍之一。如何通过有效的分子修饰或加入合适的稀释剂/协萃剂以达到最佳的分离结果是今后的重点发展方向之一。

五、超临界流体萃取技术在核燃料后处理中的应用

超临界流体萃取技术是指利用溶质在不同条件下在超临界流体中溶解度的不同而进行的溶解分离。由于 CO_2 具有较温和的临界条件（$T=31.1\ ℃$，$P=7.3\ MPa$），超临界流体萃取技术是目前研究和应用最广泛的体系。超临界流体对物质的溶解能力与超临界流体的密度有很大关系。一般情况下，超临界流体的密度增大，对溶质的溶解能力提高。由于温度、压力的变化会引起流体密度的显著变化，因此，超临界流体萃取技术通过调节压力和温度来改变流体的密度，从而实现对物质的萃取。

CO_2 是非极性物质，由于电荷守恒与弱的溶质－溶剂相互作用，超临界 CO_2 对金属离子的萃取效率很低。通常采用两种方法改善超临界 CO_2 流体对金属离子的萃取性能：一是加入络合剂，络合剂和金属离子形成稳定的中性化合物，在超临界 CO_2 流体中具有较大的溶解度；二是加入修饰剂，修饰剂的作用是改变流体的极性，增加物质的溶解度，利用修饰剂也可以增加流体对物质的选择性萃取。

超临界流体萃取技术具有以下特点：①萃取和分离过程一体化，溶剂使用量少；②操作参数易于调节，通过改变流体的温度和压力可以显著改变流体的密度，从而引起溶质溶解度的改变；③选择合适的流体，超临界萃取可以在较低温度下实现天然有效成分的萃取分离，既保留活性成分又不引入其他溶剂，可保持被萃取物质的纯天然性；④超临界流体的表面张力为零，且具有很高的扩散系

数，因此容易渗入到被萃物的微孔内，传质速率快，萃取效率高，适合处理不规则样品；⑤流体可以循环使用；⑥不会造成环境污染或环境污染小。

1992 年，魏建谟等用超临界 CO_2 流体成功萃取了 Cu^{2+}。自此，国际上对此项技术在冶金、保健品、环境保护、中药等产业中的应用展开了广泛研究，如冶金工业中作为发光材料的镧系元素的提取，以及保健品和中药中重金属 As、Pb、Hg 的清除等。此外，超临界 CO_2 萃取技术也被应用于核工业中镧系元素和 Sr、Cs 等核素的萃取。近年来，我国的科技工作者对此项技术也产生了很大的兴趣。自 2000 年开始，国内的科研人员发表了多篇调研报告。对于超临界 CO_2 萃取技术在核工业中的应用，美国、日本、俄罗斯和印度等国家近年来做了大量的工作。

（一）超临界 CO_2 对 U 的萃取

20 世纪 90 年代，超临界 CO_2 萃取技术主要被应用于铀酰离子的萃取，这可能是由于体系简单、便于分析且与溶剂萃取有更多的相同点。对于铀酰离子的萃取，人们通常将标准 U_3O_8 固体用 HNO_3 溶解，然后直接用含有络合剂的超临界 CO_2 萃取。此外，也有人将硝酸铀酰溶液滴加在滤纸、土壤等不同基质中，这对研究超临界 CO_2 在环境中的应用意义重大。

Rao 等（2008）系统研究了含铀酰 HNO_3 溶液中 U 的萃取，考察了压力、温度、CO_2 流量、HNO_3 浓度、TBP 浓度、萃取时间、萃取方式、络合剂加入方式等因素对萃取率的影响，并结合萃取模型对趋势线进行了解释。他们认为，萃取率受分配比和 CO_2 密度两个因素的影响，因此温度和压力均存在最佳值；而流量、TBP 和 HNO_3 浓度、萃取时间的增加有利于 U 的萃取。最终他们确定的萃取铀酰离子的最佳条件如下：15MPa、60℃、CO_2 和 TBP 流量分别为 1ml/min 和 0.1ml/min、7mol/L 硝酸。在上述条件下，动态萃取 30min 后，铀的萃取率可以达到 97%。为了考察超临界 CO_2 在核燃料后处理中应用的可行性，Meguro 等（1993）采用含 TBP 的超临界 CO_2 从 3mol/L HNO_3 中萃取了 U 和镧系元素、Cs^+、Sr^{2+}、Ba^{2+}、Zr^{4+}、Mo^{6+}、Fe^{3+}、Ni^{2+} 或 Cr^{3+}。研究表明，U（Ⅵ）以 $UO_2(NO_3)_2 \cdot (TBP)_2$ 的形式被萃取，增加硝酸、TBP（0.1～0.3mol/L）浓度，增大压力或提高温度，均有利于 U 的萃取。同时，加入 $LiNO_3$ 时可以观察到盐析效应。动态萃取时，CO_2-0.08mol/L TBP 在 60℃、15MPa 条件下，可以从 3mol/L HNO_3+3mol/L $LiNO_3$ 中萃取到 98% 以上的 U（Ⅵ），而对上述主要裂变产物离子几乎不萃取。该结果表明，采用超临界流体络合萃取可以实现从裂片元素中分离和回收铀。Iso 等（2000）研究了在较大温度和压力范围内从 HNO_3 溶液中萃取 U 和 Pu 的情况。他们的一个重要发现是 U（Ⅵ）和 Pu（Ⅳ）的分配比随温度和压力的变化而变化，变化程度的不同为 U 和 Pu 的分离提供了依据。Wai 将铀酰离子滴加到沙土基质中，然后取 300mg 沙土（含铀 10μg）进行实验，比较了 TTA、TBP 单独萃取和协同萃取对萃取效果的影响。在 15MPa、60℃下，经过 10min 静态萃取和 10min 动态萃取后，U 的萃取率分别达到 72%、15% 和 94%，表明 TTA 和 TBP 具有强烈的协同萃取效应。该实验在基质中加入了少量水，这有利于金属离子从基质中脱附，进而有利于萃取过程的进行。Lin 等采用含有 TBP、FOD、TTA、HFA、TAA、AA 的超临界 CO_2 研究了滤纸基质中 UO_2^{2+} 的萃取。结果表明，不同 β-二酮类络合剂对 UO_2^{2+} 的萃取效果不同。当基质含水时，U 的萃取率最高可达 70%；而加入 5% 甲醇作夹带剂时，U 的萃取率可提高到 98%。单独使用 TBP 作为配体从滤纸基质中萃取时，U 的萃取率仅为 18%；而当 TBP 和 β-二酮类络合剂混合使用时，可以观察到明显的协同萃取效应，U 的萃取率高达 98%。

　　为了使超临界萃取技术更广泛地应用到铀矿提取和乏燃料后处理中，研究超临界 CO_2 直接萃取固体铀的技术是很有必要的。直接萃取更体现了超临界技术的优点，如显著降低了酸的用量、减少酸废物的产生等。Shimada 等（2006）参照乏燃料中各种金属离子的配比制备了模拟样品，各金属的加入形式分别为 U_3O_8（92.22%）、SrO（0.40%）、ZrO_2（0.85%）、MoO_3（1.15%）、RuO_2（0.99%）、Pd（0.85%）、CeO_2（1.38%）、Nd_2O_3（2.16%）。在 18MPa 和 50℃条件下，他们用含有 $TBP-HNO_3$ 的超临界 CO_2 对模拟样品进行 U 萃取实验。结果表明，U/TBP 的值大于 0.3 时，U 和其他金属的分离因子大于 10^3。Trofim 等（2004）研究了超临界 CO_2 对锕系元素混合物的萃取性能，萃取配体采用 $TBP-HNO_3$，考察了混合形式对萃取结果的影响。锕系元素的混合分为简单混合和固体混合两种。简单混合是将各金属的氧化物进行物理混合，研究发现在 15MPa 和 60℃ 条件下 U 和 Np、Pu 的分离因子均大于 10^3。固体混合是将含有各金属离子的溶液进行沉淀—烘干—煅烧，此时三种金属离子的萃取率均在 90% 左右，不能达到分离的目的。由于燃料棒中的金属形式可能更接近后者，这对超临界技术直接提取乏燃料铀的研发工作提出了挑战。Dung 等（2006）研究了超临界 CO_2 萃取模拟铀矿石的条件，研究了压力和温度对萃取 $(UO_2)_3(PO_4)_2 \cdot 6H_2O$、$NaUO_2PO_4 \cdot 6H_2O$ 和 $Ca(UO_2PO_4)_2 \cdot 10H_2O$ 三种化合物中 U 的影响，同时比较了共存离子的影响。结果表明，在共存离子和 U 等摩尔比时，超临界 CO_2 的铀萃取率很高，达到 93%；继续提高共存离子的量，U 的萃取率降低。这可能是由于金属和 HNO_3 发生了反应，因此与铀反应的 HNO_3 的量降低，导致对铀的萃取率下降。模拟矿石由沥青铀矿和纯橄榄岩组成，调节两者的配比可以改变模拟矿石中铀的含量。实验发现，在确定的最佳条件下（60℃，10MPa，静态萃取时间 60min），单次萃取 U 的效果很差，但通过反复萃取可以对 U 进行有效的回收。萃取次数和萃取率的关系见图 9-13。可以看出，即使 U 的含量只有 0.001%，通过反复萃取后 U 的萃取率也很可观，这为此方法在环境样品预处理中的应用奠定了基础。

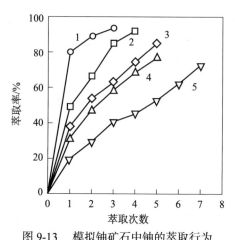

图 9-13　　模拟铀矿石中铀的萃取行为

注：铀含量分别为：1. 0.1%；2. 0.05%；3. 0.02%；4. 0.01%；5. 0.001%

　　从加拿大矿物与能源技术中心（Canada Center for Mineral and Energy Technology, CANMET）获得的标准 U 矿残渣样品也被用来实验超临界 CO_2 萃取铀。已知铀矿残渣中 U 的浓度为 1010μg/g。用含有 TTA 的超临界 CO_2 反复萃取，样品中 80% 的 U 可以被萃取出来。实验后的残余物和 U 矿残渣由美国环境保护署（EPA）的毒性特性沥滤步骤（TCLP）进行处理。TCLP 实验结果表明，经过超临界萃取后，大部分可沥滤的 U 可以被超临界 CO_2 除去。

（二）超临界 CO_2 对 Th 的萃取

　　含 β- 二酮类络合剂的超临界 CO_2 可萃取固体和液体基质中的 Th。Lin 等（1993，1994）分别用含 TBP、FOD、TTA、HFA、TAA、AA 的超临界 CO_2 研究了萃取滤纸基质中的 Th^{4+}。结果表明，不同的 β- 二酮类络合剂对 Th^{4+} 的萃取效果不同。当基质含水时，Th 的萃取率最高可达 82%；加入 5% 甲醇后，Th 的萃取率最高可达 97%；仅含 TBP 的超临界 CO_2 对滤纸基质中 Th^{4+} 的萃取率仅为 8%；当 TBP 与 β- 二酮类络合剂混合使用时，协萃效应导致 Th^{4+} 的萃取率高达 98%。其他有机磷试剂如 TBPO、TOPO 和 TPPO 也可用作 Th^{4+} 的络合萃取剂。在 60℃ 和 20MPa 下，TBP、TBPO、TOPO 和 TPPO 对 Th^{4+} 的萃取率随 HNO_3 浓度的增大而提高，萃取率最高可达 99%。研究还表明，TBPO、TOPO 对 Th 的萃取率一般高于 TBP 对 Th 的萃取率。另外，$LiNO_3$ 对萃取有盐析效应，可通过加入 $LiNO_3$ 来提高萃取率。

（三）超临界 CO_2 对 Pu 的萃取

含有机磷类或 β-二酮类络合剂的超临界 CO_2 也可用于萃取 Pu。Iso 等（2000）用含 TBP 的超临界 CO_2 研究了在较大温度和压力范围内从 HNO_3 溶液中萃取 U 和 Pu。Fox 和 Mincher（2003）用含有机磷类和 β-二酮类络合剂的超临界 CO_2 进行了萃取放射性土壤中 Pu 和 Am 的研究。结果表明，含 TBP 的超临界 CO_2 对 Pu 的萃取率低于 20%，含 β-二酮类的超临界 CO_2 对 Pu 和 Am 基本不萃取。TBP 与 β-二酮类混合使用时有协萃效应，使得含此混合络合剂的超临界 CO_2 对 Pu 和 Am 的萃取率在一定条件下可分别达 83% 和 95%。

（四）超临界 CO_2 对 Sr 和 Cs 的萃取

Wai 研究了以 18-冠醚作为螯合剂时 SF-CO_2 萃取 Sr^{2+} 的能力，水相中 Sr^{2+}、Ca^{2+}、Mg^{2+} 的含量均为 $5.6 \times 10^{-5}mol/L$。在 60℃、10MPa 下，通过 20min 静态萃取和 20min 动态萃取，该研究考察了超临界 CO_2 对上述三种离子的萃取行为。实验还考察了反相离子（$PFOA^-$）、冠醚同金属离子的配比对萃取结果的影响。结果表明，选择适当的配比，可以达到 Sr^{2+} 的高选择性萃取。DC21C7 冠醚被用于从水相中萃取 Cs^+，在最佳条件下，对 Sr、Cs 的萃取效率达到 80% 以上。

（五）超临界萃取技术流程与 Purex 流程的对比

1996 年，美国、日本、英国合作提出了基于 HNO_3 溶解步骤和超临界 CO_2 络合萃取的后处理概念流程（图 9-14）。此概念流程与 Purex 流程相似，先经首端处理和 HNO_3 溶解，再用含 TBP 的超临界 CO_2 络合萃取 HNO_3 基质中的 U 和 Pu，最后进行 U、Pu 分离和 U、Pu 尾端处理过程。该概念流程具有以下优点：①可通过改变温度、压力、TBP 浓度来改变萃取效果；②超临界流体的传递性质优于传统溶剂萃取系统，因而萃取速度高于传统溶剂萃取系统；③相接触时间短，溶剂降解少，界面污物减少；④停留时间短，有利于临界安全。但由于该流程还需 HNO_3 溶解过程，因此未能体现超临界流体络合萃取在减少二次废物方面的优势。

Shimada 等在对含 TBP-HNO_3 络合剂的超临界 CO_2 萃取铀氧化物的研究基础上，提出了 Super-DIREX 后处理概念流程（图 9-15）。该概念流程的具体过程为：①乏燃料元件通过高温化学过程除去包壳，制成粉末；②含 TBP-HNO_3 络合剂的超临界 CO_2 直接萃取乏燃料粉末中的 U、Pu（40～60℃，10～20MPa）；③萃取后的 U、Pu 再经分离、浓缩和脱硝过程后送元件制造厂。由于裂变产物几乎不被超临界流体萃取，因此仍保留在核废物中，以固态形式进行玻璃固化。与传统的 Purex 流程相比，Super-DIREX 流程具有以下特点：① Purex 流程中的酸溶解、澄清净化、调价和萃取过程（共去污）在 Super-DIREX 流程只需一个直接萃取（含 TBP-HNO$_3$ 络合剂的超临界 CO$_2$ 萃取 U、Pu）过程实现，大幅减少了二次废物的体积；②由于裂变产物元素基本不被萃取，因此以固体形式与 U 和 Pu 分离，最后直接进行玻璃固化，这可能节约高放废液储罐和浓缩设备；③用惰性 CO$_2$ 气体代替煤油，排除了起火和爆炸的潜在危险；④此流程建立在低去污燃料循环基础上，有利于防止核扩散。总之，这种不需酸溶解的新方法对于乏燃料后处理和核废物处理处置具有重要意义。

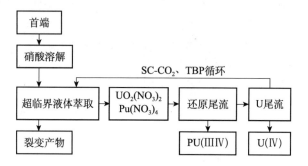

图 9-14 超临界 CO$_2$ 后处理概念流程

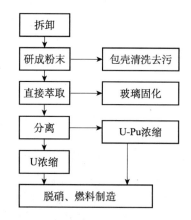

图 9-15 用于乏燃料后处理的 Super-DIREX 流程

六、其他新材料、新方法在核燃料循环中的应用

（一）大科学装置在核能体系中的应用

20 世纪中叶以后，科学发展的一个重要特征是大科学装置的出现。大科学装置是指须通过较多资金投入和工程建设来完成，建成后通过长期的稳定运行和持续的科学技术活动实现重要科学技术目标的大型设施。大科学装置是现代科学

技术诸多领域取得突破的必要条件，世界各国以巨大的投入建立大科学装置，其推动力即在于此。大科学装置的科学技术目标必须面向国际科学技术前沿和国家重大需求，为国家科学技术进步、国防建设与社会经济的发展做出战略性、基础性和前瞻性的贡献。

核能经过几十年的发展，也越来越依赖大科学装置的基础研究平台作用。目前，与核能密切相关的大科学装置主要包括同步辐射装置、散裂中子源装置和重离子加速器等。

同步辐射是速度接近光速（$v \approx c$）的带电粒子在磁场中沿弧形轨道运动时放出的电磁辐射，同步辐射光源由于其光谱连续且范围宽、辐射强度高、高度偏振、高度准直、洁净的高真空环境和波谱可准确计算等诸多优点，在固体物理与化学以及结构化学领域发挥着不可替代的作用。同步辐射技术在核材料研究中的应用主要包括：①核材料的结构分析和杂质的分析与表征，如测定核材料的晶体结构和分子结构，通过 X 射线小角散射可研究核材料的动态变化，通过 X 射线荧光分析可测定核材料中杂质原子的种类和含量，灵敏度可达 10^{-9}g/g。②核材料的固体物理学，可用于研究核材料的电子状态、固体的结构、激发态寿命及晶体的生长和固体的损坏等动态过程。③表面物理学和表面化学，可用于研究核材料的表面性质，以及材料的氧化、腐蚀等过程的表面电子结构和变化。④材料的结构化学，如 X 射线吸收精细结构光谱可用于测定原子的配位结构、分子之间的化学键参数等。目前，世界主要核能国家均建有不同数目的同步辐射光源，以满足材料研究的需要。在基础研究方面，相关工作也不断有文献报道。例如，中国科学院高能物理研究所的石伟群课题组依托北京同步辐射光源在国内较先开展了应用同步辐射技术和手段研究锕系材料相关基础化学问题。他们利用同步辐射 X 射线单晶衍射技术成功解析了国际上首例锕系元素轮烷配位聚合物的结构。大环配合物晶胞体积较大，结构复杂，加之锕系元素的强放射性和高毒性，采用普通 X 射线单晶衍射技术无法满足测试要求。同步辐射 X 射线单晶衍射技术借助同步辐射光源强度高、准直性好、能量连续可调等一系列优点，可极大提高单晶测试的分辨率，缩短数据收集时间，利于锕系大环配合物的结构测定。本工作对于理解锕系元素的超分子成键特性具有重要意义。此外，该课题组还利用同步辐射技术（如 EXAFS）详细解析了 U（Ⅵ）、Th（Ⅳ）等核素在吸附剂表面（介孔硅材料、石墨烯复合材料等）的微观配位结构，分析了相应的吸附机理，为更高效锕系萃取剂的理论设计提供了有效反馈。其中，在研究利用 PAMS 吸附分离Th（Ⅳ）时，基于 EXAFS 测定创新性地提出了氨基引入 - 磷脂基螯合的协同吸附机理，如图 9-16 所示。这是国际上首次关于锕系离子协同固相萃取的报道。

散裂中子源则是通过质子加速器打靶（通常为重核）产生散裂中子的装置，散裂中子源的特点是在比较小的体积内可产生比较高的中子通量，每个中子能量沉积比反应堆低 1/8 ～ 1/4，单位体积的中子强度比裂变堆高 4 ～ 8 倍，可用较低功率产生与高通量堆相当或更高的平均中子通量。高通量中子能穿透一切金属体，可以为理解材料变化的机理和发现新材料提供强有力的工具。另外，散裂中子源还具有脉冲特性，可以具有很高的时间分辨性能，对于开展核材料的动态特性研究极为关键，如利用脉冲中子谱仪可以实时测定核材料的辐射和腐蚀变化。

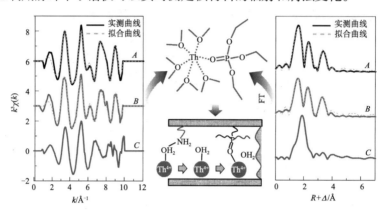

图 9-16　基于 EXAFS 技术研究 Th（Ⅳ）在 PAMS 吸附剂表面的配位结构及吸附机理

　　强辐照场下的材料问题是制约未来先进核能发展的主要瓶颈之一，决定着未来先进核能系统的可行性、安全性和经济性。重离子加速器这一大科学装置则可以为抗辐照核材料的研发提供强大科技支撑。利用重离子加速器可以研究强离子辐照条件下的物质结构损伤及其机理，包括离子辐照场下物质缺陷的产生及演化规律、从原子尺度离子辐照缺陷的产生到宏观尺度物质结构损伤过程及微纳结构物质的载能离子辐照效应规律等。此外，该装置也可以用于研究载能离子与微纳结构物质结构体的相互作用机制、离子束诱导复杂物质结构体微结构演化 / 相变机制与固体纳米结构的形成理论，以及纳米结构的晶格定向演化、精确掺杂及结合的精确调控原理。

　　散裂中子源与同步辐射光源互为补充，已经成为基础科学研究和新材料研发的最重要平台。尤其是未来核能发展对核材料的性能要求极高，需要利用大科学装置对材料性质及其在极端条件下的演化机理做深入研究，在此基础上设计并制造可用的新材料。另外，为应对核废物对环境的长期威胁，一些国家在积极发展 ADS 这一大型科学装置的关键技术，以探索嬗变长寿命核素的方法。

　　抗辐照材料的主要研究目标是探索耐高辐照、高腐蚀、高温度的材料。现代大科学装置给抗辐照材料研究提供了前所未有的科学工具，如高通量反应堆、散裂中子源和重离子加速器，给辐照材料研究提供了难得的条件；先进的光源、中子源、强磁场、核磁共振、电子扫描谱仪等，提供了高分辨多功能的表征手段。

科学技术领域的国际竞争主要表现在对诸多前沿研究领域的突破能力。20世纪中叶以来，科学技术发展中出现了一个新的态势，即许多科学领域已经发展到这样一种地步，它们的进一步发展或者说它们的研究前沿的突破都离不开大科学装置。相关大科学装置的发展状态将决定我国在众多领域的前沿研究取得突破的能力，从而决定了我国在国际上的科学技术竞争能力。

（二）超级计算机在先进核能体系中的应用

超级计算机通常是指由数百数千甚至更多的处理器（机）组成的、能计算普通计算机和服务器不能完成的大型复杂课题的计算机。它是计算机中功能最强、运算速度最快、存储容量最大的一类计算机，多用于国家高科技领域和尖端技术研究，是国家科技发展水平和综合国力的重要标志。随着其运算速度的迅猛发展，超级计算机也被越来越多地应用在工业、科研和学术等领域，超级计算在先进核能系统中的重要性也日益凸现。美国能源部的报告甚至称"核能的未来在于软件"，由此可见超级计算和模拟对于核能发展的重要性。

总结起来，超级计算机可以在核燃料的设计与制造、反应堆运行模拟和乏燃料后处理工艺模拟与计算方面发挥建设性作用，达到大大缩短研发周期、节省建设与运行成本和保证核设施安全的目的。核燃料的设计目前还是一个很长的经验过程，一种新的核燃料从概念设计，经过各种条件测试，再到大规模应用通常需要 20a 的时间，其中在实验堆内测试就需要 4～5a 的时间，而建模与仿真的高性能计算机则可能大大改变核材料和燃料的认证程序，强大的并行计算甚至可以将实验假设直接转化为可用的设计代码。

因此，世界主要核能国家非常重视超级计算技术在先进燃料循环中的应用。美国能源部在 2010 年年初宣布，在今后 5a 内投入 1.22 亿美元实施轻水堆先进仿真联盟（Consortium for Advanced Simulation of Light Water Reactors，CASL）计划，该计划将整合美国高校和国立实验室的科技力量，在橡树岭国家实验室建立并运行一个核能创新枢纽。该枢纽是一个联合计算平台，将利用目前世界上计算速度最快的三台超级计算机 Jaguar（2331 万亿次 /s）、Roadrunner（1375 万亿次 /s）和 Kraken（1029 万亿次 /s）进行核能相关的计算。该计划的主要研究目的有两个：一是发展智能化的计算机模型来模拟核电站的运行，形成一个虚拟反应堆，以预测和模拟轻水反应堆，虚拟反应堆将会加快下一代反应堆的设计与部署，尤其会加快先进核燃料技术与结构材料的研发；二是利用计算机模型可以降低单位能量的投资和运行费用，延长目前核电站的服役年限，尽可能达到更高的燃耗以降低核废物的产生量。在高性能超级计算方面，法国也不甘示弱。法国原子能委员会与服务器生产商 Bull 公司合作，在 2010 年 5 月成功运行超级计算机 Tera100，该计算机的运行速度达到 1250 万亿次 /s，居欧洲第一位和全球第三

位，其中英国原子武器研究机构（Atomic Weapon Establishment，AWE）购买了
其中 150 万亿次 /s 的超算系统。日本亦非常重视超级计算在核能系统中的应用，
日本原子能研究开发机构（JAEA）与富士通公司合作研制的超级计算机在 2010
年 3 月投入运行，计算速度为 186.1 万亿次 /s，在日本列首位，在全世界居第 19
位（实际上到 2010 年 10 月，我国天河 -1A 号计算机已经是世界上最快的计算机，
运行速度达到 2500 万亿次 /s）。

（三）耐腐蚀与抗辐照核材料在核燃料循环中的应用

核材料包括用以产生可控核裂变链式反应并保证反应堆安全运行的全部材
料。除了核燃料外，冷却剂、慢化剂、反射层材料、结构材料、控制材料和屏蔽
材料等都是核材料。核材料一般在高温、腐蚀介质和辐照等特殊条件下工作，因
此对它们的抗腐蚀、耐高温和抗辐射等性能有严格要求。

以反应堆中金属或合金材料的腐蚀为例，金属或合金材料在反应堆中易被腐
蚀生成其氧化态形式，由此引起材料机械性能（如韧性和抗张强度等）的显著降
低，进而严重影响反应堆的正常运行。金属反应堆材料的腐蚀是造成现有核反应
动力堆不定期停工检修的主要原因，也是先进核能系统重点考虑的问题。目前核
工厂中金属反应堆材料的腐蚀一般包括以下几方面：①均匀腐蚀，金属因为腐蚀
而损失，这种腐蚀一般均匀地发生在某个肉眼可见的表面。②点腐蚀，点腐蚀会
引起在某个微区内发生快速渗透。③应力腐蚀开裂，在一些连接部位，在张应力
和腐蚀环境的双重作用下导致材料发生开裂。④"腐蚀疲劳"，是由于交变应力
和腐蚀联合作用而引起的材料破坏。当金属受到腐蚀，一些部位的应力就比其他
部位高得多，从而会加速裂缝的形成。⑤氢诱导裂化，是氢气由材料表面进入到
材料内部而引起的材料破坏。氢诱导裂化会造成金属材料机械性能的显著降低。
在水冷堆中，以上腐蚀过程都比较常见，而在沸水堆中则主要发生应力腐蚀开
裂。除了以上提到的腐蚀外，在接触高温气体冷却剂时液体金属的脆化和合金中
的晶界渗透也将是 ANES 重点要考虑的问题。反应堆材料在高温及强辐射环境下
使用同样也会发生与以上类似的材料破坏和性能下降，这里不再详述。

为了在先进核能系统中解决材料的腐蚀、高温或辐射降解问题，需要对材
料的抗腐蚀、耐高温和抗辐射性能进行系统研究。目前，对提高反应堆材料抗腐
蚀、耐高温和抗辐射性能的研究主要集中在新材料的研发上，而纳米材料是这一
方向的研究重点。例如，在实验研究中得到的纳米铁素体不锈钢材料，具有很好
的工艺微孔结构，能很好地融合超高密度纳米 Y-Ti-O 溶质聚集体或更大的氧化
复合物纳米簇。经过融合后，该材料表现出很高的蠕变强度和比常规不锈钢材料
好很多的耐高温性能。事实上，纳米材料不但在耐高温方面表现出很好的前景，
在抗辐射方面也具有很大潜力。研究表明，纳米多层复合金属材料（单层厚度为

几纳米到几十纳米）一般具有很好的抗辐射性能。例如，Cu-Nb 纳米片材料在受到 150keV 氦粒子轰击 7dpa（displacement per atom）后，其纳米微结构仍未发生明显变化，表现出很强的抗辐射性能。此外，经验研究发现，材料的微结构与材料的抗辐射自我修复能力存在必然联系。很多材料都对辐射具有一定的自我修复能力，而这种自我修复能力受材料的微结构影响很大。一方面，通过设计特定的微结构并使微结构在辐射条件下保持稳定可以得到抗辐射性能良好的材料；另一方面，设计在辐照条件下不稳定的微结构并使微结构在辐照诱导下向有利于材料自我修复能力的方向变化，这也是提高材料抗辐射性能的重要方法。例如，纯镍在受到辐照时会以每 dpa1% 的速度发生膨胀，但当镍的空隙率达到 10% 时，这种膨胀急剧降低。这就是说，当镍受到 10dpa 的辐照后形成了一种新的、更稳定的微结构，这种微结构能够使镍最大限度地发挥自我修复能力，进而表现出良好的抗辐射性能。

除了新材料的研发，另一个提高材料抗腐蚀、耐高温和抗辐射性能的重要方法是添加涂层，如在四代高温堆燃料制造中使用的 TRISO 涂层技术。TRISO 涂层技术的燃料核心是钍、铀和钚的氧化物或碳化物，呈颗粒状，直径为 70 ~ 500μm。颗粒表面首先添加一层多孔石墨缓冲层，厚度一般为 100μm，其用途是吸收辐射，同时也起到吸收辐解气体和防止核心材料高温流失的作用。缓冲层外再依次添加高密度热解碳、SiC 和高密度热解碳。SiC 层厚度一般为 35μm，高密度热解碳厚度一般为 40μm。第一层热解碳主要用于防止腐蚀性气体对核心材料的腐蚀，第二层热解碳则起到保护 SiC 层的作用。经过几个涂层的保护，燃料核心材料不但具有很好的抗腐蚀性能，而且具有良好的耐高温和耐辐射性能。

此外还应注意到，目前关于材料性能研究的一个关键问题是材料的表征周期与材料实际使用时间的不一致。在实验室研究中，对材料性能（抗腐蚀、耐高温或抗辐射）的表征周期一般很短。而在实际使用时，材料不仅需要具备优良的性能，同时也需要长时间内保持其优良性能。这个时间尺度可能是几年、几十年甚至上百年，如此长的周期无疑给实验室研究带来很大困难。因此，当前的基础研究除了进一步提高材料本身的性能外，进一步开发准确快速的材料性能表征方法和检测方法也应是重点研究的方向。

（四）计算化学对于先进燃料循环的重要性

由于锕系元素一般具有很强的放射性和化学毒性，开展实验研究具有较大困难，计算化学现已成为研究锕系元素体系的有效补偿手段。通过理论计算能够辅助实验理解锕系元素体系的结构和性质，有效避免实验的盲目性，降低实验成本。与过渡金属元素和镧系元素相比，锕系元素离散的 5f 轨道使其成键模式更复杂。同时，相对论效应和电子相关效应以及基态附近大量近简并电子态的存在极大地增加了锕系体系的计算难度和计算量。因此，锕系元素计算化学对理论方法和计算条件要求相对较高。近年来，随着高性能并行集群计算机的出现以及计算化学理论方法的发展，有关锕系元素理论方面的研究不断增多，与先进燃料循环密切相关的乏燃料后处理和核燃料方面的理论研究也成为核能领域重点研究课题之一。

高放废液中锕系元素的分离是乏燃料后处理流程的重要科学问题，理论研究锕系元素溶剂萃取行为及高效萃取剂分子设计已成为乏燃料后处理的重点研究内容。目前密度泛函理论（DFT）方法如局域密度近似（LDA）和广义梯度近似（GGA）等是研究锕系元素萃取分离行为的常用方法，而电子相关和相对论效应采用 DFT 和基于波函数的从头计算等较成熟的方法来处理。Cao 等（2010）采用 DFT 方法系统研究了三价镧锕元素与萃取剂 Cyanex301［二（2，4，4- 三甲基戊基）二硫代磷酸］形成的配合物，发现金属离子的水合能对其选择性具有重要作用。Keith 和 Batista（2012）通过热力学分析方法进一步研究了二硫代磷酸对镧锕离子的选择性分离行为，指出此类配体的选择性主要源于其与金属离子结合能的大小。另外，含氮类配体如 BTBP［6，6'- 二（1,2,4- 三嗪 -3- 基）-2,2'- 联吡啶］和 BTPhen［2,9- 二（1,2,4- 三嗪 -3- 基）-1,10- 菲咯啉］等对锕系离子的分离也有文献报道。最近，de Sahb 等（2013）报道了设计构建聚氮杂苯类镧锕分离配体的理论判据，提出配体的预组织影响其分离效果。

铀资源是目前制约核能可持续发展的重要因素。随着全球核电产业的发展，陆地上的铀资源日益缺乏，而海洋中蕴含着丰富的铀资源。据估算，海水中含有超过 40 亿吨铀资源，约为陆地矿石中铀含量的 1000 倍。因此，海水提铀是解决陆地铀资源不足的有效途径。然而，海水中铀的浓度极低，导致从海水中提铀成本过高，极大地阻碍了这一方法向工业应用的推进。目前，日本、美国、法国、德国等国家的专家学者致力于新型高效海水提铀吸附剂的设计与制备。其中，偕胺肟基吸附材料对铀吸附性能较好，被认为是未来最具应用潜力的吸附材料之一。近年来，此类材料吸附分离铀酰离子的相关理论研究也在日益增多。Vukovic 等（2015）研究了偕胺肟基对铀酰离子的吸附分离行为，并详细介绍了如何使用计算机辅助方法设计构建偕胺肟基高效吸附分离材料。Sun 等（2013）通过理论研究确认偕胺肟基与铀酰离子可形成环亚胺二肟型配合物，并预测此类配合物具有更高稳定性。另外，Abney 等（2013）对如何提高偕胺肟基对铀酰离子的吸附分离能力进行了系统的理论研究。

先进核燃料循环体系将采用基于锕系元素的新型核燃料，因此不仅需要新型化学分离技术，还要求前瞻性地预测核燃料及核废物的结构和性能。然而，对材料性质的有限了解严重制约了核燃料循环体系的优化和升级。目前，锕系元素计算化学也为固体核燃料的研究提供了有效途径。对于强电子相关效应影响较小的固体材料，如金属、合金、半导体、化合物等，LDA级别的电子结构理论计算被广泛应用于材料设计。对于含高价态前锕系元素的复合材料，现有理论能够预测自旋轨道和多重态结构效应最小化的前锕系元素无机复合材料和有机金属复合材料的结构和振动光谱，溶剂效应对其结构、振动频率和能量的影响也可获得可靠的预测结果。对于强相关效应影响显著的固体材料，如过渡金属氧化物和含f电子的金属及合金，现有的理论方法如LDA+U、局域密度近似－动力学平均场理论（LDA-DMFT）、自相互作用相关－局域自旋密度（SIC-LSD）、杂化泛函等方法在预测锕系元素材料的性质方面取得了较大进步。

事实上，乏燃料后处理中锕系元素的萃取分离涉及诸多复杂因素，如溶液中锕系元素种态分布、官能团种类、平衡离子浓度、溶剂种类、pH、稀释剂等，因此对锕系元素水溶液化学的理论模拟提出了新的挑战。虽然目前量子化学计算中可采用显性溶剂模型或连续溶剂模型来处理溶剂效应，但这两种模型都不能精确描述溶剂化效应。尽管分子动力学方法为模拟溶液中锕系元素的萃取行为提供了新途径，但由于锕系相关材料实验数据非常有限，在原子/分子尺度上模拟锕系元素，力场缺失成为目前面临的主要困难之一。对于锕系元素固体材料，现有的理论方法还有待继续完善。目前还无法了解强相关效应显著的固体材料与核燃料相关的物理性质，如热导率、晶格动力学、自旋和轨道磁性等。

综上所述，要准确预测锕系元素体系的物理化学相关性质，急需发展新的理论方法，包括改进的密度泛函方法、DMFT、分子动力学方法、量子蒙特卡洛方法（QMC）及新的分子轨道（MO）理论等，而将这些方法结合的多尺度模拟方法也是未来锕系元素计算化学的发展趋势。同时，理论方法和模型的发展也对当前的计算能力提出了更高的要求，目前集群的并行计算能力仍待继续改进。总之，能否通过计算化学方法准确预测锕系元素体系的基本物理化学性质将直接影响新型核燃料的开发及乏燃料的后处理，对先进核燃料循环具有重要意义。

第二节　我国核燃料循环对新材料、新技术的重大需求

近20年来，气候变化已被视为最具危险性的全球问题之一，通过何种机制和方法应对气候变化已经是影响国家利益和国家安全的核心议题。减少碳排放无疑是最佳解决方案，且必须立刻行动。碳排放量主要来自化石燃料，它占所有温室气体排放量的2/3以上，而核能的碳排放量几乎为零。因此，胡锦涛同志在

2009 年第三次 G20 经济峰会上指出，我国将大力发展可再生能源和核能，争取到 2020 年非化石能源占一次能源消费比重达到 15% 左右。我国的核电发展政策也从 20 世纪末的"适度发展"发展到 21 世纪初的"积极发展"，直到现在的"大力发展"。预计到 2020 年，我国核电将从目前占整个电力供应的 1.89% 提高到 15% 左右，到时我国的节能减排现状也会有很大的改观。我国核电的迅猛发展同样对我国核燃料循环体系尤其是乏燃料后处理提出了现实而迫切的挑战，预计到 2020 年我国储存的乏燃料将达到 10 000 ~ 15 000t，另外每年还新增 1000t 以上的乏燃料。然而，我国由于技术发展水平的限制，到目前为止还没有建设商用核燃料后处理厂，由此可见问题的紧迫性。为应对日益严峻的乏燃料问题，我国正在积极研究开发水法核燃料后处理技术，基于无盐试剂二甲基羟胺做还原剂的改进 Purex 流程目前已经进入中试调试阶段。尽管水法 Purex 后处理流程在铀钚分离和浓缩方面性能优越，但亦存在诸多技术问题，例如：①溶剂的辐射降解导致萃取性能降低；②水的中子慢化作用引起临界安全问题；③乏燃料元件难以溶解，不溶性残渣导致钚的损失量增加；④因溶剂辐解和裂片元素的增加，导致流程中形成三相，而使整个工艺无法连续运行，对铀钚的回收率下降；⑤流程会产生大量不同放射性水平的有机和水相废液，这些废液目前处理起来困难较多，不加处理则对环境的长期威胁很大。从核能的可持续发展来看，我们不仅需要通过后处理回收铀钚，还需要通过后处理有效降低乏燃料与核废物对环境的威胁。如果我国仅仅是学习模仿别国的核燃料后处理模式，显然很难从根本上解决我国乏燃料快速增加对环境的威胁加剧这个难题。要解决这个难题，除了大力发展应用关于核燃料循环的新材料与新技术外别无选择。当然，核燃料循环的每个环节都是环环相扣的，如可以利用新技术设计制造易于后处理的先进核燃料，可以设计制造产生乏燃料量少的先进反应堆，所以核燃料循环的每个环节都需要新材料与新技术，以完成真正意义上的变革。

近年来，纳米材料在高科技领域的应用日益增多，取得的实验室成果充分说明纳米材料和纳米结构是常规材料无法代替的，显示出了十分广阔的应用前景。如前所述，纳米材料技术可以应用于先进核燃料设计、乏燃料后处理、核废物处置、核环境修复和核素的高灵敏度检测等核燃料循环的各个环节，可以综合解决核燃料循环中的难题。以先进纳米核燃料制造，乏燃料后处理中核素的吸附、富集和分离，核环境修复为目标，在理论计算模拟的基础上，利用分子自组装技术设计构建高效功能化纳米材料，可以为高放废物的处理和核环境修复提供有价值的参考途径。积极发展纳米材料技术在核燃料循环中的应用基础研究，不仅会在知识层面上丰富纳米材料技术的内涵，而且必将促进我国纳米材料技术在核能领域的应用，对我国未来先进核能的安全和可持续发展、核环境安全等均具有重要的现实意义。

室温离子液体具有很好的辐射稳定性，且离子液体的使用可大幅降低核事故发生的风险，有望在很大程度上解决上述乏燃料水法后处理面临的问题。2001年，美国能源部洛斯·阿拉莫斯国家实验室的 Harmon 等计算了钚在水、[Emim][AlCl$_3$] 和 [Emim][BF$_4$] 中的临界值分别为 8g/L、150g/L 和 1000g/L，可见钚在离子液体中的临界值比水中的临界值高出至少一个数量级。此外，传统核废料后处理需要用到各种挥发性有机化合物（volatile organic compound，VOC），如煤油、长链醇、硝基苯等，其挥发性和毒性对人体与环境均有危害。因此，对于大多数工业过程来说，对 VOC 进行合适且安全的处置是需要重点考虑的问题。VOC 还可能会增加大气臭氧层的消耗并加剧全球温室效应，因此其使用受到了更多的关注。当前，"低碳"和"洁净"是核能利用的重要优势之一，以符合绿色理念的离子液体替代传统有机溶剂，可使核能作为洁净能源更加名副其实。因此，积极发展离子液体技术在核燃料后处理中的应用基础研究，对于我国乏燃料后处理的高效和安全有重要意义，同时对于环境保护也意义重大。

超分子识别材料是超分子识别技术的新领域。近年来，以杯芳冠醚为反应性和功能性识别试剂、大孔硅基或高分子基材料为载体复合而成的多孔材料——大孔硅基或高分子基超分子识别材料被认为是一类先进的新型吸附材料。其中，大孔硅基超分子识别材料，如 Calix[4]arene-crown/SiO$_2$-P，显示出选择性高，吸附容量大，解吸曲线无拖尾现象，抗辐射、耐酸性和流体力学性能好等特点，在高选择性吸附与分离发热元素铯方面表现突出，具有极为重要的基础研究价值与显著的应用前景。

超临界流体萃取技术是一项很有前景的绿色新型化工分离技术。国际上，超临界萃取技术在核工业中的应用成为近年来的研究热点之一。目前，该技术已取得很大进展，显示出在核工业中应用的可能性，在核素分离方面也展示了很好的应用前景。总之，加强这一新技术的应用基础研究，必将大大减少我国乏燃料后处理中不同水平放射性废物的排放量，从而显著减少其对环境的危害。

第三节　我国的现况和主要问题分析

一、先进核燃料循环与新材料和新技术

针对乏燃料循环产业的紧迫形势，我国也在紧锣密鼓地进行乏燃料后处理中试厂、乏燃料商业后处理大厂、乏燃料储存库选址的建设、调试和规划等工作。目前，乏燃料处理中试厂已经处于调试阶段，但是处理能力非常有限。中国

原子能科学研究院对传统 Purex 流程进行了改进，采用二循环工艺，并通过发展两种重要的无盐试剂使工艺过程大大简化，核素走向更加合理，废物产量大幅度降低。该先进流程已通过多次温实验验证，预示了其光明的应用前景。但整体上讲，目前我国的核燃料循环产业，尤其是核燃料后处理技术，基本以学习和模仿国外技术为主。我国核燃料循环产业中，新材料、新技术的研发和应用还远远不够，严重影响了我国核燃料循环产业的独立自主和发展壮大。

二、纳米材料技术

近年来，我国高度重视纳米技术方面的基础研究。2001 年，我国颁发了《国家纳米科技发展纲要（2001-2010）》，纳米科技研发被列入各项重大计划中。通过实施 863 计划、973 计划和国家自然基金纳米科技基础重大研究计划，国家这几年对纳米技术研究投入的科研经费几乎是每年翻一番。据估算，我国近年来在纳米技术研究方面已累计投入科研经费数十亿元。由于战略层面的重视，我国纳米材料制备和纳米技术研究已取得一大批突出研究成果，引起了国际上的广泛关注，这标志着我国在纳米技术基础研究方面已进入世界先进行列。当前，国家纳米科学技术中心、纳米生物技术重点实验室等纳米科技研究与开发中心已陆续成立。上海、西安、大连等地还建立了本地的纳米科技研发促进中心。我国还于2005 年在全世界率先发布并生效实施了 7 项纳米技术和产品标准，奠定了我国在纳米技术和标准方面领跑的地位。但是，令人遗憾的是，我国纳米材料技术与核能交叉的基础研究却没有引起必要的重视。与纳米材料技术在其他领域的欣欣向荣相比，我国核能纳米材料技术正在蹒跚起步，与其他核能发达国家有很大的差距。事实上，我国已经拥有非常好的纳米技术研究基础和平台，拥有世界一流的纳米科技研究队伍。只要国家层面重视其在核能领域的应用，这个研究领域的水平将会很快提升。我国目前只有极少数单位开展了核能纳米材料的基础研究，中国科学院高能物理研究所的赵宇亮课题组在国际上首次成功合成并分离了内嵌各种锕系金属原子的新型富勒烯物质，并对其物理化学性质进行了初步表征。研究发现，这种材料不仅具有富勒烯的热稳定性，而且具备锕系元素的物理化学性质，在核燃料技术方面有潜在的应用前景。

三、核燃料循环相关的计算化学

目前，我国仅有少数科研机构开展了锕系元素化合物理论计算方面的研究，而且模拟体系也大多局限于锕系元素小分子化合物。中国科学院高能物理研究所石伟群课题组在国内率先开展了乏燃料后处理和核燃料相关领域的理论研究。在锕系元素高效分离材料的设计方面，他们采用锕系计算化学方法系统研究了锕系阳离子的水合行为、镧/锕分离配体和有机萃取剂的分子设计、海水提铀中偕胺肟材料与铀酰离子的相互作用、锕系阳离子在石墨烯等纳米材料表面的吸附分离行为等。在锕系固体材料物理化学性质的计算模拟方面，他们采用第一性原理方法对锕系氧化物和氮化物材料的物理、化学性质以及锕系固相材料的表面化学行为进行了系统研究。以下对他们课题组目前取得的主要研究成果进行概述。

CMPO（辛基苯基 -N,N- 二异丁基氨基甲酰甲基氧膦）类萃取剂含有 P＝O 和 C＝O 结构单元，对锕系和镧系元素具有很强的萃取能力，可作为乏燃料后处理中镧锕共分离萃取剂［图 9-17（a）］。对 CMPO 和其衍生物 Ph_2CMPO 的准相对论密度泛函理论研究发现，此类配体形成的配合物稳定性依 Pu（Ⅳ）、Eu（Ⅲ）、Am（Ⅲ）、U（Ⅵ）、Np（Ⅴ）顺序下降，且萃取 Am（Ⅲ）和 Eu（Ⅲ）能力相差较小，这与相关实验研究结论一致。对另外一种含 P＝O 基团的配体 HDEHP［二 -（2- 乙基己基）］磷酸萃取 AnO_2^{n+}（An=U，Np；n=1，2）的行为进行了系统的理论研究，发现 HDEHP 更容易萃取 An（Ⅵ）。酰胺荚醚类萃取剂 TODGA（N,N,N',N'- 四辛基 -3- 氧戊二酰胺）对三价锕镧系元素也表现出较强的共萃取能力，对 TODGA 及其衍生物 DMDHOPDA 分离 Am（Ⅲ）、Cm（Ⅲ）和 Eu（Ⅲ）的理论研究表明，在配体：金属化学计量比为 1∶1 和 2∶1 的络合物中，配体羧基氧原子与金属离子的络合能力比脂基氧原子更强。含氮杂环类软配体［图 9-17（b）］如 BTBP 是未来具有广阔应用前景的镧/锕分离配体之一。准相对论密度泛函理论研究发现，BTBP 类配体对 Am（Ⅲ）/Eu（Ⅲ）的选择性可能主要源于三价镧锕离子与水和硝酸根等平衡离子的络合能力差异。BTPhen 类分离配体由于具有比 BTBP 类配体更快的萃取动力学，也成为目前镧/锕分离领域的热点研究内容之一。理论研究发现邻菲咯啉上的氮原子与三价镧锕离子的配位能力比三嗪环上的氮原子更强，电子结构分析表明此类配体对镧锕离子的萃取动力学和选择性优于 BTBP。石墨烯等固体萃取材料也是未来锕系元素分离方面颇具应用前景的吸附剂之一，对氧化石墨烯的理论模拟揭示了其边界上吸附锕系离子 U（Ⅵ）、Np（Ⅴ）和 Pu（Ⅳ，Ⅵ）的结构，以及不同官能团对吸附选择性能的影响。开发基于偕胺肟基的吸附材料是海水提铀技术的重点研究内容，通过理论研究不同官能团与铀酰离子的相互作用发现，偕胺肟基和羧基的共同存在可提高对铀酰离子的吸附。为了准确模拟实验过程，在以上理论研究基础上，他们提出采用多尺度模拟方法来研究锕系元素萃取分离行为。

二氧化铀是反应堆最常用的核燃料，而氮化铀以其良好的增殖性及高熔点等优点被认为是未来潜在的先进核燃料。在反应堆工作时，产生的大量裂变产物如氙、碘、钡和锆等严重影响这些核燃料的性能和寿命。对锆在二氧化铀中的溶解行为的第一性原理研究表明，锆原子更容易占据铀空位，而且锆缺陷的存在影响

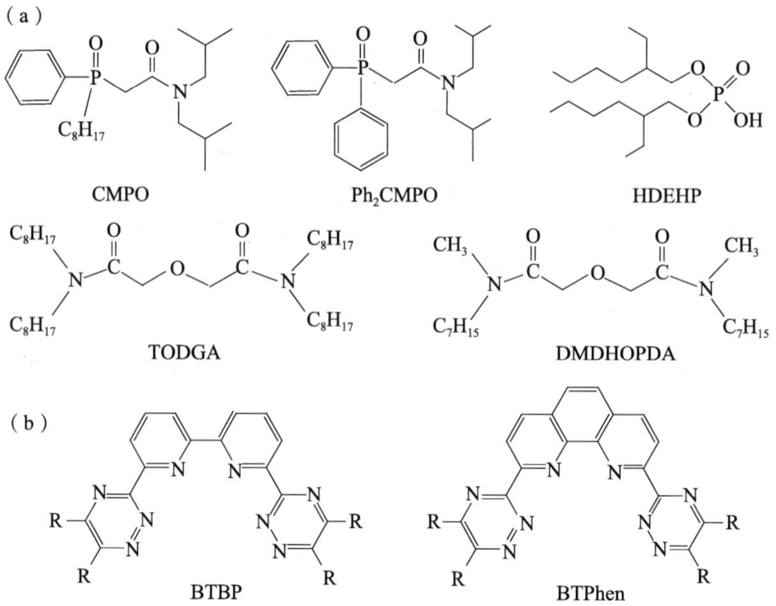

（a）

CMPO   Ph₂CMPO   HDEHP

TODGA   DMDHOPDA

（b）

BTBP   BTPhen

图 9-17　部分代表性萃取剂的分子结构
（a）锕镧共分离萃取剂；（b）镧/锕分离萃取剂

二氧化铀的晶胞体积和电子结构。对钡和锆在氮化铀晶体中溶解行为的理论研究发现，钡和锆最适合的溶解点是铀空位，并且随着钡掺杂浓度的增加，氮化铀体积逐渐增大，而随着锆掺杂浓度的增加，氮化铀体积先增大后减小。通过研究氙在氮化铀中的扩散行为，得到了氙在不同位点的结合能以及氙在氮化铀内部的扩散势垒。锕系氧化物的表面结构以及表面与水的相互作用影响核燃料的制造及乏燃料的储存。采用第一性原理方法研究了二氧化铀的表面能及表面氧空位形成能，得到了分子态水和解离态水在近化学计量和缺陷二氧化铀表面的吸附结构和吸附能，同时分析了水的吸附结构及吸附能随水覆盖度的变化，发现水分子在二氧化铀表面的解离可借助于邻近水分子的催化作用。另外，对缺陷二氧化铀表面吸附水产生氢气的反应路径进行了理论研究，得到了氢气分子析出所需要的能垒及释放的能量。

尽管目前我国在核燃料循环相关领域理论研究方面取得了一定的进展，但是许多问题还有待深入探讨，研究水平也有待进一步提升。建立完善的锕系元素溶液体系和固体材料的理论研究模型和方法，实现原子和微观水平到多尺度模拟的跨越是今后我国锕系元素计算化学领域需要解决的主要问题和重点研究方向。

四、离子液体技术

总体而言，我国在离子液体分离核素方面的研究力量较薄弱，目前只有少数单位开展了相关研究。北京大学化学学院应用化学系在国内较早开展了离子液体萃取分离核素及相关体系辐射化学稳定性的研究。从 2005 年至今，他们已进行了四年多的探索，完成国防基础科研项目 1 项，取得一批重要研究成果，主要完成以下工作：①特定离子液体的合成与纯化；②离子液体在萃取和分离中的应用研究；③离子液体的辐射稳定性研究；④离子液体中铀的电化学研究。代表性研究成果如下所示。

（1）筛选出了冠醚－离子液体体系。该体系对水相中锶离子有极高的萃取效率，萃取分配比可达到 10^3 数量级。

（2）筛选出了杯芳冠醚－离子液体体系。该体系对水相中铯离子有极高的萃取效率，萃取分配比可达到 10^3 量级。

（3）筛选出了 CMPO- 离子液体体系。该体系对水相中铀酰离子有极高的萃取效率，萃取分配比可达到 10^3 量级。

（4）研究确定萃取机理为离子交换机理。离子液体存在时，萃取体系无须高酸度，低酸度反而有利于萃取。

（5）研究发现，硝酸对 $[C_4mim][PF_6]$ 的辐解具有一定的敏化作用，但同时亦可强烈抑制 $[C_4mim][PF_6]$ 在辐照过程中的颜色加深。硝酸对辐照后的 $[C_4mim][NTf_2]$ 的脱色也有一定效果。

（6）在辐照对离子液体/冠醚萃取体系的影响方面，发现离子液体经 γ 辐照后其冠醚体系从 $Sr(NO_3)_2$ 水溶液中萃取 Sr^{2+} 的能力下降。原因是这些离子液体的咪唑阳离子在辐照过程中产生的 H^+ 与 Sr^{2+} 竞争冠醚。将辐照后的离子液体水洗除去 H^+ 后，E_{Sr} 恢复至辐照前的水平。离子液体可循环使用，为离子液体在乏燃料萃取分离中的循环使用提供了依据。

（7）初步建立了在离子液体体系中电化学分离核素的方法。主要结论如下：①在离子液体介质中，对核素离子的萃取效率比在传统溶剂中高很多，离子液体与萃取剂需匹配使用；②离子液体及其萃取体系具有很好的辐射稳定性；③利用离子液体，有望实现常温下对核素的干法电化学分离。

中国原子能科学研究院放射化学研究所开展了离子液体介质中电化学分离核素的研究，目前已取得了重要进展。中国科学院上海应用物理研究所在离子液体的基础研究方面取得了若干创新性研究成果，目前他们也已启动了离子液体萃取分离核素的研究工作。值得一提的是，北京大学、中国原子能科学研究院和中国科学院上海应用物理研究所三家单位已就离子液体体系萃取分离核素研究问题进行了多次研讨。三家单位将互相合作、取长补短，大力推动离子液体体系萃取分离核素的基础研究和应用研究。

综上所述，目前我国在离子液体体系萃取分离核素领域的研究基础相当薄弱，人力、物力上的投入还远远不够，甚至可以说该研究领域在核燃料后处理技术中的重要意义还没有引起业内专业人士的广泛关注。目前国外在离子液体体系萃取分离核素方面的研究也仅处于基础研究阶段，很多问题还有待深入探讨。相比之下，近年来我国在核素分离之外的离子液体研究领域已投入了大量的人力、物力，也取得了丰硕的研究成果。因此，如果能充分发挥国内在离子液体研究领域的整体优势，广泛开展合作研究，我国在离子液体分离核素方面的研究水平会有较大的提升。

五、超分子识别材料

从文献调研来看，我国最近几年才有人陆续开展超分子识别材料在乏燃料后处理中的应用研究，总体上研究力量较弱。浙江大学的张安运课题组最先提出了乏燃料后处理中超分子识别材料这个概念，并在此基础上做了一系列富有成效的工作，主要成果如下所示。

（1）将大孔二氧化硅载体（SiO_2-P）与DtBuCH18C6复合，成功制备出一种新型吸附材料——大孔硅基超分子识别材料（DtBuCH18C6/SiO_2-P）及其被分子修饰的大孔硅基协同超分子识别材料［(DtBuCH18C6+M)/SiO_2-P]，并将其应用于从HNO_3溶液中色谱法分离Sr^{2+}的研究。该材料在有效分离Sr^{2+}方面表现出非常好的应用前景。

（2）合成了近20种杯芳醚单冠化合物，并将大孔二氧化硅载体（SiO_2-P）与杯芳醚单冠化合物复合，成功制备出一类新型吸附材料——大孔硅基超分子识别材料Calix［4］arene-crown/SiO_2-P及其被分子修饰的大孔硅基协同超分子识别材料［(Calix［4］arene-crown+M)/SiO_2-P]，如BiOCalix［4］C6/SiO_2-P、BnOCalix［4］C6/SiO_2-P、BiPCalix［4］C6/SiO_2-P、（BiOCalix［4］C6+M)/SiO_2-P、（BnOCalix［4］C6+M)/SiO_2-P、（BiPCalix［4］C6+M)/SiO_2-P等。上述材料的特点是选择性好、吸附容量高、识别能力强、解吸曲线尖锐、无任何拖尾现象。

（3）基于超分子化合物Calix［4］arene-crown与DtBuCH18C6间的自修饰作用，将大孔二氧化硅载体（SiO_2-P）与Calix［4］arene-crown/DtBuCH18C6进行复合，成功制备了一类新型吸附材料——大孔硅基自修饰超分子识别材料（Calix［4］arene-crown+DtBuCH18C6)/SiO_2-P，如（Calix［4］arene-R14+DtBuCH

18C6）/SiO$_2$-P、（BiOCalix［4］C6+DtBuCH18C6）/SiO$_2$-P、（BnOCalix［4］C6+DtBuCH18C6）/SiO$_2$-P、（BiPCalix［4］C6+DtBuCH18C6）/SiO$_2$-P 等。研究结果表明：该材料可同时将 Cs$^+$ 与 Sr^{2+} 有效分离，具有选择性好、吸附容量高、识别能力强、解吸曲线尖锐、无任何拖尾现象等特点。

（4）合成了 15 种杯芳醚双冠化合物，并将大孔二氧化硅载体（SiO$_2$-P）与杯芳醚双冠化合物复合，成功制备出另一类新型吸附材料——大孔硅基超分子识别材料 Calix［4］areneBisCrown/SiO$_2$-P 及其被分子修饰的大孔硅基协同超分子识别材料［（Calix［4］areneBisCrown+M）/SiO$_2$-P］，如 Calix［4］BisC6/SiO$_2$-P、Calix［4］BisBenC6/SiO$_2$-P、Calix［4］BisNapC6/SiO$_2$-P 及（Calix［4］BisC6+M）/ SiO$_2$-P、（Calix［4］BisBenC6+M）/SiO$_2$-P 和（Calix［4］BisNapC6+M）/SiO$_2$-P 等。该材料在有效分离 Cs$^+$ 方面表现出非常好的应用前景。

（5）基于大孔硅基超分子识别材料的吸附特性，提出了色谱分离 Cs$^+$ 和 Sr^{2+} 的 SPEC 技术流程。

我国超分子识别材料技术研究的主要问题首先是研究基础薄弱，研究的超分子识别材料种类还非常有限，而乏燃料后处理中涉及多种关键核素的分离与提取。其中，对分离提取次锕系元素镅、锔、锫的超分子识别材料的理论和实验研究还相当欠缺。一个很重要的原因在于，研究镅、锔、锫要求的实验条件更高，而锶、铯等核素可以用非放射性同位素代替进行实验。在将超分子识别材料应用于真实高放废液处理的研究方面，国内还处于空白，与发达国家相比差距较大。另外，超分子识别材料制备的关键在于分子设计。当前计算技术的飞速发展及大型并行计算集群的出现，使得理论研究尤其是相对论量子化学计算成为实验研究的重要辅助工具。利用理论计算研究萃取分离配体与目标金属离子的相互作用机制，从分子水平上设计高效的金属离子萃取分离配体，可使实验研究更具针对性和目标性。目前，我国在核素萃取分离配体的分子设计方面基础薄弱，严重阻碍了超分子识别材料的技术进步。

结合高放废液的实际情况，不难发现，^{137}Cs 和 ^{90}Sr 是高放废液强放射性的主要贡献者之一，其有效分离对显著降低高放废液放射性强度及其最终安全地质处置，具有重要理论价值和现实意义；同时，如能提前将 ^{137}Cs 和 ^{90}Sr 从高放废液中分离，随后开展镅/锔有效分离，将会使镅/锔分离操作过程的技术难度显著降低。

然而，与镅/锔的分离研究工作相比，国内相关专家、学者及研究结构，对高放废液中 ^{137}Cs 和 ^{90}Sr 的分离研究缺乏应有的重视，建议尽快开展该领域的研究。

六、超临界流体萃取技术

超临界流体络合萃取技术是近十几年发展起来的新型分离技术，可直接用于从溶液和固体基质中萃取镧系和锕系元素。该技术在核燃料后处理和核废物处理方面将具有选择性好、流程简便、萃取速度快、产生二次废物少等优点，具有良好的应用前景。美国、日本、英国、俄罗斯、法国等国家均在加速进行这方面的研究。超临界流体络合萃取镧系和锕系元素的研究起步较晚，尚处在小型实验研究阶段。基于一些实验提出的后处理概念流程，尚未经过流程验证实验研究，基础数据不充分，因此这些概念后处理流程所具有的优势还没有足够的说服力。可见，实现超临界流体络合萃取在核燃料后处理和核废物处理中的工业化应用还有很长的路要走。

目前，我国从事超临界流体萃取技术研究的人员较多，但萃取对象绝大多数都是有机物质。除了对超临界 CO_2 流体萃取锶的研究，对核领域关心的其他元素的萃取研究几乎处于空白。从文献调研来看，我国对超临界流体萃取技术在核燃料后处理中的应用研究报道甚少，同国际先进水平存在很大距离。事实上，我国也只有清华大学核能与新能源技术研究和中国原子能科学研究院在着手开展这方面的工作，也已经取得了初步成果。总的来说，我国对这一核燃料处理技术的研究非常薄弱，需要精心呵护，以增加这方面的技术储备。

第四节　具体建议的研究方向和领域

一、近期（2010～2015 年）

（一）纳米材料技术方面

新型核燃料的研发是核能发展的重要环节，而材料的微结构分析与设计是材料研发的关键。因此，我国非常有必要率先开展纳米尺度上锕系元素的固体化学研究，主要研究锕系无机纳米材料的合成与性质，尤其是铀钍氧化物无机纳米材料和相关无机纳米复合材料的合成与性质，深入探讨 5f 电子的特殊性质；利用现有的纳米材料合成与表征平台、同步辐射光源等科技平台，结合理论计算，研究锕系无机纳米材料的微观结构、性质，以及结构与性质的内在关系等。

以放射性核素的快速富集与分离为目标，以介孔纳米材料、纳米金属、纳米氧化物、碳纳米管等为主体材料，建议研究宏观尺度纳米结构构筑的新原理、新方法，发展基于零维、一维纳米单元宏观尺度纳米结构的构筑技术，探索宏观尺度纳米结构生长动力学。

开展新型功能化纳米材料在乏燃料后处理与核环境修复治理中的应用基础研究：采用从头算（ab initio）和密度泛函理论等量子化学方法从分子水平上设计和筛选、合成对核素具有高效吸附与分离性能的新型功能化介孔纳米材料；然后将新型功能化介孔纳米材料应用于核燃料后处理中次锕系元素的提取、镧锕分离，以及锶、铯的分离提取等目前尚未完全解决的难题，研究其对核素的吸附与分离行为，结合理论计算研究纳米材料与核素的作用机理等基础化学问题。

（二）离子液体技术方面

大力开展离子液体体系分离金属离子的基础研究，在较大的视野范围内理解一些基础性的关键问题，并从中找出规律。针对乏燃料后处理技术中离子液体体系的核素分离研究而言，主要应解决以下关键性科学问题：离子液体与萃取剂的匹配规律研究；离子液体体系的萃取机理研究；有效的反萃方法研究；含有萃取基团的功能离子液体的设计合成和萃取研究；离子液体的固定化技术研究；离子液体萃取体系能量转移规律和抗辐射机理研究；离子液体电化学分离法中溶解条件和电化学基础问题研究。

（三）超分子识别材料方面

以计算机辅助的分子设计为手段合成新型超分子识别材料。基于已知化学信息数据库，引入高效可靠的模型，建立定量构效关系，评价、预测并设计出高选择性的超分子识别材料，加强相关高校及科研单位的合作，合成出理想的萃取剂，是目前急需开展的工作。以大孔硅基超分子识别材料为手段，建立次锕系元素和发热元素的色谱分离新技术、新方法。大孔硅基超分子识别材料是一类先进的萃取色谱材料，是超分子识别技术的新发展。系统开展大孔硅基超分子识别材料合成技术路线的研究，在以 X 射线衍射等手段理解其材料结构的基础上，开展该类材料应用于高放废液中对次锕系元素和发热元素吸附行为的研究，建立以萃取色谱法有效分离次锕系元素和发热元素的新技术与新方法。

（四）超临界流体萃取技术方面

开展核燃料后处理中关键核素萃取行为的基础研究。包括镧系元素、锕系元素、锶、铯等。针对每一种元素，研究络合剂在超临界 CO_2 中的行为和结合机理。在建立最佳萃取条件的基础上，开展机理研究，为此项技术的应用奠定基础。

二、中期（2016～2020年）

（一）纳米材料技术方面

根据前期的基础研究结果，开展锕系元素纳米材料的宏量合成与应用基础研究，重点研究几种有较好应用前景的锕系元素介孔纳米材料或锕系无机复合纳米材料，完成纳米核燃料的初步合成，并进行必要的性能测试和表征，与传统核燃料进行比较，明确纳米核燃料的制备工艺路线。

在前期分子设计和机理研究的基础上，重点发展几种新型功能化纳米材料，尤其是用于次锕系元素提取与分离的纳米材料。进行相关的固相萃取工艺实验，研究其应用于乏燃料后处理流程的可能性。提出基于4～5种功能化纳米材料的高放废液处理概念流程，并进行冷实验和温实验验证。研究功能化纳米材料的辐照稳定性。

研究纳米材料及其复合材料在环境中迁移、俘获放射性核素的过程，探索纳米材料与微生物修复、植物修复协同加速削减放射性核素的途径，发展有效的核废物治理方法。

（二）离子液体技术方面

在继续进行离子液体萃取技术基础研究的同时，研究重点应开始转入应用型研究。就几种有较好应用前景的离子液体开展重点研究，系统研究这些离子液体对不同核素的萃取与反萃行为、对模拟料液和真实料液等复杂体系中核素的萃取与反萃行为，获取相关重点工艺参数，提出离子液体应用于乏燃料后处理的概念流程，并进行实验室规模的工艺流程实验，包括冷实验和温实验。

（三）超分子识别材料方面

将超分子识别材料技术与其他技术结合起来开展一些研究工作。可开展新型介质在核燃料循环中的基础与应用研究，如将超分子识别试剂与离子液体结合起来，无疑将会形成一个新的研究体系——超分子识别离子液体，开展其在次锕系元素和发热元素分离方面的基础特性研究以及相关流程的设计和应用研究。

（四）超临界流体萃取技术方面

在前期超临界 CO_2 萃取不同核素的研究结果基础上，研究超临界 CO_2 对复杂体系如模拟料液和真实料液中不同核素的萃取行为，完善相关工艺参数。与其他溶剂萃取技术相结合，提出新的乏燃料后处理溶剂萃取概念流程，并进行相关冷实验和温实验验证。

三、远期（2021～2035 年）

（一）纳米材料技术方面

完成新型纳米核燃料的大规模制备，优化制备工艺参数，保证产品质量的稳定，将纳米核燃料应用于我国压水堆、高温气冷堆、快堆等反应堆燃料元件的制造。

在前期功能化纳米材料概念流程温实验的基础上，优选出 1～2 种纳米材料进行流程热验证试验，实验结果供国家战略决策部门参考，优选出来的纳米材料处理流程将可以作为我国高放废液处理的主力流程。

未来潜在的突破包括为处理环境污染和核污染使用的纳米机器人和智能系统。在核燃料处理过程中，建议发展：绿色能源和环境处理技术，减少污染和恢复被损坏的环境；提高监测环境的传感器灵敏度；更有效地处理核废料；使用纳米过滤器来分离同位素；在核反应器中使用纳米流体来增加冷却效应；使用纳米粒子去除污染；为核安全在纳米尺度进行计算机模拟。

（二）离子液体技术方面

离子液体研究方面根据基础研究和工艺流程温实验的成果，进行热验证试验，研究离子液体用在我国乏燃料后处理中的可行性。

（三）超分子识别材料方面

结合其他技术，提出高放废液分离的一体化流程，该流程将能有效分离回收高放废液中所有关键次锕系元素和长寿命裂变产物元素，并进行必要的工艺试验，尤其是温实验和热试验。

（四）超临界流体萃取技术方面

进行流程热验证试验。

四、政策与措施建议

（一）大力加强核燃料循环的基础研究

基础科学研究是科技进步的根本。我国在核燃料循环中新方法、新材料和新技术领域的基础研究非常薄弱，与世界主要核能国家存在相当大的差距。建议将核燃料循环中新方法、新材料和新技术的研究开发列入国家核能发展计划，提出我国核燃料循环领域中新材料、新技术、新方法的战略定位，切实加强这一领域的基础研究。

（二）加强基础－应用转化研究

应用基础研究是基础研究科技成果转化的关键。整体上，我国目前核燃料循环领域的基础科学研究与实际产业应用脱节比较严重，导致重应用、轻基础的现象。要改变这一局面，必须加强基础研究和应用转化的衔接，及时将新材料、新技术和新方法进行应用转化，服务于核能可持续发展。

（三）保证研究经费的持久投入

加强基础研究和应用基础研究一个重要的方面就是加大并保证必要的研究经费投入。目前，国内在以上新材料、新技术与新方法领域的研究工作获得的经费支持都非常有限，表现为金额有限和渠道有限。建议采取倾斜政策，在国家自然科学基金、973计划与863计划中设立核能专项，结合我国发展核电和加强国防建设的需要以及重大交叉科研计划，重点支持一些核燃料循环中新材料、新技术与新方法的研发项目。还可以在我国支持的其他纳米研究专项经费中设立核能纳米专项经费，用于发展纳米核燃料和纳米乏燃料后处理材料。

（四）加强人才培养

当前，核能发展的一个突出问题是优秀人才缺乏。建议教育部在全国更多的高校开设放射化学或者放射化工专业，大力培养放射化学与核化学工程的专业人才。另外，需要加大国外优秀人才引进的力度，利用"千人计划"重点引进一批学科带头人，充实研究队伍。

在国家自然科学基金层面设立核能杰出青年基金,加快这一领域优秀青年人才的成长;在国家人才储备计划中指定相应的核能人才储备发展战略。

整合国内的科研资源,成立几个专门从事核能纳米材料研究,乏燃料后处理中离子液体应用、次锕系元素与关键裂片元素超分子识别材料研究,乏燃料后处理中超临界流体萃取技术应用研究的课题组或者研究中心。这些课题组或研究中心应该注重学科交叉,在人员搭配方面可以联合国内非核学科的杰出人才与有放射化学背景的优秀人才一起攻关,以达到快速培养高精尖人才的目的。

参 考 文 献

崔洪友,沈忠耀,王涛. 2000. 超临界 CO_2 螯合萃取金属离子及其影响因素. 化工环保,20(4):14-19.

崔洪友,王涛,沈忠耀. 2000. 超临界 CO_2 络合萃取金属离子研究进展. 淄博学院学报(自然科学与工程版),2(4):56-60.

霍润兰. 1999. 超临界二氧化碳萃取环境样品中金属离子的研究进展. 环境科学进展,7(3):24-31.

沈兴海,徐超,刘新起,等. 2006. 离子液体在金属离子萃取分离中的应用. 核化学与放射化学,28:129-138.

孙涛祥,沈兴海,陈庆德. 2005. CMPO 和 TBP 在离子液体中选择性萃取水溶液中铀酰离子的研究. 物理化学学报,32:38.

王建晨,王秋萍,宋崇立,等. 1998. 用二环己基 18 冠醚 -6 从高放废液中萃取去除 [90]Sr 的热实验. 原子能科学技术,32(增刊):57-62.

王乃彦. 2012. 我国核能(裂变能)发展战略研究 // 白春礼. 科学与中国(第 2 集)·能源科学技术集. 北京:北京大学出版社.

王秋萍,宋崇立. 1997. 二环己基 -18- 冠 -6 在硝酸和模拟高放废液中溶解度的测定. 核化学与放射化学,19(3):55-59.

王少芬,魏建谟. 2004. 超临界流体萃取金属离子在环境分析上的应用. 分析化学,32(8):1110-1115.

叶维玲,王建晨,何千舸. 2009. 二环己基 -18 冠 -6/ 异丙氧基杯 [4] 冠 -6- 正辛醇共萃取 Sr 和 Cs. 核化学与放射化学,31(3):167-172.

殷隽,陈长水,曹敏惠,等. 2007. 超临界 CO_2 络合萃取金属离子的研究与应用. 分析科学学报,23(1):98-104.

Abney C W, Liu S B, Lin W B. 2013. Tuning amidoxime to enhance uranyl binding: a density functional theory study. Journal of Physical Chemistry A, 117 (45): 11558-11565.

Akiyama K, Zhao Y L, Sueki K, et al. 2001. Isolation and characterization of light actinide metallofullerenes. Journal of the American Chemical Society, 123: 181-182.

Alekseev E V, Krivovichev S V, Depmeier W. 2006. $Na_2Li_8[(UO_2)_{11}O_{12}(WO_5)_2]$: three different uranyl-ion coordination geometries and cation-cation interactions. Angewandte Chemie, 47: 549-551.

Alfieri C, Dradi E, Pochini A, et al. 1983. Synthesis, and X-ray crystal and molecular structure of a novel macrobicyclic ligand: crowned p-t-butyl-calix [4] arene. Journal of the Chemical Society, Chemical Communications, 19: 1075.

Arnaud-Neu F, Böhmer V, Dozol J-F, et al. 1996. Calixarenes with diphenylphosphoryl acetamide functions at the upper rim. A new class of highly efficient extractants for lanthanides and actinides. Journal of the Chemical Society, Perkin Transactions, 2: 1175-1182.

Babain V A, Alyapyshev M Y, Karavan M D, et al. 2005. Extraction of americium and europium by CMPO-substituted adamantylcalixarenes. Radiochimica Acta, 93 (12): 749-756.

Bai Z Q, Yuan L Y, Zhu L, et al. 2015. Introduction of amino groups into acid-resistant MOFs for enhanced U (Ⅵ) sorption. Journal of Materials Chemistry A, 3: 525-534.

Barboso S, Carrera A G, Matthews S E, et al. 1999. Synthesis and extraction properties. Journal of the Chemical Society, Perkin Transactions, 2: 719-724.

Bhide M K, Kadam R M, Tyagi A K, et al. 2008. Unusual magnetic properties of Mn-doped ThO_2 nanoparticles. Journal of Materials Research, 23: 463-472.

Bo T, Lan J H, Wang C Z, et al. 2014. First-principles study of water reaction and H_2 formation on UO_2 (111) and (110) single crystal surfaces. Journal of Physical Chemistry C, 118 (38): 21935-21944.

Bo T, Lan J H, Zhao Y L, et al. 2014. First-principles study of water adsorption and dissociation on the UO_2 (111), (110) and (100) surfaces. Journal of Nuclear Materials, 454 (1-3): 446-454.

Bonnesen P V, Delmau L H, Moyer B A, et al. 2003. Development of effective solvent modifiers for the solvent extraction of cesium from alkaline high-level tank waste. Solvent Extraction and Ion Exchange, 21: 141.

Burns P C, Kubatko K A, Sigmon G, et al. 2005. Actinyl peroxide nanospheres. Angewandte Chemie, 44: 2135-2139.

Cao X Y, Heidelberg D, Ciupka J, et al. 2010. First-principles study of the separation of $Am^{Ⅲ}$ /$Cm^{Ⅲ}$ from $Eu^{Ⅲ}$ with Cyanex301. Inorganic Chemistry, 49 (22): 10307-10315.

Casnati A, Della Ca' N, Fontanella M, et al. 2005. Calixarene-based picolinamide extractants for selective An/Ln separation from radioactive waste. European Journal of Organic Chemistry, 11: 2338-2348.

Casnati A, Pochini A, Ungaro R, et al. 1995. Sythesis, complexation, and membrane transport studies of 1.3-alternate calix [4] arene-crown-6 conformers: a new class of cesium selective ionophores. Journal of the American Chemical Society, 117: 2767.

Chen C L, Liang B, Wang X K, et al. 2009. Oxygen functionalization of multiwall carbon nanotubes by microwave-excited surface-wave plasma treatment. Journal of Physical Chemistry C, 113: 7659-7665.

Chiarizia R, Horwitz E P, Dietz M L. 1992. Acid dependency of the extraction of selected metal ions by a strontium-selective extraction chromatographic resin: calculated vs. experimental curves. Solvent Extraction and Ion Exchange, 10: 337.

Chun S, Dzyuba S V, Bartsch R A. 2001. Influence of structural variation in room-temperature ionic liquids on the selectivity and efficiency of competitive alkali metal salt extraction by a crown ether. Analytical Chemistry, 73: 3737-3741.

Cocalia V A, Jensen M P, Holbrey J D, et al. 2005. Identical extraction behavior and coordination of trivalent or hexavalent f-element cations using ionic liquid and molecular solvents. Dalton Transactions, 11: 1966-1971.

Dai S, Ju Y H, Barnes C E. 1999. Solvent extraction of strontium nitrate by a crown ether using room-temperature ionic liquids. Journal of the Chemical Society, Dalton Transactions, 8: 1201-1202.

Dai Y, Zhang A. 2014. Extraction equilibrium and thermodynamics of cesium with a new derivative of calix [4] biscrown. Journal of Radioanalytical and Nuclear Chemistry, 302 (1): 576.

Davis M E. 2002. Ordered porous materials for emerging applications. Nature, 417: 813-821.

de Sahb C, Watson L A, Nadas J, et al. 2013. Design criteria for polyazine extractants to separate An (Ⅲ) from Ln (Ⅲ). Inorganic Chemistry, 52 (18): 10632-10642

Delmau L H, Haverlock T J, Bazelaire E, et al. 2009. Alternatives to nitric acid stripping in the caustic-side solvent extraction (CSSX) process for cesium removal from alkaline high-level waste. Solvent Extraction and Ion Exchange, 27: 172.

Delmau L H, Simon N, Sching-Weill M J, et al. 1998. CMPO-substituted calix [4] arenes, extractants with selectivity among trivalent lanthanides and between trivalent actinides and lanthanides. Journal of the Chemical Society, Chemical Communications, 16: 1627.

Delmau L H, Simon N, Sching-Weill M J, et al. 1999. Extraction of trivalent lanthanides and actinides by "CMPO-like" calixarenes. Separation Science and Technology, 34: 863.

Deutch J, et al. 2009. Update of the MIT 2003 Future of Nuclear Power. Massachusetts Institute of Technology, Cambridge, Massachusetts.

Devaux X, Thomy A, Ghanbaja J. 1997. Synthesis and growth mechanism of ThO_2-W-Mo alloy nanocomposite powder. Journal of Materials Science, 32: 4957-4965.

Dietz M L, Dzielawa J A, Laszak I, et al. 2003. Influence of solvent structural variations on the mechanism of facilitated ion transfer into room-temperature ionic liquids. Green Chemistry, 5: 682-685.

Dietz M L, Dzielawa J A. 2001. Ion-exchange as a mode of cation transfer into room-temperature ionic liquids containing crown ethers: implications for the "greenness" of ionic liquids as diluents in liquid-liquid extraction. Chemical Communications, 20: 2124-2125.

Dietz M L, Stepinski D C. A ternary mechanism for the facilitated transfer of metal ions into room-temperature ionic liquids (RTILS). Green Chemistry, 7 (3): 151-158.

Dozol J F, Dozol M, Macias R M. 2000. Extraction of strontium and cesium by dicarbollides, crown ethers and functionalized calixarenes. Journal of Inclusion Phenomena and Macrocyclic Chemistry, 38: 1.

Dozol J F, Simon N, Lamare V, et al. 1999. A solution for cesium removal from high-salinity acidic or alkaline liquid waste: the crown calix [4] arenes. Separation Science and Technology, 34: 877.

Dung L T K, Imai T, Tomioka O, et al. 2006. Extraction of uranium from simulated ore by the supercritical carbon dioxide fluid extraction method with nitric acide-TBP complex. Analytical

Sciences: The International Journal of the Japan Society for Analytical Chemistry, 22: 1425-1430.

Dyer A, Newton J, Pillinger M. 2010. Synthesis and characterisation of mesoporous silica phases containing heteroatoms, and their cation exchange properties. Part 3. Measurement of distribution coefficients for uptake of 137-Cs, 89-Sr and 57-Co radioisotopes. Microporous and Mesoporous Materials, 130: 56-62.

Forbes T Z, McAlpin J G, Murphy R, et al. 2008. Metal-oxygen isopolyhedra assembled into fullerene topologies. Angewandte Chemie, 120 (15): 2866-2869.

Fox R V, Mincher B J. 2003. Supercritical fluid extraction of plutonium and americium from soil using β-diketone and tributyl phosphate completants. Supercritical Carbon Dioxide, 860: 36-49.

Fu J, Chen Q, Sun T, et al. 2013. Extraction of Th (IV) from aqueous solution by room-temperature ionic liquids and coupled with supercritical carbon dioxide stripping. Separation and Purification Technology, 119: 66-71.

Gaur S. 1996. Determination of Cs-137 in environmental water by ion-exchange chromatography. Journal of Chromatography A, 733: 57.

Germani R, Mancini M V, Savelli G, et al. 2007. Mercury extraction by ionic liquids: temperature and alkyl chain length effect. Tetrahedron Letters, 48: 1767-1769.

Ghidini E, Ugozzoli F, Ungaro R, et al. 1990. Complexation of alkali metal cations by conformationally rigid, stereoisomeric calix [4] arene crown ethers: a quantitative evalution of preorganization. Journal of the American Chemical Society, 112: 6979.

Giridhar P, Venkatesan K A, Srinivasan T G, et al. 2005. Extraction of uranium (VI) from nitric acid medium by 1.1M tri-n-butylphosphate in ionic liquid diluent. Journal of Radioanalytical and Nuclear Chemistry, 265: 31-38.

Giridhar P, Venkatesan K A, Subramaniam S, et al. 2008. Extraction of uranium (VI) by 1.1M tri-n-butylphosphate/ionic liquid and the feasibility of recovery by direct electrodeposition from organic phase. Journal of Alloys and Compounds, 448: 104-108.

Gopalan A S, Wai C M, Jacobs H K. Supercritical carbon dioxide: separations and processes. American Chemical Society, 860: 36-49.

Guillon J, Sonnet P, Malval J P, et al. 2002. Synthesis and cesium binding affinity of new 25.27-bis (alkyloxy) calix [4] arene-crown-6 conformers in relation to the alkyl pendent moiety. Supramolecular Chemistry, 14: 437.

Han H, Qiang Y, Kaczor J, et al. 2010. Silica coated magnetic nanoparticles for separation of nuclear acidic waste. Journal of Applied Physics, 107: 520-529.

He Y F, Chen Q D, Xu C, et al. 2009. Interaction between ionic liquids and β-cyclodextrin: a discussion of association pattern. Journal of Physical Chemistry B, 113: 231-238.

Heitzman H, Young B A, Rausch D J, et al. 2006. Fluorous ionic liquids as solvents for the liquid-liquid extraction of metal ions by macrocyclic polyethers. Talanta, 69 (2): 527-531.

Hemminger J. 2008. New Science for a Secure and Sustainable Energy Future. A Report from the Basic Energy Sciences Advisory Committee, U.S. Department of Energy.

Herbst R S, Law J D, Todd T A. 2002. Integrated AMP-PAN, TRUEX, and SREX testing. I. Extended flowsheet testing for separation of surrogate radionuclides from simulated acidic tank waste. Separation Science and Technology, 37: 1321.

Herschbach H, Brisach F, Haddaoui J, et al. 2007. Lanthanide complexation with CMPO and CMPO-calix [4] arenes in solution: spectrophotometric and electrospray mass spectrometric approaches. Talanta, 74: 39

Horwitz E P, Chiarizia R, Dietz M L. 1992. A novel strontium-selective extraction chromatographic resin. Solvent Extraction and Ion Exchange, 10: 313.

Horwitz E P, Dietz M L, Fisher D E. 1990. Extraction of strontium from nitric acid solutions using dicyclohexano-18-crown-6 and its derivatives. Solvent Extraction and Ion Exchange, 8: 557.

Horwitz E P, Dietz M L, Fisher D E. 1991. SREX: a new process for the extraction and recovery of strontium from acidic nuclear waste streams. Solvent Extraction and Ion Exchange, 9: 1.

Inokuchi F, Miyahara Y J, Inazu T, et al. 1995. "Cation-π interactions" detected by mass spectrometry: selective recognition of alkali metal cations by a π-basic molecular cavity. Angewandte Chemie, 34: 1364.

International Atomic Energy Agency, 2009. Lessons Learned from Nuclear Energy System Assessments (NESA) Using the INPRO Methodology. A Report of the International Project on Innovative Nuclear Reactors and Fuel Cycles (INPRO), IAEA-TECDOC-1636.

Iso S, Uno S, Meguro Y, et al. 2000. Pressure dependent of extraction behavior of plutonium (Ⅳ) and uranium (Ⅵ) from nitric acid solution to supercritical carbon dioxide containing tributylphosphate. Progress in Nuclear Energy, 37 (1-4): 423-428.

Jensen M P, Dzielawa J A, Rickert P, et al. 2002. EXAFS investigations of the mechanism of facilitated ion transfer into a room-temperature ionic liquid. Journal of the American Chemical Society, 124: 10664-10665.

Jensen M P, Neuefeind J, Beitz J V, et al. 2003. Mechanisms of metal ion transfer into room-temperature ionic liquids: the role of anion exchange. Journal of the American Chemical Society, 125: 15466-15473.

Keith J M, Batista E R. 2012. Theoretical examination of the thermodynamic factors in the selective extraction of Am^{3+} from Eu^{3+} by dithiophosphinic acids. Inorganic Chemistry, 51 (1): 13-15.

Krivovichev S V, Kahlenberg V, Kaindl R, et al. 2005. Nanoscale tubules in uranyl selenates. Angewandte Chemie, 44: 1134-1136.

Kurina I S, Popov V V, Rumyantsev V N. 2006. Investigation of the properties of modified uranium dioxide. Atomic Energy, 101: 802-808.

Laintz K E, Wai C M, Yonker C R, et al. 1992. Extraction of metal ions from liquid and solid materials by supercritical carbon dioxide. Analytical Chemistry, 64: 2875-2878.

Lamare V, Dozol J F, Fuangswasdi S, et al. 1999. A new calix [4] arene-bis (crown ether) derivative displaying an improved caesium over sodium selectivity: molecular dynamics and experimental investigation of alkali-metal ion complexation. Journal of the Chemical Society, Perkin Transactions, 2: 271-284.

Lambert B, Jacques V, Shivanyuk A, et al. 2000. Calix [4] arenes as selective extracting agents. An NMR dynamic and conformational investigation of the lanthanide (Ⅲ) and thorium (Ⅳ) complexes. Inorganic Chemistry, 39: 2033.

Lan J H, Shi W Q, Yuan L Y, et al. 2011. Trivalent actinide and lanthanide separations by tetradentate nitrogen ligands: a quantum chemistry study. Inorganic Chemistry, 50 (19): 9230-9237.

Lan J H, Shi W Q, Yuan L Y, et al. 2012. Recent advances in computational modeling and simulations on the An (Ⅲ)/Ln (Ⅲ) separation process. Coordination Chemistry Reviews, 256 (13-14): 1406-1417.

Lan J H, Shi W Q, Yuan L Y, et al. 2012. Thermodynamic study on the complexation of Am (Ⅲ) and Eu (Ⅲ) with tetradentate nitrogen ligands: a probe of complex species and reactions in aqueous solution. Journal of Physical Chemistry A, 116 (1): 504-511.

Lan J H, Wang L, Li S, et al. 2013. First principles modeling of zirconium solution in bulk UO_2. Journal of Applied Physics, 113 (18): 183514.

Lan J H, Zhao Z C, Wu Q Y, et al. 2013. First-principles DFT plus U modeling of defect behaviors in anti-ferromagnetic uranium mononitride. Journal of Applied Physics, 114 (22): 223516.

Landskron K, Hatton B D, Perovic D D, et al. 2003. Periodic mesoporous organosilicas containing interconnected [Si (CH₂)]₃ rings. Science, 302: 266-269.

Law J D, Herbst R S, Todd T A. 2002. Integrated AMP-PAN, TRUEX, and SREX testing. Ⅱ. Flowsheet testing for separation of radionuclides from actual acidic radioactive waste. Separation Science and Technology, 37: 1353.

Lee J H, Wang Z D, Liu J W, et al. 2008. Highly sensitive and selective colorimetric sensors for uranyl (UO_2^{2+}): development and comparison of labeled and label-free dnazyme-gold nanoparticle systems. Journal of the American Chemical Society, 130: 14217-14226.

Li Z J, Chen F, Yuan L Y, et al. 2012. Uranium (Ⅵ) adsorption on graphene oxide nanosheets from aqueous solutions. Chemical Engineering Journal, 210: 539-546.

Lin C H, Chiang R K, Lii K H. 2009. Synthesis of thermally stable extra-large pore crystalline materials: a uranyl germanate with 12-ring channels. Journal of the American Chemical Society, 131: 2068-2069.

Lin Y H, Brauer R D, Laintz K E, et al. 1993. Supercritical fluid extraction of lanthanides and actinide from solid materials with a fluorinated β-diketone. Analytical Chemistry, 65 (18): 2549-2551.

Lin Y H, Wai C M, Jean F M, et al. 1994. Supercritical fluid extraction of thorium and uranium ions from solid and liquid materials with fluorinated β-diketones and tributyl phosphate. Environmental Science and Technology, 28 (6): 1190-1193.

Liu Y L, Yuan L Y, Yuan Y L, et al. 2012. A high efficient sorption of U (Ⅵ) from aqueous solution using amino-functionalized SBA-15. Journal of Radioanalytical and Nuclear Chemistry, 292: 803-810.

Luo H M, Dai S, Bonnesen P V. 2004. Solvent extraction of Sr^{2+} and Cs^+ based on room-temperature ionic liquids containing monoaza-substituted crown ethers. Analytical Chemistry, 76: 2773-2779.

Luo H M, Dai S. 2003. Novel fission-product separation based on room-temperature ionic liquids. Abstracts of Papers of the American Chemical Society, 226: U87-U87.

Luo H, Dai S, Bonnesen P V, et al. 2006. Separation of fission products based on ionic liquids:

task-specific ionic liquids containing an aza-crown ether fragment. Journal of Alloys and Compounds, 418 (1): 195-199.

Luo J, Wang C Z, Lan J H, et al. 2015. Theoretical studies on the AnO_2^{n+} (An = U, Np; n=1, 2) complexes with di- (2-ethylhexyl) phosphoric acid. Dalton Transactions, 44 (7): 3227-3236.

Martin K A, Horwitz E P, Berreth J R. 1986. Infrared studies of bifunctional extractants. Solvent Extraration and Ion Exchange, 4: 1149.

Matthews S E, Saadioui M, Barboso V, et al. 1999. Conformationally mobile wide rim carbamoylmethylphosphine oxide (CMPO) -calixarenes. Chem Inform, 341 (31): 264-273.

McDowell W J, Moyer B A, Case G N, et al. 1986. Selectivity in solvent extraction of metal ions by organic cation exchangers synergized by macrocycles: factors relating to macrocycle size and structure. Solvent Extraction and Ion Exchange, 4: 217.

Meguro Y, Iso S, Takeishi H, et al. 1993. Extraction of uranium (VI) in nitric acid solution with supercritical carbon dioxide fluid containing tributylphosphate. Radiochimica Acta, 75: 179-184.

Mei L, Wu Q Y, Liu C M, et al. 2014. The first case of actinide polyrotaxane incorporating cucurbituril: a unique "dragon-like" twist induced by a specific coordination pattern of uranium. Chemical Communications, 50: 3612-3615.

Mekki S, Wai C M, Billard I, et al. 2006. Extraction of lanthanides from aqueous solution by using room-temperature ionic liquid and supercritical carbon dioxide in conjunction. Chemistry, 12: 1760-1766.

Mincher B J, Mezyk S P, Bauer W F, et al. 2007. FPEX-radiolysis in the prescence of nitric acid. Solvent Extraction and Ion Exchange, 25: 593.

Nakashima K, Kubota F, Maruyama T, et al. 2003. Ionic liquids as a novel solvent for lanthanide extraction. Analytical Sciences: The International Journal of the Japan Society for Analytical Chemistry, 19: 1097-1098.

Nakashima K, Kubota F, Maruyama T, et al. 2005. Feasibility of ionic liquids as alternative separation media for industrial solvent extraction processes. Industrial and Engineering Chemistry Research, 44: 4368-4372.

Nyman M, Hobbs D T. 2006. A family of peroxo-titanate materials tailored for optimal strontium and actinide sorption. Chemistry of Materials, 18: 6425-6435.

Ok K M, Sung J, Hu G, et al. 2008. TOF-2: a large 1D channel thorium organic framework. Journal of the American Chemical Society, 130: 3762-3763.

Ouadi A, Gadenne B, Hesemann P, et al. 2006. Task-specific ionic liquids bearing 2-hydroxybenzylamine units: synthesis and americium-extraction studies. Chemistry, 12: 3074-3081.

Ouadi A, Klimchuk O, Gaillard C, et al. 2007. Solvent extraction of U (VI) by task specific ionic liquids bearing phosphoryl groups. Green Chemistry, 9: 1160-1162.

Papaiconomou N, Lee J M, Salminen J, et al. 2008. Selective extraction of copper, mercury, silver, and palladium ions from water using hydrophobic ionic liquids. Industrial and Engineering Chemistry Research, 47: 5080-5086.

Patil A B, Pathak P, Shinde V S, et al. 2013. Efficient solvent system containing malonamides in room temperature ionic liquids: Actinide extraction, fluorescence and radiolytic degradation studies. Dalton Transactions, 42: 1519-1529.

Pedersen C J. 1967. Cyclic polyethers and their complexes with metal salts. Journal of the American Chemical Society, 89: 7017.

Prodi L, Bolletta F, Montalti M, et al. 2000. Photophysics of 1.3-alternate calix [4] arene-crowns and their metal ion complexes: evidence for cation-π interactions in solution. New Journal of Chemistry, 24: 155.

Rao A, Kumar P, Ramakumar K L. 2008. Studey of effect of different parameters on supercritical fluid extraction of uranium from acidic solutions employing TBP as co-solvent. Radiochimica Acta, 96: 797-798.

Riddle C L, Baker J D, Law J D, et al. 2005. Fission product extraction (FPEX): development of a novel solvent for the simultaneous separation of strontium and cesium from acidic solutions. Solvent Extraction and Ion Exchange, 23: 449.

Roberto J B, de la Rubia T D. 2007. Basic research needs for advanced nuclear energy systems. JOM, 59 (4): 16-19.

Sachleben R A, Bryan J C, Engle N L, et al. 2003. Rational design of cesium-selective ionophores: dihydrocalix [4] -arene crown-6 ethers. European Journal of Organic Chemistry, 24: 4862.

Schmidt C, Saadioui M, Böhmer V, et al. 2003. Modification of calix [4] arenes with CMPO-functions at the wide rim. Synthesis, solution behavior, and separation of actinides from lanthanides. Organic and Biomolecular Chemistry, 1: 4089.

Schulz W W, Bray L A. 1987. Solvent extraction recovery of byproduct ^{137}Cs and ^{90}Sr from HNO$_3$ solutions—a technology review and assessment. Separation Science and Technology, 22: 191.

Sengupta A, Murali M S, Mohapatra P K. 2013. Role of alkyl substituent in room temperature ionic liquid on the electrochemical behavior of uranium ion and its local environment. Journal of Radioanalytical and Nuclear Chemistry, 298 (1): 209-217.

Shao D D, Jiang Z Q, Wang X K, et al. 2009. Plasma induced grafting carboxymethyl cellulose on multiwalled carbon nanotubes for the removal of UO$_2^{2+}$ from aqueous solution. Journal of Physical Chemistry B, 113: 860-864.

Shimada T, Ogumo S, Sawada K, et al. 2006. Selective extraction of uranium from a mixture of metal or metal oxides by a tri-n-butylphosphate complex with HNO$_3$ and H$_2$O in supercritical CO$_2$. Analytical Sciences: The International Journal of the Japan Society for Analytical Chemistry, 22: 1387-1391.

Shimojo K, Goto M. 2004. Solvent extraction and stripping of silver ions in room-temperature ionic liquids containing calixarenes. Analytical Chemistry, 76 (17): 5039-5044.

Shimojo K, Kurahashi K, Naganawa H. 2008. Extraction behavior of lanthanides using a diglycolamide derivative TODGA in ionic liquids. Dalton Transactions, 37: 5083-5088.

Shimojo K, Okamura H, Hirayama N, et al. 2009. Cooperative intramolecular interaction of diazacrown ether bearing beta-diketone fragments on an ionic liquid extraction system. Dalton Transactions, 25: 4850-4852.

Sigmon G E，Weaver B，Kubatko W K,et al. 2009. Crown and bowl-shaped clusters of uranyl polyhedra. Inorganic Chemistry，48（23）：10907-10909.

Simon N，Eymard S，Tournois B，et al. 2000.Caesium extraction from acidic high level liquid wastes with functionalized Calixarenes. Proceedings of International Conference on Scientific research on the back end of the fuel cycle for the 21st century（ATLANTE 2000），October 24-26，Avignon，France，Paper no. 02-06.

Simon N，Tournois B，Eymard S，et al. 2004. Cs selective extraction from high level liquid wastes with crown calixarenes：where are we today？ Molecules，1：2.

Steven J P, Bennett R G, Dixon B W, et al. 2004. On-Going Comparison of Advanced Fuel Cycle Options. Americas Nuclear Energy Symposium, Presentation Number: 1b1-FC007 (oral).

Sun X Q，Peng B，Chen J，et al. 2008. An effective method for enhancing metal-ions' selectivity of ionic liquid-based extraction system：adding water-soluble complexing agent. Talanta，74：1071-1074.

Sun X Q，Peng B，Ji Y，et al. 2008. The solid-liquid extraction of yttrium from rare earths by solvent（ionic liquid）impreganated resin coupled with complexing method. Separation and Purification Technology，63：61-68.

Sun X Q，Wu D B，Chen J，et al. 2007. Separation of scandium（Ⅲ）from lanthanides（Ⅲ）with room temperature ionic liquid based extraction containing cyanex 925. Journal of Radioanalytical and Nucleal Chemistry，82：267-272.

Sun X Q，Xu C，Tian G X，et al. 2013. Complexation of glutarimidedioxime with Fe（Ⅲ），Cu（Ⅱ），Pb（Ⅱ），and Ni（Ⅱ），the competing ions for the sequestration of U（Ⅵ）from seawater. Dalton Transactions，42（40）：14621-14627.

Suzuki Y，Kelly S D，Kemner K M，et al. 2002. Radionuclide contamination-nanometre-size products of uranium bioreduction. Nature，419：134.

Thuéry P，Nierlich M，Lamare É，et al. 2000. Bis（crown ether）and azobenzocrown derivatives of calix［4］arene. A review of structural information from crystallographic and modeling studies. Journal of Inclusion Phenomena and Macrocyclic Chemistry，36：375.

Trofim I T，Maxim D S，Yurri M，et al. 2004. Dissolution and extraction of actinide oxides in supercritical carbon dioxide containing the complex of tri-n-butylphosphate with nitric acid. Comptes Rendus Chimie，7：1209-1213.

Ungaro R，Casnati A，Ugozzoli F，et al. 1994. 1.3-dialkoxycalix［4］arenecrowns-6 in 1.3-alternate conformation：cesium-selective ligands that exploit cation-arene interactions. Angewandte Chemie，33：1506.

Vidya K，Dapurkar S E，Selvam P，et al. 2001. The entrapment of UO_2^{2+} in mesoporous MCM-41 and MCM-48 molecular sieves. Microporous and Mesoporous Materials，50：173-179.

Visser A E，Rogers R D. 2000. Traditional extractants in nontraditional solvents：groups 1 and 2 extraction by crown ethers in room-temperature ionic liquids. Industrial and Engineering Chemistry Research，39：3596-3604.

Visser A E，Swatloski R P，Reichert W M，et al. 2000. Traditional extractants in nontraditional solvents：groups 1 and 2 extraction by crown ethers in room-temperature ionic liquids. Industrial and Engineering Chemistry Research, 39: 3596-3604.

Visser A E, Swatloski R P, Reichert W M, et al. 2001. Task-specific ionic liquids for the extraction of metal ions from aqueous solutions. Chemical Communications, 1: 135-136.

Visser A E, Swatloski R P, Reichert W M, et al. 2001. ChemInform abstract: task-specific ionic liquids for the extraction of metal ions from aqueous solutions. Chemical Communications, 1: 135-136.

Visser A E, Swatloski R P, Reichert W M, et al. 2002. Task-specific ionic liquids incorporating novel cations for the coordination and extraction of Hg^{2+} and Cd^{2+}: synthesis, characterization, and extraction studies. Environmental Science and Technology, 36: 2523-2529.

Visser A E, Swatloski R P, Reichert W M, et al. 2002. Task-specific ionic liquids incorporating novel cations for the coordination and extraction of Hg^{2+} and Cd^{2+}: Synthesis, characterization, and extraction studies. Environmental Science and Technology, 36: 2523-2529.

Vukovic S, Hay B P, Bryantsev V S. 2015. Predicting stability constants for uranyl complexes using density functional theory. Inorganic Chemistry, 54 (8): 3995-4001.

Wai C M. 1995. Supercritical fluid extraction of trace metals from solid and liquid materials for analytical application. Analytical Sciences: The International Journal of the Japan Society for Analytical Chemistry, 11: 165-167.

Wai C M, Lin Y H, Ji M, et al. 1999. Progress in metal ion separation and preconcentration//ACS. ACS Symposium Series 716. Washington D C: ACS Press: 390.

Walker D D, Norato M A, Campbell S G, et al. 2005. Cesium removal from Savannah River site radioactive waste using the caustic-side solvent extraction (CSSX) process. Separation Science and Technology, 40: 297.

Wang C Z, Lan J H, Feng Y X, et al. 2014. Extraction complexes of Pu (IV) with carbamoylmethylphosphine oxide ligands: a relativistic density functional study. Radiochimica Acta, 102 (1-2): 77-86.

Wang C Z, Lan J H, Wu Q Y, et al. 2014a. Theoretical insights on the interaction of uranium with amidoxime and carboxyl groups. Inorganic Chemistry, 53 (18): 9466-9476.

Wang C Z, Lan J H, Wu Q Y. et al. 2014b. Density functional theory investigations of the trivalent lanthanide and actinide extraction complexes with diglycolamides. Dalton Transactions, 43 (23): 8713-8720.

Wang C Z, Lan J H, Zhao Y L, et al. 2013. Density functional theory studies of UO_2^{2+} and NpO_2^{2+} complexes with carbamoylmethylphosphine oxide ligands. Inorganic Chemistry, 52 (1): 196-203.

Wang C Z, Shi W Q, Lan J H, et al. 2013. Complexation behavior of Eu (III) and Am (III) with CMPO and Ph_2CMPO ligands: insights from density functional theory. Inorganic Chemistry, 52 (19): 10904-10911.

Wang J S, Sheaff C N, Yoon B, et al. 2009. Extraction of uranium from aqueous solutions by using ionic liquid and supercritical carbon dioxide in conjunction. Chemistry, 15 (17): 4458-4463.

Wang L, Yang Z, Gao J, et al. 2006. A biocompatible method of decorporation: bisphosphonate-modified magnetite nanoparticles to remove uranyl ions from blood. Journal of the American

Chemical Society, 128: 13358-13359.

Wang L, Zhao R, Gu Z J, et al. 2014. Growth of uranyl hydroxide nanowires and nanotubes with electrodeposition method and their transformation to one-dimensional U_3O_8 nanostructures. European Journal of Inorganic Chemistry, 7: 1158-1164.

Wang L, Zhao R, Wang C Z, et al. 2014. Template-free synthesis and mechanistic study of porous three-dimensional hierarchical uranium-containing and uranium oxide microspheres. Chemistry, 20: 12655-12662.

Wang L, Zhao R, Wang X W, et al. 2014. Size-tunable synthesis of monodispersed thorium dioxide nanoparticles and their performance on the adsorption of dye molecules. Crystengcomm, 16: 10469-10475.

Wang Y, Bryan C, Gao H, et al. 2003. Potential applications of nanostructured materials in nuclear waste management. Albuquerque, NM, USA: Sandia National Laboratories.

Wu H M, Yang Y A, Cao Y C. 2006. Synthesis of colloidal uranium-dioxide nanocrystals. Journal of the American Chemical Society, 128: 16522-16523.

Wu J K, Shen X H, Chen Q D, et al. 2013. Electrochemical behavior of the system of uranium (Ⅵ) extraction with CMPO-ionic liquid. Acta Physico-Chimica Sinica, 29 (8): 1705-1711.

Wu Q Y, Lan J H, Wang C Z, et al. 2014. Understanding the bonding nature of uranyl ion and functionalized graphene: a theoretical study. Journal of Physical Chemistry A, 118 (11): 2149-2158.

Wu Q Y, Lan J H, Wang C Z, et al. 2014. Understanding the interactions of neptunium and plutonium ions with graphene oxide: scalar-relativistic DFT investigations. Journal of Physical Chemistry A, 118 (44): 10273-10280.

Xi J, Lan J H, Lu G W, et al. 2014. A density functional theory study of complex species and reactions of Am (Ⅲ) /Eu (Ⅲ) with nitrate anions. Molecular Simulation, 40 (5): 379-386.

Xiao C L, Wang C Z, Lan J H, et al. 2014. Selective separation of Am (Ⅲ) from Eu (Ⅲ) by 2.9-bis (dialkyl-1.2.4-triazin-3-yl) -1.10-phenanthrolines: a relativistic quantum chemistry study. Radiochimica Acta, 102 (10): 875-886.

Xiao C L, Wu Q Y, Wang C Z, et al. 2014. Design criteria for tetradentate phenanthroline-derived heterocyclic ligands to separate Am (Ⅲ) from Eu (Ⅲ). Science China Chemistry, 57 (11): 1439-1448.

Xiao C L, Wu Q Y, Wang C Z, et al. 2014. Quantum chemistry study of uranium (Ⅵ), neptunium (Ⅴ), and plutonium (Ⅳ, Ⅵ) complexes with preorganized tetradentate phenanthrolineamide ligands. Inorganic Chemistry, 53 (20): 10846-10853.

Xiao C L, Zhang A, Chai Z F. 2012. Synthesis and characterization of a new polymer-based supramolecular recognition material and its adsorption for cesium. Solvent Extraction and Ion Exchange, 30: 17.

Xu C, Shen X H, Chen Q D, et al. 2009. Investigation on the extraction of strontium ions from aqueous phase using crown ether-ionic liquid systems. Science in China Series B: Chemistry, 52: 1858-1864.

Xu C, Yuan L Y, Zhai M L, et al. 2010. Efficient removal of caesium ions from aqueous solution using a calix crown ether in ionic liquids: mechanism and radiation effect. Dalton Transactions,

39: 3897-3902.

Yang W T, Bai Z Q, Shi W Q, et al. 2013. MOF-76: from a luminescent probe to highly efficient U VI sorption material. Chemical Communications, 49 (88): 10415-10417.

Yuan L Y, Bai Z Q, Zhao R, et al. 2014. Introduction of bifunctional groups into mesoporous silica for enhancing uptake of thorium (IV) from aqueous solution. ACS Applied Materials and Interfaces, 6: 4786-4796.

Yuan L Y, Liu Y L, Shi W Q, et al. 2011. High performance of phosphonate-functionalized mesoporous silica for U (VI) sorption from aqueous solution. Dalton Transactions, 40: 7446-7453.

Yuan L Y, Liu Y L, Shi W Q, et al. 2012. A novel mesoporous material for uranium extraction, dihydroimidazole functionalized SBA-15. Chemistry of Materials Chemistry, 22 (33): 17019-17026.

Yuan L Y, Peng J, Xu L, et al. 2008. Influence of gamma-radiation on the ionic liquid [C4mim] [PF6] during extraction of strontium ions. Dalton Transactions, 45: 6358-6360.

Yuan L Y, Peng J, Xu L, et al. 2009. Radiation effects on hydrophobic ionic liquid [C_4mim] [Ntf_2] during extraction of strontium ions. Journal of Physical Chemistry B, 113 (26): 8948-8952.

Yuan L Y, Peng J, Zhai M L, et al. 2009. Influence of γ-radiation on room-temperature ionic liquid [bmim] [PF_6] in the presence of nitric acid. Radiation Physics and Chemistry, 78 (7-8): 737-739.

Yuan L Y, Peng J, Zhai M L, et al. 2009. Radiation-induced darkening of ionic liquid [C4mim] [NTf2] and its decoloration. Radiation Physics and Chemistry, 78: 1133-1136.

Yuan L Y, Xu C, Peng J, et al. 2009. Identification of the radiolytic product of hydrophonic ionic liquid [C_4mim] [NTf_2] during removal of Sr^{2+} from aqueous solution. Dalton Transactions, 38: 7873-7875.

Zhang A, Chai Z F. 2012. Adsorption property of cesium onto modified macroporous silica-calix [4] arene-crown based supramolecular recognition materials. Industrial and Engineering Chemistry Research, 51 (17): 6196.

Zhang A, Chen C M, Chai Z F, et al. 2008. SPEC process III. Synthesis of a macroporous silica-based crown ether-impregnated polymeric composite modified with 1-octanol and its adsorption capacity for Sr (II) ions and some typical co-existent metal ions. Adsorption Science and Technology, 26: 705.

Zhang A, Chen C M, Kuraoka E, et al. 2008. Impregnation synthesis of a novel macroporous silica-based crown ether polymeric material modified by 1-dodecanol and its adsorption for strontium and some coexistent metals. Separation and Purification Technology, 62: 407.

Zhang A, Chen C M, Wang W H, et al. 2008. Adsorption behavior of Sr (II) and some typical co-existent metals contained in high level liquid waste onto a modified macroporous silica-based polymeric DtBuCH18C6 composite. Solvent Extraction and Ion Exchange, 26 (5): 624-642.

Zhang A, Dai Y, Xu L, et al. 2013. Solvent extraction of cesium with a new compound calix [4] arene-bis [(4-methyl-1.2-phenylene) -crown-6]. Journal of Chemical and Engineering Data,

58 (11): 3275.

Zhang A, Dai Y, Xu L, et al. 2014. Extraction behavior of cesium and some typical fission and non-fission products with a new 1.3-di (1-Decyloxy) -2.4-crown-6-calix [4] arene. Radiochimica Acta, 102 (1-2): 133.

Zhang A, Hu Q H. 2010. Chromatography partitioning of cesium by a modified macroporous silica-based supramolecular recognition material. Chemical Engineering Journal, 159: 58.

Zhang A, Hu Q H, Chai Z F. 2009. SPEC: a new process for strontium and cesium partitioning utilizing two macroporous silica-based supramolecular recognition agents impregnated polymeric composites. Separation Science and Technology, 44: 2146.

Zhang A, Hu Q H, Chai Z F. 2010. Chromatographic partitioning of cesium by a macroporous silica-calix [4] arene-crown supramolecular recognition composite. AIChE Journal, 56 (10): 2632-2640.

Zhang A, Hu Q H, Chai Z F. 2010. Synthesis of a novel macroporous silica-calix [4] arene-crown polymeric composite and its adsorption for alkali metal and alkaline earths. Industrial and Engineering Chemistry Research, 49: 2047.

Zhang A, Kuraoka E, Kumagai M. 2007. Development of the chromatographic partitioning of cesium and strontium utilizing two macroporous silica-based calix [4] arene-crown and amide impregnated polymeric composite: PREC partitioning process. Journal of Chromatography A, 1157: 85.

Zhang A, Li J Y, Dai Y, et al. 2014. Development of a new simultaneous separation of cesium and strontium by extraction chromatograph utilization of a hybridized macroporous silica-based functional material. Separation and Purification Technology, 127: 39.

Zhang A, Wang W H, Chai Z F, et al. 2008. Modification of a novel macroporous silica-based crown ether impregnated polymeric composite with 1-dodecanol and its adsorption for some fission and non-fission products contained in high level liquid waste. European Polymer Journal, 44: 3899.

Zhang A, Wang W H, Chai Z F, et al. 2008. Separation of strontium ions from a simulated highly active liquid waste using a composite of silica-crown ether in a polymer. Journal of Separation Science, 31 (18): 3148.

Zhang A, Wei Y Z, Hoshi H, et al. 2007. Partitioning of cesium from a simulated high level liquid waste by extraction chromatography utilizing a macroporous silica-based supramolecular calix [4] arene-crown impregnated polymeric composite. Solvent Extraction and Ion Exchange, 25: 389.

Zhang A, Xiao C L, Chai Z F. 2009. SPEC process I II. Adsorption of strontium and some typical co-existent elements contained in high level liquid waste onto a macroporous silica-based crown ether impregnated functional composite. Journal of Radioanalytical and Nuclear Chemistry, 280: 181.

Zhang A, Xiao C L, Hu Q H, et al. 2010. Synthesis of a novel macroporous silica-calix [4] arene-crown supramolecular recognition material and its adsorption for cesium and some typical metals in highly active liquid waste. Solvent Extraction and Ion Exchange, 28 (5): 526.

Zhang A, Xiao C L, Kuraoka E, et al. 2007. Molecular modification of a novel macroporous silica-based impregnated polymeric composite by tri-*n*-butyl phosphate and its application in the adsorption for some metals contained in a typical simulated HLLW. Journal of Hazardous Materials, 147: 601.

Zhang A, Xiao C L, Kuraoka E, et al. 2007. Preparation of a novel silica-based DtBuCH18C6 impregnated polymeric composite modified by tri-*n*-butyl phosphate and its application in chromatographic partitioning of strontium from high level riquid waste. Industrial and Engineering Chemistry Research, 46: 2164.

Zhang A, Xiao C L, Liu Y L, et al. 2010. Preparation of macroporous silica-based crown ether materials for strontium separation. Journal of Porous Materials, 17 (2): 151.

Zhang A, Xiao C L, Xue W, et al. 2009. Chromatographic separation of cesium by a macroporous silica-based supramolecular recognition agent impregnated material. Separation and Purification Technology, 66: 541.

Zhang A, Xue W, Chai Z F. 2012. Preparation of a macroporous silica-pyridine multidentate material and its adsorption behavior for some typical elements. AIChE Journal, 58 (11): 3517.

Zhang W, Zhang A, Xu L, et al. 2013. Extraction of cesium and some typical metals with a supramolecular recognition agent 1.3-di (1-nonyloxy) -2.4-crown-6-calix [4] arene. Journal of Chemical and Engineering Data, 58 (1): 167.

Zhang Y J, Lan J H, Bo T, et al. 2014. First-principles study of barium and zirconium stability in uranium mononitride nuclear fuels. Journal of Physical Chemistry C, 118 (26): 14579-14585.

Zhang Y J, Lan J H, Wang C Z, et al. 2015. Theoretical investigation on incorporation and diffusion properties of Xe in uranium mononitride. Journal of Physical Chemistry C, 119 (11): 5783-5789.

Zhao R, Wang L, Gu Z J, et al. 2014a. A facile additive-free method fortunable fabrication of UO_2 and U_3O_8 nanoparticles in aqueous solution. Crystengcomm, 16: 2645-2651.

Zhao R, Wang L, Gu Z J, et al. 2014b. Synthesis of ordered mesoporous U_3O_8 by a nanocasting route. Radiochimica Acta, 102: 813-816.

Zuo Y, Chen J, Li D Q. 2008. Reversed micellar solubilization extraction and separation of thorium (IV) from rare earth (III) by primary amine N1923 in ionic liquid. Separation and Purification Technology, 63: 684-690.